U0101005

当代科普名著系列

Asteroids

How Love, Fear, and Greed Will Determine Our Future in Space

小行星
爱、恐惧与贪婪
如何决定人类的太空未来

［美］马丁·埃尔维斯（Martin Elvis） 著

施 韡 译

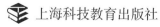

上海科技教育出版社

Philosopher's Stone Series

哲人石丛书

立足当代科学前沿

彰显当代科技名家

绍介当代科学思潮

激扬科技创新精神

策　划

哲人石科学人文出版中心

对本书的评价

◇

　　本书作者是一名来自工程师家庭的世界著名科学家。在阅读本书的过程中，我无数次惊叹于作者知识的广博，无论是前沿的行星科学探索，还是人类正在开展的航天工程实践，以及跨学科领域的技术进展，无不彰显作者深厚的科学人文底蕴、对小行星领域的深入理解、对科学技术和工程的融会贯通。引人入胜的是，作者用"爱、恐惧与贪婪"将小行星科学探索、小行星安全防御和小行星资源利用有机结合起来，以一种公众很容易理解但又不失科学性的方式，把小行星与人类过去、现在、未来的关系娓娓道来，并畅想了小行星在人类未来太空探索中的独特机遇。本书构思巧妙、文笔生动活泼、翻译质量上乘，读来令人赏心悦目，是一部让读者全面认识小行星的佳作。

——李明涛，

中国科学院国家空间科学中心研究员

◇

　　本书是一次愉快的旅程，围绕着太阳系最危险、最有用的天体，从宇宙最初的遗留物和大灭绝的原因，到成为太空万亿富翁的机会。写得真棒！

——约翰·马瑟（John Mather），

2006年诺贝尔物理学奖得主

◇

　　马丁·埃尔维斯对小行星之所以有趣的所有原因进行了一次精彩的研究。他不仅是一位专家，而且是一位流畅而风趣的作家。

——马丁·里斯（Martin Rees），

《人类未来》（*On the Future*）和《六个数》（*Just Six Numbers*）的作者

◇

马丁·埃尔维斯的文笔生动活泼、妙趣横生,他向我们展示了为什么开采小行星不仅需要钻探设备和宇宙飞船,而且需要以正确的方式进行。

——弗兰克·怀特(Frank White),

《概述效应》(*The Overview Effect*)的作者

◇

作者对太阳系未来的知识、技术和财富创造进行了生动、全面的展望。对于天文学和航天爱好者、长期投资者和有胆识的风险投资人来说,这是一本好书。

——菲利普·坎贝尔爵士(Sir Philip Campbell),

《自然》(*Nature*)杂志主编

◇

本书是一份关于我们在处理小行星采矿这一艰巨任务时将面临问题的全面调查,通俗易懂又令人惊奇。马丁·埃尔维斯指出,长期主义的思维方式将对人类探索宇宙至关重要。

——杰西·凯特·申格勒(Jessy Kate Schingler),

开放月球基金会(Open Lunar Foundation)

◇

《小行星》是一部独特而引人注目的著作,它探讨了小行星、太空旅行和天文学的相关科学,并对小行星探索的实用效益和经济效益进行了引人入胜的研究。

——格雷戈里·J.格布尔(Gregory J. Gbur),

《下落小猫与基础物理学》(*Falling Felines and Fundamental Physics*)的作者

内容提要

太空旅行是一项极其昂贵和困难的事业,那么我们为什么要坚持呢？在这部通俗而权威的著作中,天体物理学家马丁·埃尔维斯给出了答案——对于小行星探索,人类的强烈动机就是爱、恐惧与贪婪。

首先,我们的动机是对科学的爱:对小行星的研究可能会让我们了解太阳系的组成和生命的起源。其次,恐惧或许是更有说服力的理由:以防一颗"恐龙杀手"大小的小行星撞上我们的星球。此外,贪婪也是重要因素:小行星可能蕴藏着巨大的财富,例如大量的铂金矿藏,开采它们既可以提供一个新的产业,也可以为更大胆的太空探索提供资金来源。

从探寻生命的起源到"太空台球"和太空采矿,作者探讨了小行星在不远的将来可能被利用的方式,并由此阐释了在探索小行星的过程中,我们的三种动机如何能够得到满足,以及它们如何相辅相成。

作者简介

    马丁·埃尔维斯（Martin Elvis），哈佛-史密森天体物理学中心的天体物理学家。多年来，他专注于 X 射线天文学、黑洞、类星体和小行星的研究，在权威期刊上发表了 300 多篇论文，被引用次数超过 15 000，是美国科学信息研究所（ISI）确定的天文学和空间物理学领域 250 位被引用次数最多的研究人员之一。2007 年，他获得了倍耐力国际多媒体科学传播奖。小行星 9283 Martinelvis 以他的名字命名。

目 录

前 言

近年来，在小行星上开采资源的想法经常出现在新闻报道中。这些令人心跳加速的新闻描述了亿万富翁与电影导演对创业公司进行投资，而这些创业公司很快就会从小行星上收集到的贵金属中获得巨额财富。几位知名人士宣称，第一批万亿富翁将是小行星矿工。作为一名科学家，我认为这些说法是不靠谱的。我很希望他们是真的，但我必须仔细研究，于是就有了这本书。

我想从那些想要利用小行星的人的基本动机（爱、恐惧与贪婪）开始，希望能让读者对整个问题有一个更全面的看法。我们需要谈论的问题不仅仅是关于如何识别真正有价值的小行星，以及继而如何开采这些小行星的技术挑战，还涉及小行星资源的市场、相关的经济学、将要采用的法律框架以及必要的来自政策专家和外交官的意见，甚至还有伦理问题需要考虑。要让小行星采矿变成现实，需要许多技能，没有人可以成为一个精通所有方面的真正专家，但这本书的目的是对这些领域有个初步的介绍。

我会先介绍小行星的科学背景，然后介绍我们去往小行星的动机：对发现新事物的热爱，对被"杀手"小行星摧毁的恐惧，以及对利润的贪婪。接下来的章节将解释我们开采小行星的方法，从而引出最后一部分——我们将研究这些方法中可能有哪些机会。最后，从长远来看，如果真的可以实施小行星采矿的话，我们能期待什么。

致　谢

　　没有人能成为小行星采矿各个方面的真正专家。在写这本书时，我很大程度上依赖于许多同事的知识和技能。对所有花时间回答我问题的人，我深表感谢。在哈佛–史密森天体物理中心，我要感谢我的同事乔纳森·麦克道尔（Jonathan McDowell）、J. L. 加拉切（J. L. Galache）、彼得·韦雷什（Peter Vereš）、金·麦克劳德（Kim McLeod，韦尔斯利学院，正在公休）、玛利亚·麦凯克伦（Maria McEachern）和查尔斯·阿尔科克（Charles Alcock），以及我的学生查利·比森（Charlie Beeson）、托马斯·埃斯蒂（Thomas Esty）、克里斯·德西拉（Chris Desira）、尼娜·胡珀（Nina Hooper）、素吉·兰詹（Sukrit Ranjan）、安东尼·泰勒（Anthony Taylor）和马特·翁蒂韦罗斯（Matt Ontiveros）。我也要感谢：B. C. 克兰德尔（B. C. Crandall），他在我写作本书伊始就给予了鼓励；康琳娜（Alanna Krolikowski）和托尼·米利根（Tony Milligan，伦敦国王学院），他们是我在政策和伦理方面的合作者；哈佛商学院的马特·魏因齐尔（Matt Weinzierl）、马丁·施蒂默尔（Martin Stürmer）、扬·兰格（Ian Lange）、安格拉·阿科塞拉（Angela Acocela）和安内特·米凯什（Anette Mikes），我从他们那儿获得了商业和经济方面的建议；"小行星采矿之父"约翰·S. 刘易斯（John S. Lewis）在资源方面的建议；杰茜卡·斯奈德（Jessica Snyder）、马克·索特（Mark Sonter）、本杰明·莱纳（Benjamin Lehner）等人对小行星的深入研究;里克·宾泽尔(Rick Binzel)、弗朗西丝卡·德梅奥(Francesca DeMeo)——他们把小行星9283号命名为马丁埃尔维斯(Martinelvis),以及它的发现者博比·布斯(Bobby Bus);丹·布里特(Dan Britt)、凯文·坎农(Kevin Cannon)、拉里·尼特勒(Larry Nittler)、格伦·麦克弗森(Glenn MacPherson)、保罗·斯坦哈特(Paul Steinhardt)、朱莉·麦吉奥赫(Julie McGeoch)、马尔科姆·麦吉奥赫(Malcolm McGeoch)、罗杰·傅(Roger Fu)、亚历桑德拉·施普林曼(Alessondra Springmann)和蒂姆·埃利奥特(Tim Elliott),我从他们那儿获得了陨石和地质学方面的建议;凯西·普莱斯科(Cathy Plesko)和布伦特·巴比(Brent Barbee)提供了行星防御方面的信息。我还要感谢:约翰·布罗菲(John Brophy)和汤姆·普林斯(Tom Prince)让我参加小行星检索任务的讨论;纳撒·斯特兰奇(Nathan Strange)、戴蒙·兰多(Damon Landau)和马尔科·坦塔尔迪尼(Marco Tantardini)提供了天体力学方面的建议;里甘·邓恩(Regan Dunn)给出了关于恐龙的信息;卡伦·丹尼尔斯(Karen Daniels)提供了有关粒状材料的建议;戴维·基思(David Keith)和奥利弗·莫顿(Oliver Morton)介绍了地球工程;丹尼尔·费伯(Daniel Faber)、克里斯·莱维茨基(Chris Lewicki)、乔尔·塞塞尔(Joel Sercel)、埃丽卡·伊尔韦斯(Erika Ilves)、阿玛拉·格拉普斯(Amara Graps)和吉姆·克拉瓦拉(Jim Keravala)带我洞悉企业家精神;乔安娜·加布雷诺维奇(Joanne Gabrynowicz)、劳拉·蒙哥马利(Laura Montgomery)、兰德·辛贝格(Rand Simberg)、布鲁斯·曼(Bruce Mann)和阿莉莎·哈达基(Alissa Haddaji)提供了关于空间法规的信息。我从扬内·罗伯斯塔(Janne Robberstad)、凯莉·魏纳史密斯(Kelly Wienersmith)、扎克·魏纳史密斯(Zach Wienersmith)、亚当·迪佩特(Adam Dipert)和蒂伯·巴林特(Tibor Balint)那里得到了关于太空艺术的宝贵帮助,从科内弗里·瓦伦修斯(Conevery Valencius)、凯瑟琳·丹宁(Kathryn Denning)和米歇尔·汉隆(Michelle Hanlon)那里了解文化问题,从萨拉·舍希纳(Sara Schechner)那里获得关于历史问题的观点。在各个方面,上述提到名字的人都提供了相关问题的新理解,任何误解都是我的错。

有一小部分太空记者,他们的文章是无价的"历史初稿",我真的很感激他们。

我感谢普日亚姆瓦达·纳塔拉詹(Priyamvada Natarajan),他不仅支持我,还为我联系耶鲁大学出版社;乔·卡拉米亚(Joe Calamia)、让·汤姆森·布莱克(Jean Thomson Black)和乔伊斯·伊波利托(Joyce Ippolito)提供了编辑工作上的支持;拉德克利夫高等研究院主办了我们2018年关于空间资源的探索研讨会。

我来自英国伯明翰的一个工程师家庭:我的父母——威尔弗雷德·汉森·埃尔维斯(Wilfred Hanson Elvis)和薇拉·海伦·埃尔维斯(Vera Helen Elvis),还有我的哥哥格雷厄姆·埃尔维斯(Graham Elvis),他们都认为我也会成为一名工程师。我欠他们的永远都还不上。也许,我终于找回了自我。最重要的是,我感谢我的家人佩皮·法比亚诺(Pepi Fabbiano)和卡米拉·埃尔维斯(Camilla Elvis),感谢她们懂拉丁语,但更重要的是,感谢她们在我咆哮小行星采矿时的耐心。希望她们现在能得到一些安宁。

关于正文的说明

公制计量单位

我们不要把英制单位或在美国习惯使用的单位传播到太空中去！那只会给我们的生活增添麻烦。1999年,英制单位和公制单位的一个简单的换算错误导致了火星探测器"环火星气候探测器"(Mars Climate Orbiter)的夭亡。现在,只有缅甸、利比里亚和美国不使用公制单位。

其实这并不难。看到"千米"时就想到"英里",看到"米"时就想到"码",看到"吨"时就想到"美吨"。其实在大多数情况下,这真的不重要,因为与空间有关的数字往往比我们惯性思维中的要大得多。(但是如果需要更精确的话,1千米≈0.6英里,1米≈3.3英尺,1吨≈1.1美吨。)

专业术语

有几个术语经常出现,通常由一些首字母缩略词或缩写形式来表示它们的名字,列出来会很有帮助。

AU 天文单位,大致是地球到太阳的平均距离

月地空间(cis-lunar space) 指地球和月球轨道之间的空间

dv(delta-v) 轨道速度变量

ESA 欧洲航天局

GEO 地球静止轨道

ISS	国际空间站
JAXA	日本航天局
JPL	喷气推进实验室
LEO	低地球轨道
PPP	公私合作关系

◇ 引言

为什么要勇往直前?

我们为什么要去小行星呢? 关于这点,不妨回答另一个问题:我们为什么要去太空呢? 在电影中,太空充满了奇异的星球和奇怪的外星人。尽管我们看到了许多恒星系内不同世界的美丽图像,但是就我们真正可及的空间而言,太空似乎是个没有生命、寒冷和不友好的环境。宇宙别处有我们的容身之所吗? 人类未来能够跨越多个世界吗? 还是说,我们只能局限在地球上? 这取决于我们有多积极。我们的动机又是什么呢?

在著名的科幻电视剧和电影系列《星际迷航》(Star Trek)中,"企业"号的船员们大胆地去探索从未有人涉足的陌生世界。柯克(Kirk)船长和他的船员这么做是出于一种冒险精神。正是这种人类探索的强烈欲望,经常被用来作为人类进入太空的主要理由,而且这种想法肯定有一定的道理——我们确实喜欢探索未知。但问题是,几十年来,这种为太空旅行进行辩护的做法并没有让我们走得太远。在过去50年里,总共只有几百人进入了仅仅高出地球大气层一点点的低地球轨道。望远镜和自动化的航天器已经发现了更多和更陌生的新世界,但是并没有人类踏足这些世界。为什么没有呢?

首先,太空旅行成本很高。这也是障碍所在。在《星际迷航》中,以23世纪为背景,金钱已经过时;你想要的任何东西都是在一个叫作复制器的装置里制造的。所以对"企业"号的船员来说,探险的刺激是个足够充分的理由。然而,对我们来说,为了纯粹的探索而选择把纳税人的钱投入其中,确实是一个艰难的选择。还有很多其他需要这些资金的地方。几个宇航员如此冒险的、对地面上公众而言却是不切实际的旅行,真的值这个价钱吗? 在21世纪初的世界里,我们做出了选择,答案是"否",我们并没有像电影里那样大胆地进入太空。现在只有少数人进入太空,而且他们停留的时间都很短。

正如一句箴言所说:"太空举步维艰。"火箭科学是让人为难的——一个小小的错误可能导致满盘皆输,可能以剧烈的爆炸收场。不过,其他技术在开始时也同样不稳定。早期,帆船经常在海上失踪,火车和轮船上的蒸汽机也经常爆炸。但是这并没有阻止我们。解决技术问题并不是真正的障碍所在。但"太空举步维艰"倒是真的,这或许也是一种放弃的理由。

我们需要的是更强的动力。如果我们期望看到人类的探索发展到与太阳系的规模相当的程度,那么我们一定需要一个令人信服的理由,一个让我们从舒适的"沙发"(地球)上离开的理由。

动机是至关重要的,它是我们做任何事情的原因。总有一些强大的力量会唤醒我们的行动。**爱**、**恐惧**、**贪婪**[1],这三种强大的动力让我们做了很多事情。它们依次创造了不朽的文学和艺术,培养了伟大的军队,引领着我们走遍天涯海角寻找黄金。

这三种动机也将推动我们进入太空。原因如下:

· 对了解世界的**爱**,也是了解事物的需要,带领我们进行科学探索。小行星与一些真正重要的问题有着深刻的关联。我们在后面将会提到。

· 对我们自身毁灭的**恐惧**,无论是局部规模的毁灭还是整个人类物种的灭绝,都促使我们需要追踪任何可能袭击我们家园的小行星

"杀手"。

·我们对太空财富的**贪婪**,对可以给整个世界带来巨大利益的财富的贪婪,驱使我们重新绘制一幅太阳系版图。在这张地图上,许多小行星都会被画上一个标记"X",表示:"宝藏正在这里躺着呢!"

正是这三种动机的前景吸引了我们的注意。它们也是本书的出发点。也就是说,一些重大的激励因素并不总是指向同一个方向。举个例子,股票市场上的交易者总是在对收益的"贪婪"和对损失的"恐惧"之间寻找平衡。正是我们强大动机之间的冲突创造了伟大的艺术。你可以看到在文学作品中充满了爱战胜恐惧和贪婪的故事,当然也有爱在强大力量面前遭遇失败的故事。但我认为我们可以调整这些力量。我会告诉你们,就我们想到前往小行星这件事情而言,是爱、恐惧与贪婪的共同作用,把我们拉向了小行星的王国。

所有最棒的侦探小说都会说:光有动机是不够的,你还需要找到方法和机会。

这些方法包括引进各种各样的人才:建造宇宙飞船的工程师及建造采矿设备的工程师,这两者截然不同;天文学家和地质学家,他们要去勘探矿石;商人和经济学家,他们制订商业方案;还有律师,他们需要处理不可避免的争端,说不定争端还会升级到需要政策专家、外交官甚至军队的程度(尽管我们不希望走到这一步)。

多亏了"新太空"(NewSpace)运动,现在机会来了。"新太空"运动将一种新的商业思维带到空间技术领域。50多年来,太空探索都是由政府命令、自上而下规划的,而从现在开始,它们要像商业一样运作了。美国国家航空航天局(NASA)鼓励这种趋势,这样做的结果是,太空完全开放了。创业公司和传统公司都在寻求一系列赚钱的风险投资。在太空活动中创造新经济只需要少量的成功。

我相信,我们将从太空中获得财富,我们对"贪"的满足也将使我们的"爱"和"惧"得到满足。当我们谈及太空时,贪婪是长期被忽视的动机。现在,这种情况已经发生变化了,那些描述即将产生太空万亿富翁的激情四射的文章就是一个标志。现实中有许多"太空学员"——太空旅行的狂热粉丝或许不喜欢用如此简单世俗的话语来思考问题,他们将太空旅行本身视作一种奖励。我们倒希望现在已经到了23世纪(钱不再是问题)。尽管如此,贪婪还是促使其他动机成为可能的动机。从太空中获取利润——最好是那种淘金式的、数量可观的利润——将为空间探索的科学和安全动机,也就是"爱"与"惧",带来一连串的好处。一旦发现了宝藏,太空旅行就会收回成本。

太空资源转变为财富的方式不只小行星,但我把赌注押在小行星身上。这在一定程度上是我的个人偏见,因为我是一名天文学家,而天文学家在推动这项事业方面真的能发挥很大作用。但同时这也是因为小行星是太阳系中人类可获取材料的最大储藏地,是推动我们走出小小的地月系统的一个潜在利润来源。它们就是未来。

为什么天文学家会鼓吹小行星和小行星采矿呢?毕竟,我用世界上最好的望远镜度过了快乐的几十年职业生涯,是它们让我去追求纯天体物理学研究。我试着去理解星系中心巨大的黑洞,当气体向它们倾泻坠落时,它们会变得异常明亮,以至于我们可以一直看到它们,甚至包括那些宇宙最早期的黑洞。我们称这些东西为"类星体"。(你会发现我讨论小行星历史的时候,总会提到一些看上去很不搭调的东西。)那么我是如何被那些"近在咫尺"的小石块分散注意力的呢?

我的出发点是想知道未来的天文学家如何才能将已倾注我整个职业生涯的探索之旅继续下去。我意识到,这个问题很大程度上转变为考虑NASA如何能够延长其一长串获得惊人成功的天文任务,在这当中,哈勃空间望远镜、钱德拉X射线天文台和斯皮策空间望远镜一直是旗舰。它们中的每一个都研究一个波段:光学、X射线、红外线。为了研究像我所钟爱的类星体那样发出明亮的"光"的巨大黑洞，我得拥有一整套跨越所有这些波段的望远镜。这是因为类星体并不在乎我们的技术有多么薄弱，而是在整个光谱中尽可能大地宣示自己的力量。正如摇滚乐队 Nada Surf* 所说："星星们并不关心天文学。"[2] 所以说，如果我想完全理解它们，我需要很多台工作在每个波段的望远镜。我一点也不孤单。现在大多数天文学家会通过多个波段进行深入研究，这种方法非常有效，"我们生活在天文学的黄金时代"这种话几乎已经是陈词滥调了。

问题是这些基于航天器的天文台越来越昂贵。下一代大型望远镜已经接近美国国会愿意支付的极限了。哈勃望远镜的继任者詹姆斯·韦布空间望远镜耗资约90亿美元。按这个价格我们只能买一个。但是，我们实际上需要（覆盖电磁波的）一整套。所以必须做点什么。

遇到麻烦的不仅仅是我们对遥远宇宙的探索，就连地球附近的探索，我们做得也不太好。太阳系很大。为了计算简单，我们凑个整，环游世界的航程为 40 000 千米。按此计算，走上 10 倍那么远，你就能到达月球。但是你必须走 1000 多倍的路程才能到达火星，即使在它离地球最近的时候。太空如此之大，我们还远远没有到可以进行大规模探索的时候。每 10 年，NASA 要求美国国家科学院针对行星科学领域进行一次调查，并提出一份报告，推荐未来 10 年最优先的目的地。2011年的《愿景与航行》(Vision and Voyages) 报告说，到 2022 年，最优先的三个大型任务应该是火星、木卫二和天王星。[3] 考虑到预算，NASA 所能做的就是说："选一个。"按照现在的速度，一代人就只够做这三个。其他航天机构也有类似的问题。欧洲航天局（ESA）于 2019 年开始确定其下一个探测目标。他们计划排到 2050 年，那可是 30 多年后啊。然而，在

---

* 纽约三人乐队，在 20 世纪 90 年代中期红极一时。——译者

我们的太阳系中有将近200个世界需要我们去探索。我可不想等了。

算术告诉我们，必须大幅增加资金和（或）大幅降低成本。想把全世界政府的太空计划数量翻一番，这种可能性极小。唯一的选择是降低成本。资本是降低成本和增加产量的伟大工具。如果利润来自太空，这些项目就不必乞求预算了。基于这种对太空经济的渴求，真正的大规模探索才可以取得成功。

现实完全不是独角兽与彩虹。我想要人类太空飞行，但我发现这只不过是由"阿波罗"计划、《星际迷航》和电影《2001太空漫游》（*2001: A Space Odyssey*）带给我的一种情感上的渴望。但是，说真的，我们应该与内心的史波克（Spock）先生*取得联系，对太空进行冷静的分析。作为一名科学家，我受过质疑的训练。当太空项目的支持者们声称拥有巨大的潜在利润时，我本能地把数字装填进去，但是它们并不总是合乎情理的。于是，那些想成为小行星采矿者的人并不欢迎我。在这本书里，我采取了同样的"热情但怀疑"的态度。自始至终，我试图将事实与炒作区分清楚。

为什么我们真的要进入太空？我们在那里到底能做什么？人类在太空中的事业如何发展得更为重要和美好呢？我认为答案在于小行星。它们为我们提供了动机、方法和机会，而这些动机是强烈的。是爱，是恐惧，是贪婪。

---

*《星际迷航》的主角之一，外星人。——译者

第一篇

场 景

◇ 第一章

小行星：入门

　　小行星是太空中的岩石。它们可以比足球还小，也可以是在太空中飞行的山脉。其中一些有几个小卫星那样大。数百万颗小行星运行在火星和木星之间的轨道上，这一区域被称为主带（图1）。

　　少量小行星被踢出主带，到达地球附近，摇摆前行。"少量"是天文学家的辞令。实际上我们生活在巨大的数字之下，这些所谓的"近地小行星"中大约有 20 000 颗的直径大于 100 米（大约有一个足球场那么大），还有数百万颗的直径小于 20 米（一座豪宅大小）。迄今为止，只有不到 10% 的近地小行星被发现。

　　主带中的小行星，大概自 45 亿年前太阳系行星形成开始就已经存在。虽然近地小行星也是在同一时期形成的，但它们在地球附近轨道上停留的时间只有区区几百万年或几千万年。对天文学家来说，这是一次短暂的相遇！

　　我们看到天空闪过的星火——官方的名称应该是流星——是我们用肉眼就能看到的有关小行星的证据。来自某些小行星（和彗星）的尘埃进入大气层燃烧变成流星。较大的碎片则会以陨石的形式落到地面。史密森学会的国家自然历史博物馆拥有世界上最大的陨石藏量，多达 20 000 件，而全世界的藏品数量是它的两倍多。

　　偶尔也会有大块碎片撞击地球，比如 2013 年 2 月，俄罗斯西伯利

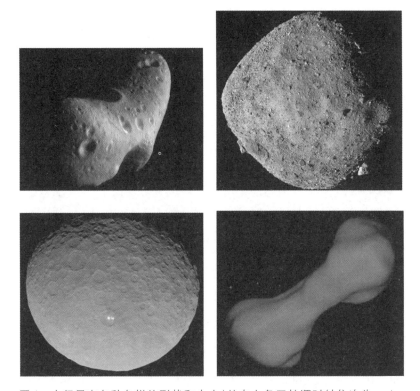

图1　小行星有各种各样的形状和大小(从左上角开始顺时针依次为a，b，c，d)：(a)爱神星(Eros)是第一颗被发现的近地小行星，其长度是宽度的近三倍(34千米×11.2千米)；(b)贝努(Bennu)是一颗陀螺形状的小行星，直径只有0.5千米，NASA的"奥西里斯王"号(OSIRIS-REx)探测器*曾造访；(c)雷达拍摄到的骨头形状的艳后星(Kleopatra)，长217千米；(d)NASA的"黎明"号(Dawn)探测器访问的球状小行星谷神星(Ceres)曾被视为最大的小行星，直径939千米

亚车里雅宾斯克上空一颗小行星的壮观解体。车里雅宾斯克事件所释放的能量相当于33颗广岛原子弹。在20世纪也有几次影响巨大的事件。其中最壮观的是1908年的通古斯事件**，数百平方千米的西伯利

---

* 全名为"起源-光谱分析-资源识别-安全-风化层探测器"。——译者

** 发生在石泉通古斯卡河附近。——译者

亚森林被夷为平地。造成这一切的小行星直径都只有几十米,相当于一座大房子的大小。这种危险让近地小行星令人担忧,但是它们也很诱人,因为它们可能是宝贵资源的所在地。

小行星和陨石成分丰富。麻省理工学院的行星科学家弗朗西丝卡·德梅奥和她的合作者为小行星找到了24种分类,霍利奥克山学院的陨石学家(研究陨石的科学家)汤姆·伯宾(Tom Burbine)和他的同事列出了34种陨石分类。其中主要有三种类型:以硅酸盐岩石为主的石质小行星,充满了焦油状的碳化合物的碳质小行星,以及几乎由纯铁构成的金属小行星。这种成分的丰富性源于它们复杂的历史进程。

为什么会有那么多凌乱的小行星呢? 小行星是太阳系主要的大行星形成后留下的"边角料"。太阳系的八大行星都在各自的轨道上运行,彼此完全孤立,互不干扰。这不是偶然的。这些行星诞生于一个巨大的低温气体盘,其中一部分尘埃形成了"原太阳星云"。哈勃空间望远镜拍摄了猎户座年轻恒星周围的一些"原行星"尘埃盘的图像,我们可以看到它们在明亮的猎户星云前留下的阴影(图2)。

盘状结构在天文学中是很常见的。土星环是一个众所周知的例子,即便是遥远星系中心的巨型黑洞周围也有盘状结构。从各个方向进入轨道的气体云往往会相互碰撞,抵消彼此的运动,减速并向内侧坠落。但是通常来说,到达大天体的周围时,气体云总会预先存在一个轻微的方向。当它们相互碰撞时,仍然会保持这个方向的移动,于是它们逐渐趋向合并,渐渐形成一个旋转的圆盘。

这个圆盘中的气体会继续旋转,除非摩擦使它减速。然后它会因为移动得过慢而无法抵抗引力,继而向内移动。这种缓慢的向内运动被称为吸积。虽然已经有很多种解释,但是那些气体中究竟存在哪种摩擦导致角动量丢失,仍然是个未解之谜。

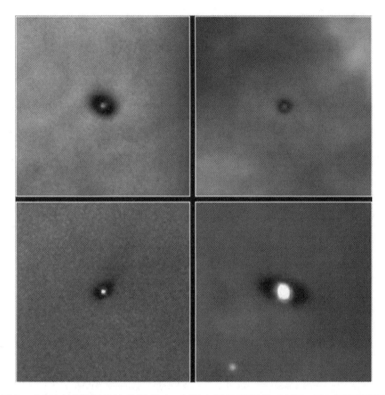

图2 在"哈勃"拍摄的这些图像中,在猎户星云光辉的映衬下,可以看到椭圆形阴影就是形成中的行星系统盘面

在短短几百万年的时间里——对天文学家来说这算是个很短的时间——盘面上的尘埃和气体聚集并成长为月球大小的星子。我们知道它们是如何达到一米宽的,但在那一刻,如果仅仅依靠引力作用结合在一起,它们会再次分裂。必须有另外的化学力使它们结合在一起,但我们不确定具体是如何结合的。

星子是行星和小行星的前身。与行星相比,它们小得多,直径约为10千米至1000千米,也可能更大些。起初,有许多这样的星子,随机地散落在一个盘面中,都围绕太阳运行。它们自然而然地会发生碰撞,要么合并成越来越大的球体,要么分开。最终,这些碰撞过程导致了几个大行星的形成:每个行星都把其轨道周围一个圆环内的碎片清理干净,要么吞并碎片,要么通过引力弹弓将它们弹出,这取决于星子是如何与碎片相遇的。这是必然的结果。如果两颗行星的距离仍然足够近,那么在引力的作用下它们会强烈地相互吸引,它们不会安然地维持运行45亿年,就像我们看到的大行星那样。相反,一个行星,也可能是几个行星,会被甩出太阳系。这个剔除过程也就是大行星们的"物竞天择",也是它们相距如此之远的原因。所以,在它们之间旅行需要花费很长的时间。

但是在一个离我们不远的地方,这个行星形成的过程停滞了。在火星轨道之外有个区域,最大的行星木星阻止了星子间的合并。木星的引力不断扰乱这些尘埃团的运动轨道,阻止它们合并成为行星。相反,它们继续以高速碰撞。大多数星子被分成越来越小的碎块,就这样,它们形成了小行星。这就是小行星主带位于火星和木星之间的原因。

星子的历史解释了我们发现的三种主要的陨石类型:金属陨石、石质陨石和碳质陨石*。一个大的星子自然地分为三层,相当于地球的地核、地幔和地壳。

放射性衰变热过程(主要来自铝的同位素衰变为镁的同位素)熔化了大型星子。又过了几百万年,星子冷却到足以形成晶体,较重的碎片朝着核心沉降。但并不是每样东西都能结晶。尤其铁是不相容的,这意味着它不会从熔化的物质中结晶出来。熔化物因为含铁而变得非常重,所以它会下沉,形成星子的金属核心。海水结冰时也会发生类似的情况。富含盐分的水从冰中析出并下沉。地球有一个铁核,其原因与星子相同。这些核心更准确地说是铁–镍核心,因为铁和镍是两种最常见的重元素。

---

* 原文如此。陨石一般分为三类:石陨石、铁陨石、石铁陨石。也可分为两类:原始陨石、分化陨石。——译者

金属核心的外面,则形成一个石质层,后者由熔化物中喷出的硅酸盐晶体组成,在那里的热量破坏或驱离了所有复杂的分子。由于岩石的主要成分是硅,而硅在宇宙中的含量是铁的23倍,但密度只有铁的1/3,因此硅酸盐岩层要比核心厚得多。[1]

较小的星子产生的热量太少,无法熔化岩石,因此它们的岩石与原始状态相比基本保持不变。宇宙中的碳只比铁多30%,所以碳质岩石的数量并不是很多。

新形成的较小的、从未熔化过的固态星子在巨大的碰撞中支离破碎。金属核心(几乎是纯铁的实心球体)本身也被撞碎并释放到太空中。暴露出来的核心碎片也就变成了金属小行星,它们几乎是纯镍和铁的混合物。硅酸盐层变成了石质小行星,而那些小的星子则为我们创造了碳质小行星。由于它们经历了多次高速碰撞,许多小行星最终成为松散的岩石团块,仅仅依靠自身微弱的引力才结合在一起。天文学家称之为"碎石堆"。

铁核只是近乎纯净。当铁熔化时,其他元素可以溶解在其中,就像一些物质溶解在液态水中一样。它们被称为亲铁(siderophile)元素。(sideros在古希腊语中的意思是"铁"。)金溶解于铁水中,因此它会集中在铁核里,包括地球的核心,而它在地壳中的含量要少得多,因为没有发生过类似的沉淀过程。出于同样的原因,包括铂在内的其他贵金属也很稀缺。它们也是亲铁元素,也会沉入星子或地球的核心。这就是为什么我们发现许多金属小行星所含贵金属的浓度比地球矿脉所含高得多。

一些石质和碳质的小行星包含着由不同物质组成的几乎是球形的小团块,直径只有几千分之一毫米。这些"球粒"的成分与它们所在的周围岩石基质的成分不同,所以这块岩石不可能被熔化过,否则它们会混合在一起的。球粒是太阳系中最早形成的小岩石,其中可能含有相当丰富的金属,也可能没有。由于它们没有经历过太热的过程,碳质小行星里可能含有大量容易被破坏的分子,包括复杂的有机化合物和水。通过对陨石的研究,我们知道了几十种仅在小行星中发现的矿物,因为它们是在地球以外的特殊条件下形成的。

我们是如何发现小行星的呢?那是19世纪初,正值法国大革命和拿破仑战争的时期,简·奥斯汀(Jane Austen)在英国写小说,贝多芬(Beethoven)在维也纳写交响曲。那真是非常有趣的时刻,同样也是天文学历史上令人兴奋的时刻。

谷神星——第一颗被发现的小行星,也是最大的小行星,是在19世纪的第一个夜晚(1801年1月1日)被发现的。*这一发现并非偶然。20年前,于德国汉诺威出生的音乐家威廉·赫歇尔(William Herschel)在英国巴斯的自家后院发现了天王星。天王星与1772年提出的神秘的提丢斯–波得定则吻合得很好。这个定则指出,行星与太阳的距离是一个精确的算术序列。"预测"到天王星的位置,似乎意味着这个定则是正确的。但是,令人沮丧的是,按照提丢斯–波得定则的测算,在火星和木星之间,有一颗行星失踪了。1800年,最早的国际大型科学联盟之一成立了,目的就是寻找这颗失踪的行星。该项目的负责人是弗朗茨·克萨韦尔·冯·察赫(Franz Xaver von Zach),一位出生于匈牙利、在哥达(位于现在的德国中部)工作的天文学家。他的"天体警察"(Celestial Police)小分队将天空分成若干个小块,交给欧洲各地的24名天文学家进行搜索。

寻找一颗行星并不像听上去那样毫无头绪。所有的行星都沿着天空中的一个大圈移动,因为它们位于自身形成时的原行星气体盘面上。

---

* 原文如此。根据2006年国际天文学联合会大会决议,谷神星已被归类为矮行星。后文不再赘注。——译者

我们称之为黄道面(ecliptic plane)*,只有当月亮位于黄道面时才会发生日食(eclipse)。(并不是每个月都会发生日食,因为月球的轨道略微倾斜于黄道面。)每个"天体警察"只需搜索一小片天空。

然而,碰巧天文学家朱塞佩·皮亚齐(Giuseppe Piazzi)当时正在西西里岛的巴勒莫工作。10年前皮亚齐刚刚创建了巴勒莫天文台,使得西西里岛拥有了位于欧洲最南端的天文台,而这恰好让谷神星处于更易于被发现位置。皮亚齐不是"天体警察"的一员,但是他偶然发现了一个新的正在移动的类似恒星的东西,同时他意识到它并不完全符合彗星的特征,于是认为它可能是一颗新行星。冯·察赫当时听到皮亚齐的发现后一定很沮丧,但他和他的团队并没有完全错过。皮亚齐只持续观测了几个月就病倒了。1801年9月,当他的数据发表时,谷神星已经在天空中移动到了离太阳很近的地方——从我们的角度来看,在明亮的天空中看不到它。如何才能找到它呢? 当时24岁的数学天才卡尔·弗里德里希·高斯(Carl Friedrich Gauss)为重新定位谷神星专门发明了一种新的轨道计算方法。他的"修正二次曲线"技术对观测数量较少的情况很有效。正是冯·察赫本人在年底找到了谷神星,离高斯预测的天空位置不远。一天后,海因里希·奥伯斯(Heinrich Olbers)证实了这个发现。谷神星符合提丢斯-波得定则对失踪行星的描述,经受住这样的考验对任何理论而言都是重大的胜利。因此,谷神星被视作一颗行星长达50年之久。

然而在谷神星被发现(令人满意地出现在"正确"的地方)仅仅一年后,提丢斯-波得定则就尴尬了——另一颗小行星智神星(Pallas)也在那个位置被发现了。后者也是海因里希·奥伯斯在不来梅(现在位于德国)的家中观测时找到的。奥伯斯被天文学家们熟知是因为他发出了

---

* 古人将太阳周年视运动轨迹称为黄道,其所在平面为黄道面。——译者

"夜空竟然是黑的,这是多么奇怪啊"的感叹(那是在他发现智神星20多年后了)。事实上,能意识到如此显而易见的事情是件奇怪的事,是很难的。奥伯斯认为,如果宇宙是有限的,那么在天空的每个方向上的某个地方总会有一颗恒星,天空应该就会像太阳的圆盘一样明亮。这是一个强有力的论点。事实上,有其他人在此之前已经指出了这一点,但奥伯斯提出这个问题正当其时。奥伯斯佯谬困扰了天文学家一个多世纪。现在我们知道,宇宙确实有一个开端,光只能在有限的时间内行进有限的距离从而到达我们。这使得天空在很多方向上都没有星星,因此非常黑暗。

理论预计在火星和木星之间的狭缝中只有一颗行星,但是奥伯斯发现了第二颗,这个问题几乎同样令人不安。在接下来的几年里,大量轨道相似的小行星被发现了——1804年的婚神星(Juno)和1807年的灶神星(Vesta,也由奥伯斯发现),因此天文学家开始对它们进行连续编号。提丢斯–波得定则的整洁性显然失效了。随着越来越多像谷神星这样的天体被发现,天文学家对于是不是应该称它们为行星感到越来越疑虑。这些东西到底是什么?

智神星被发现后不久,作为一名天文学家远比作为一名音乐家更为人熟知的赫歇尔,质疑这些天体是行星还是彗星,但得出的结论是,它们不属于已知太阳系天体的范畴。它们既没有像行星一样呈现视圆面,也没有像彗星一样拥有尾巴。赫歇尔的结论是,它们是一种新的天体,需要起一个新名字。赫歇尔宣称:"如果我的表述无误的话,它们有着类似小星星的(asteroidal)外观。从这一点出发,我个人将称它们为小行星(asteroid)。"[2]这个名字取自古希腊单词asteroeidēs,意思是"类似恒星的"。虽然在之后几十年里,它们通常仍被称为行星,但到了1851年,已经有15个这样的新天体被发现。显然,太阳系并不像每个人所理解的那样简单有序。渐渐地,"小行星"一词占据了上风,谷神星也从行星名单中删除了。

混乱的命名惯例是天文学的一个专业隐患。我们必须在发现或知道某些天体之前就给它们命名,否则我们将无法谈论它们。赫歇尔本人在谈到小行星时也谨慎地表达过"自己留有余地,如果另外有一个名称能更好地表达其性质的话,自己仍有更改名称的自由"。[3]举个例子说,在我最初的工作中,就星系中心的超大质量黑洞而言,它们因为倾泻而下的高温气体而被发现,于是很容易就会拥有20个专业名词。[4]每个名字都适用于发现它们的不同形式,既要对名字负责,又要对发现的方式负责。经过50年的努力,我们现在知道了,这些名词基本上指向同样的东西。现在大多数情况下我们称之为活动星系核,或者更简单地说,类星体。巧合的是,"类星体"(quasar)也是"类恒星"(quasi-stellar)的缩写,意思是"类似恒星一样的天体",与当年对小行星的解释完全一样。(如果你想知道的话,我可以顺便告诉你,"星号"的英文单词asterisk的意思就是"小星星"。)小行星的名称在天文学家中引起了学术名词方面的震动,犹如一个半世纪之后的类星体一样。

皮亚齐于1826年去世,因此他没有亲眼见证他的发现被降级。但事实上,发现一个全新类型的物体比新发现另一个已知的古老类型物体更重要,即使它是一颗行星,尤其是当这个发现破坏了我们关于事物是如何组合在一起的整体想法时。小行星的发现就是这样。"太阳系小天体"和"小行星"等专业名词开始交替使用,以指代小行星、彗星和其他非行星天体,如特洛伊小行星,它们位于主要行星(特别是大质量的木星)前后特殊的稳定位置。总之,它们的出现表明太阳系比我们想象的要复杂得多。

对谷神星的分类不断变化,这和冥王星被逐出太阳系行星行列颇为相似。冥王星也曾被认作一颗行星长达50年之久,但随着越来越多的类似冥王星的天体被发现,天文学家的疑虑再次增加。有些事情必须改变。国际天文学联合会毫不客气地将冥王星从行星名单中剔除。说实在的,这是一项非常糟糕的公关工作。应该这么说,考虑到冥王星是个"矮个儿的行星",因此将其"晋升"为第一个新型天体分类——矮行星。事实上,当2006年国际天文学联合会投票将冥王星列入这一新的矮行星类别时,谷神星也被列入其中。所以现在谷神星既是一颗小行星也是一颗矮行星!谁告诉你天文学是简单明了的。

我们如何知道小行星的成分是非常丰富的呢?它们在天空中所呈现出来的仅仅是一个移动的光点。虽然我们可以通过在实验室里分析陨石来详细了解它们,但并不能保证小行星都是一样的,对吗?我们通过光谱学找到了答案。光谱学是一种工具,它将天文学从一个以测量天体在天空中的位置为主的数学科学转变为天体物理学,而后者研究的是宇宙如何形成和演化。

星星是由什么组成的,这显然是一个问题,然而几个世纪以来一直无人回答,因为没有人知道从何入手。最终光学和化学的进步提供了所需的工具。

17世纪末,艾萨克·牛顿(Isaac Newton)利用玻璃棱镜将阳光分解成光谱。令所有人大吃一惊的是,他展示出白色的阳光包含了彩虹的所有颜色。然而,直到一个多世纪之后的1802年——也就是奥伯斯发现智神星的那年——威廉·海德·渥拉斯顿(William Hyde Wollaston)发现太阳光谱中有暗带,而且它们总是出现在相同的位置。事实证明,彩虹并不像它表现出来的那样包含所有颜色,阳光中确实少了一些颜色。光谱中的暗带是什么原因造成的?仅仅两年后,一个重大线索出现了。帮助破译了罗塞达石碑的英国博学家托马斯·杨(Thomas Young)证明了光是一种波,每种颜色的光对应不同的波长。结果表明,蓝光的波长比红光短。

10年后,也就是拿破仑(Napoleon)最终失败的前一年,一个重大突破才得以实现。1814年,巴伐利亚人约瑟夫·冯·夫琅禾费(Joseph von Fraunhofer)发明了分光镜。夫琅禾费是一位玻璃制造商,他一直在寻找新的方法为他的公司制造更好的玻璃。因此,他热衷于测量其实验性新镜片的折射率——即玻璃会让光线弯折多大的角度。夫琅禾费用他新发明的衍射光栅取代了牛顿的棱镜。衍射光栅是一片玻璃,上面画有非常精细的平行线。这些线之间的距离只有可见光的波长那么长,这种距离会使照射到上面的光线散开,或者说衍射。比起棱镜,光栅能将光线散得更开。我们能够分辨出传统的七种颜色,而在现实中可能会有更多的颜色,衍射光栅可以让我们看到数百种或更多的颜色。通过对衍射光栅产生的颜色进行更为详细的观察,就会发现渥拉斯顿所说的暗带在特定的波长下分裂成更为尖锐的暗线。当时没有人知道为什么这些波长是特殊的,夫琅禾费对此也并不在意。这些锐利的线条,且不管其成因,反正是他准确校准光栅和棱镜所需要的,有助于他的光学业务在竞争中保持领先地位。他的衍射光栅是现代天体物理学取得大量发现的基础。

在接下来的45年里,夫琅禾费的发现一直充满着神秘色彩。直到后来,古斯塔夫·基尔霍夫(Gustav Kirchhoff)证明了太阳中的夫琅禾费线的波长与实验室里加热普通元素产生的波长完全相同。结果表明,当不同的元素被放入火焰中时,每种元素都会在其光谱中产生一种特定的明亮尖锐的线条。元素的这个特征非常独特,让基尔霍夫的合作者罗伯特·本生(Robert Bunsen)仅仅通过观察它们的光谱就发现了两种新元素,本生将其命名为铯和铷。通过将实验室里元素的谱线与夫琅禾费的暗线相对照,基尔霍夫可以弄清楚太阳是由什么组成的!

关于他是如何做到这一点的,有一个可能是虚构的故事。一天,基尔霍夫和本生在海德堡实验室附近的曼海姆市看到了一场大火。于是他们用光谱仪来确定是什么在燃烧。据说,火灾发生后不久,基尔霍夫和本生在海德堡风景秀丽的"哲学家步道"上锻炼身体的时候，谈到这一壮举。[5] 本生半开玩笑地说："为什么我们不对太阳做同样的试验呢？"片刻沉默后……**对呀！** 如果能看到20千米外的火中燃烧着什么物质，那么没有理由不去问问太阳甚至其他恒星是由什么组成的，尽管它们在数亿千米之外。同年，即1859年，基尔霍夫和本生发表了他们关于太阳化学成分的论文。[6] 现代天体物理学就此诞生。

至于探究矿物里的元素组合，方法也是类似的。当阳光照射到岩石上时，包括形成小行星的岩石，会反射一部分光线。那么我们怎么知道我们看到了什么？不同的岩石有不同的颜色，也就是说，阳光在某些波长上的反射比其他波长更多些，这是由组成岩石的元素决定的。三种主要类型的小行星都具有其特定的光谱。金属小行星对几乎所有颜色的光的反射都是一样的，因此它们的反射光谱几乎没有特征。普通硅酸盐岩石在红光附近（波长约为1微米，即0.001毫米）反射较少。水，或者更准确地说，束缚在岩石（如黏土）中的水在可见光谱的中段（大约0.7微米波长）反射不太多。因此，如果我们能获得小行星的光谱，并将其与太阳光谱进行比较，看看小行星对哪部分的波长反射最多和最少，我们就可以知道它是由什么组成的。这只是让我们对小行星的组成有了一个粗略的了解，因为固体矿物的光谱不像气体那样有锐利的谱线。尽管如此，至少在大多数情况下，小行星光谱足以说明它们属于三种主要类型中的哪一种。

小行星能反射多少阳光，被称为**反照率**。（反照率在拉丁语中是"白度"的意思。）岩石的类型让我们对小行星的反照率有了一些了解。三种主要的小行星类型——石质、碳质和金属——它们反射阳光的程度非常不同。金属小行星可以闪光，能反射落在其上1/4的阳光；相反，碳质小行星的反照率只有几个百分点，与新鲜沥青差不多，是金属小行星反照率的1/10。如果我们假设一颗碳质小行星是金属的，那么我们会认为它比实际的小很多。

多亏了赫歇尔，他在创造 asteroids 这个词之前几年有一项新的发现，让我们有另一种工具可以使用。这种方法可以让我们更好地测量小行星的大小。赫歇尔想知道，除了我们能看到的颜色之外，是否还有别的光线。他知道温度计在阳光下的温度比在阴凉处的温度高。因此，他用一个棱镜把太阳光分解为光谱，把一个温度计放在太阳光谱的红色一端之外，在这儿他什么光都没看到，然而意外的是，温度计的温度升高了。除了加热温度计的红色光外，一定还有一些看不见的辐射。因此，它被称为红外光（红外线），意思是红色之外的光。也许正是出于这个原因，红外线曾一度被误称为热射线，特别是在《超人》(Superman)漫画中。同样，热的灯泡也是明亮的红外发射器。红外辐射在研究小行星方面很重要，因为它为我们提供了一种测量小行星大小的新方法。波长约为 10 微米的电磁波（这比我们肉眼能看到的光的波长要长 10倍），就是近地小行星光谱中最亮的部分。如果我们能得到每颗小行星的红外光谱并检测其辐射，那么我们就能知道这颗小行星有多大。

这是因为物理学中有一个有用的概念，叫作黑体。基尔霍夫在发现如何了解恒星的组成后的第二年发明了这个术语，它指的是一个完全不反射光的理想物体：它完全是黑色的，反照率为零。[7]没有哪个材料是真正完全不反射光的。但事实证明，它是物理学和天文学中非常有用的工具。这是因为尽管黑色物体不反射光线，但它确实会辐射光线。一切物体都在辐射，包括你，而且越热的物体辐射得越多。我们熟悉这一点，因为当铁被加热到足够的温度时，会发出红光。这种辐射的光谱有一种特殊的形状，我们称之为黑体光谱。我们可以合理地推测出，较热的物体辐射出较短波长。因此，蓝色的气体火焰比用它来加热的炽热红铁还要热。

已知最完美的天然黑体是宇宙微波背景，它是宇宙大爆炸后的余晖。1965年,普林斯顿大学的物理学家鲍勃·迪克(Bob Dicke)用一台特制的射电望远镜寻找它,但是阿诺·彭齐亚斯(Arno Penzias)和鲍勃·威尔逊(Bob Wilson)抢先一步发现了它。他们当时在新泽西州霍姆德尔附近的贝尔实验室工作。彭齐亚斯和威尔逊因为这一发现获得了诺贝尔奖。但是他们只测出了一个波长下的结果,所以1992年在美国天文学会上,当NASA的约翰·马瑟(John Mather)宣布他的新发现时,他得到了(非常少见的)起立鼓掌——马瑟发现宇宙背景辐射的光谱与黑体的形状**完全一样**。(不幸的是,当时我不得不在隔壁的一个小房间里参加另一个会议,只能通过薄薄的隔墙听到了那儿的欢呼声。)这一测量为马瑟赢得了诺贝尔奖。那个黑体的温度比绝对零度高出不到3摄氏度。

事实证明,我们可以用黑体辐射来测量小行星的大小。大多数近地小行星与太阳的距离和地球与太阳的距离(1 AU)大致相同,其表面的每个区域接收到的辐射量与地球接收到的辐射量大致相同,因此它们会升温到大约相同的温度。(实际上地球大气层使事情复杂化,因此它们的温度并不完全相同。)然后,它们将吸收的太阳能像一个黑体一样辐射出来。在开尔文温标上,大约是300开。(开尔文标度与摄氏度相同,只是开尔文标度开始于绝对零度,而不是水的冰点。开氏温度的零度是零下273摄氏度。开尔文标度在天文学中普遍使用,尽管流星学家仍习惯使用摄氏度。)在开尔文温标上,计算变得更加容易。正如威廉·维恩(Wilhelm Wien)在1893年发现的那样,黑体辐射峰值对应的波长公式在开尔文温标上很简单:黑体在电磁波最亮的地方(辐射峰值波长)与自身温度成反比。太阳的表面温度约为6000开。(6000开远比你的烤箱热——烤箱的温度可能只有530开左右,但对天体物理学来说并不特别热。)6000开的黑体辐射峰值波长大约在0.6微米处,差不多是可见光带的中间。我们的眼睛对太阳发出的最明亮的光很敏感,这并非巧合。但如果我们的大气层并不透明,也并不妨碍我们使用任何可以通过大气的光线。

维恩教授的定律告诉我们,一个温度是太阳温度1/10的黑体会在其10倍波长(也就是6微米)处辐射达到峰值,而一个温度是太阳温度1/20,即300开的黑体,比方说一颗近地小行星,其辐射将在12微米处达到峰值。该波段通常被称为热红外。(之所以有这个名字,是因为在约300开的地球一般温度下的天体,在该波段辐射达到峰值。)这是一个比大多数恒星、星系或其他天体(如太阳)的温度低得多的温度。因此,在这个波段拍摄的天空照片中,近地小行星变得非常显眼。

如果温度已知了,那么一个天体在黑体辐射上的亮度仅取决于我们看到它的面积和距离。既然小行星的轨道可以告诉我们距离,那么一旦我们有了温度和亮度,就可以计算出它的大小了。更妙的是,将在红外波段测得的小行星大小与它在可见光下的亮度进行比较,可以告诉我们这颗小行星是一面怎样的"镜子"。也就是说:击中它的阳光有多少部分被反射?这是一种更正式描述小行星反照率的方法。由于小行星表面的"热惯性",完整的计算要稍微复杂一些。热惯性仅仅描述了小行星表面在即使旋转远离阳光直射时也持续辐射热量的时间。同样,城市的人行道也有热惯性,在夏夜即使没有阳光加热,人行道仍然很热。

但是很遗憾,我们很难到达小行星主带,这需要大量的能量和时间。使用我们现役火箭打个来回可能需要10年以上。NASA的"黎明"计划用了4年到达大型小行星灶神星。无论是爱、恐惧还是贪婪,一个地方一旦难以到达,就会降低我们去那里的动力。

幸运的是,木星为我们带来了近地小行星。如果一颗小行星不幸误入了错误的位置,木星的引力会将其移出主带,通常会移向太阳系内部。这对我们来说是个好消息,因为我们的火箭更容易到达这些轨道。

一旦一颗小行星成为近地小行星,它将在这个易达的轨道上停留几百万年,但随后很可能再次被驱离。它的未来不是冰就是火,因为它要么被抛到外太阳系的寒冷中,要么熔入太阳的炽热中。

木星是如何做到这一点的？说起来有些微妙。这是亚尔科夫斯基效应的结果。伊万·亚尔科夫斯基(Ivan Yarkovsky)是波兰裔俄罗斯籍土木工程师,发表过科学论文。1900年左右,也就是他去世的前两年,50多岁的他自己出版了一本小册子讨论自转的小行星。他的工作被遗忘了几十年,部分原因是他试图捍卫以太理论,而这一理论在同一时期已被爱因斯坦(Einstein)和其他人抛弃。但他自己研究的内容倒是正确的,他的小册子在被遗忘多年后,于1951年被爱沙尼亚天文学家恩斯特·奥皮克(Ernst Opik)重新想起,并发展成为一个有用的理论。奥皮克在家乡爱沙尼亚看亚尔科夫斯基的这本小册子的时候,还是1909年,远远早于他参加苏联红军的1944年。1951年,奥皮克发表了他的研究,一年后,维克托·拉济耶夫斯基(Viktor Radzievskii)在苏联独立发表了这一想法。[8][2003年,乔治·贝克曼(George Beekman)在莫斯科的一家图书馆里仔细搜索后,找到了亚尔科夫斯基的原版小册子。]

亚尔科夫斯基意识到,小行星正午时会被太阳加热,但由于存在热惯性,需要一段时间才能冷却下来,而在这段时间内,它还在自转。因此,小行星发出热量的方向与其吸收的方向并不一致。这样就会产生一个微小的力,推动小行星在其轨道上运行得更快,或者更慢——这取决于它旋转的方式。这就跟引爆一枚小型火箭一样,逆向的推力会降低轨道,正向的推力会抬升轨道。这种力是非常微小的,以至于需要经过数百万年才会对轨道产生重大影响。但是太阳系有的是时间。

渐渐地,亚尔科夫斯基效应使一些主带小行星的轨道漂移到与木星共振的地方。这意味着小行星运行到轨道上某个地方的时候,木星恰巧总能对它产生最大的引力作用。"共振"是在用一个陌生的名词描述一个熟悉的事物。当你推着坐在秋千上的孩子时,你总会在适当的时候推孩子一把,这样秋千就会荡得更高。在小行星的例子中,如果它们轨道运动的时间刚好合适,它们会得到一个额外的"推力",它们的轨道会越来越向外移动,直到小行星在一个较大的椭圆轨道上移动。这些轨道中的一部分最终会大幅向内移动到离太阳较近的地方,接近甚至穿过地球轨道。

近地小行星是指至少有一段时间在火星轨道内运行的小行星。这意味着它离太阳最近的距离(即近日点 q)小于火星轨道半径的最小值,即火星的近日点1.38天文单位(或 AU——地球和太阳之间的平均距离)。火星的轨道比地球更扁,它离太阳最远的地方,即远日点,约为1.66 AU。

近地小行星的分布相当随机,它们可能被远远抛离行星大体上所在的平面(也就是皮亚齐和"天体警察"们搜索的那个黄道面。)因此,与地球轨道相比,它们的轨道通常是高度倾斜的。这使得人类到达它们所要付出的能量更加昂贵。即使是20度的轻微倾斜轨道也需要10倍以上的能量才能到达。[9]至少就现在来说,我们只能访问那些轨道与地球轨道相比略微有些倾斜的小行星。

超过20 000颗近地小行星已被识别和编目,这主要是由光学波段的地面望远镜完成的。其中最大的是伽倪墨得(1036 Ganymed),直径约50千米。[注意不要把伽倪墨得(Ganymed)的名字与木卫三(Ganymede)混淆,后者是木星最大的卫星,但确实很容易弄混。]大多数近地小行星都比伽倪墨得小得多,只有房子那么大,甚至更小。至少一部分原因是亚尔科夫斯基效应在较小的天体上才会产生更大的影响。20 000颗小行星听起来好像很多,但我们的调查是不完整的。不幸的是,对较小的小行星更是如此。不过我们的小行星目录增长得很快,每年大约有2000颗近地小行星被发现,而且趋向于越来越小的近地小行星,因为我们的搜索变得越来越敏锐,当然也因为我们早已发现了绝大部分体型较大的小行星。

每年都有为数众多的非常小的小行星撞击地球,但它们并没有产生危害,它们的碎片完好无损地到达地面。这些小行星(直径小于一米)被称为流星体。当它们穿过大气层时,会留下比流星更明亮的轨迹,被称为火流星,或者在极端情况下被称为火球。对到达地面的碎片,我们称其为陨石。这些陨石是携带太阳系早期信息的重要使者。

过去我没有近距离研究过任何陨石。坦率地说,它们似乎没那么有趣。后来,我有机会参加了哈佛大学地球和行星科学系的罗杰·傅教授开设的流星学入门课程。他把十几颗陨石传给我们分类。来自专家对你所观察事物的一些正确指导,会对你有很大帮助,让你把注意力集中在重要的事情上。罗杰向我们指出的第一件事是,我们手里拿着的石头比地球上任何岩石都要古老数十亿年。陨石和太阳系一样古老,地球上大多数岩石的年龄只有它们的1/10。触摸它们的感觉真是太棒了。在那之后,我开始觉得这些岩石显得有点不同寻常,别有风情。

我们看了看陨石,通过简单地把它们举在手中测量密度。有经验的地质学家很擅长这方面的测量。我们给每块陨石写下注释后,罗杰让我们寻找规律:哪种陨石对应哪些特征?金属陨石的密度最大,毕竟,它们几乎是纯铁。其次是有小圆团块的,称为球粒陨石,而没有球粒的石质陨石最轻。"为什么会这样?"罗杰问我们。令人尴尬的是,我们都答不上来。但答案其实很简单。那些带有球粒的小行星从未熔化,因此它们仍然具有和太阳一样的元素组成,包括铁——除了宇宙中普遍存在的轻元素氢和氦。这种元素的混合是由恒星中发生的核物理过程决定的,这是永远也不会改变的。但当星子的岩石(当然球粒结构也包含在内)加热熔化后,元素就可以移动并分离出来。比较重的铁被分离出来,所以剩下的石头部分就比原来的要轻。

在埃及和与欧洲人接触前的格陵兰,最早的铁都源自陨石。为什么是格陵兰?因为黑色的铁陨石与白色的积雪形成鲜明的对比,而格陵兰人实在没有其他金属选择。在格陵兰使用的铁似乎来自约克角陨石。

为什么埃及人会使用陨铁?一方面,黑暗的陨石也很容易在沙漠中找到。但另一个很好的原因是,铁陨石实际上已经是纯铁了,所以很容易上手,不需要高温熔炼来分离杂质。此外,陨铁中镍的含量异常丰富。镍铁是钢的一种形式。所以陨铁实际上比从地球上挖出的铁更好,它不会生锈。埃及人知道他们用的铁是从天上掉下来的吗?也许一开始不知道,但在某个时候,他们终于知道了。埃及的象形文字bia-n-pet,字面意思是"天上的铁",出现在公元前1295年左右。[10] 也许那年有一次壮观的陨石坠落,或者一次巨大的撞击,清楚地表明了铁的来源。

近代欧洲人和美国人很难相信岩石会从天而降。这种怀疑有它的合理性。陨石似乎更可能来自火山,而不是稀薄的大气。早期的目击报道可能并不广为人知或被人相信,[11] 例如1492年在阿尔萨斯的昂西塞姆附近陨落的127千克重的岩石。但在1800年前后,类似的发现揭示了小行星的存在,石头从天而降的事变得合情合理、毋庸置疑了。

1793年,律师恩斯特·奇洛德尼(Ernst Chladni)与物理学教授格奥尔格·利希滕贝格(Georg Lichtenberg)有过一次对话,后者目睹了一个火球,并怀疑这是宇宙天体进入大气层的结果。奇洛德尼决定去找一找。他去维滕贝格大学图书馆(现在在德国)找到了关于天空中出现火流星和落在地上的岩石的所有记录,并花了整整三个星期时间整理。他充分发挥了律师的技能来评估这些目击者的证词。他发现了24条高度一致的记录,尽管它们在地点和时间上存在一定程度的差异。然后,他用这些数据来估算"火球"的移动速度,发现其速度远远高于地球上可能出现的速度。第二年他公布了自己的研究结果。然而,对于当时的大多数科学家来说,这太新颖了,而且过于依赖间接证据。

幸运的是,就在第二年,一颗巨大的陨石落在英国约克郡的一间小屋附近。两名化学家(一个英国人和一个法国人)分析了陨石的成分。他们在陨石的铁当中发现了大量的镍,这种合金在地球上还从未被发现过,所以他们认为它的来源是地球之外。他们还在其中发现了球粒结构,这是陆地岩石中从未出现过的东西。1802年,也就是谷神星被发现的一年后,他们才发表了这个研究结果。又过一年,确凿的证据出现了。1803年,在诺曼底莱格勒附近,一个明亮的火球和数千块石头先后坠落。著名的法国科学家让-巴蒂斯特·比奥(Jean-Baptiste Biot)分析了地面上陨石的分布情况,发现它们与火球的路径呈一条直线。他得出结论:这些陨石确实来自太空。他的工作说服了欧洲各地的科学家。

有一个著名的(未知真假)报告说,时任美国总统托马斯·杰斐逊(Thomas Jefferson)并不那么信服。尽管两位耶鲁大学的教授本杰明·西利曼(Benjamin Silliman)和詹姆斯·金斯利(James Kingsley)对1807年在康涅狄格州韦斯顿陨落的陨石进行了仔细的调查,但杰斐逊总统依然无视。据传他是这样说的:"先生们,我宁愿相信两个北方佬教授会撒谎,也不愿相信天上会掉石头。"仔细调查过这一说法的历史学家凯瑟琳·普林斯(Cathryn Prince)认为,该"引述"并非真实,但它可能来自西利曼之子的一次演讲。[12] 她记录了西利曼作为北方人和南方人杰斐逊之间的一种反感,这种反感可能使他产生了想要贬低杰斐逊良好的科学声誉的愿望。

认识到陨石来自太空后,19世纪早期的科学家就有了一种研究小行星组成的方法,正如50年后光谱学为他们提供了了解恒星组成的方法一样。陨石随处可见,到目前为止,人类已经收集了45 000多个陨石样本。南极洲是最好的陨石发现地之一。与格陵兰一样,积雪加之地表附近陆地岩石的稀缺,使得陨石很容易被发现。位于华盛顿哥伦比亚特区的史密森国家自然历史博物馆收藏了美国"南极陨石搜索计划"收集的20 000多块陨石,并对它们进行了分类。日本人是搜寻南极陨石的先驱,位于东京的日本极地研究所也有着相当数量的陨石收藏。其他有着较多藏品数量的是英国自然历史博物馆、位于渥太华的加拿大陨石收藏中心和位于休斯敦的NASA约翰逊航天中心。许多大学也大量收藏陨石,还有一些极度热衷于此的个人,比如亿万富翁企业家纳文·贾因(Naveen Jain),他是一家航天创业公司月球快线(Moon Express)的投资人。贾因拥有约500个标本,都是"新鲜的",这意味着它们是在落地后不久被收集起来的,因此几乎处于原始状态。

还有大量微小颗粒,只有几微米或更小的尺寸,因为太小了,无法形容为陨石。这些是行星际尘埃颗粒(图3),其中许多来自彗星。在这些尘埃颗粒和陨石中,我们都能找到"太阳前颗粒"。它们极为罕见,在

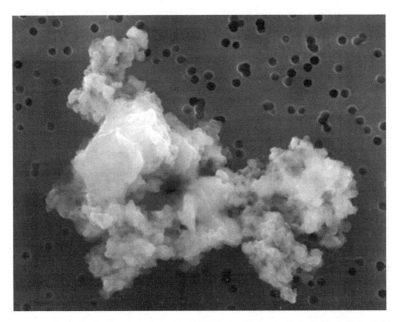

图3 一个微小的行星际尘埃颗粒,直径约10微米,大约为人类头发丝直径的1/5。这个微粒是由一架U-2高空侦察机在平流层收集的

陨石中的占比不超过万分之一，比重至多占行星际尘埃颗粒的1%。顾名思义，"太阳前颗粒"要比太阳系更为古老。一些形成于超新星，即大质量恒星的爆炸；另一些形成于从年老红巨星表面吹出的温和的星风中。拉里·尼特勒在卡内基科学研究所工作，他专门研究陨石的详细分析所带来的太阳系形成信息。拉里可以告诉你他是如何从陨石中挑出这些微小的尘埃颗粒的。这些"太阳前颗粒"有着惨痛的历史。正如他与合作者尼古拉斯·多法斯（Nicholas Daupas）所说，这些颗粒"在46亿年前的恒星外向流中形成，成为太阳母体分子云的一部分，它们在太阳系的形成中幸存下来，并被困在小行星和彗星中，其样本现在又以陨石的形式与地球相遇"。[13]令人惊叹的是，这种幸存下来的物质都能被我们找到。它们把我们和宇宙联系在一起。

第二篇

动 机

◆ 第二章

热　爱

在英语中，"爱"是一个很宽泛的词，包括浪漫的爱情、对孩子的爱、对父母的爱（如果父母幸运的话）、对一支球队的爱，等等。本书中我说的爱是对知识的热爱，是对发现的热爱。我们都会好奇，而科学家们很幸运——能够因为好奇而获得报酬。

然而，热爱知识的动机有多基础？比一个潜在的捕食者（其中也包括人类）更了解你所处的环境，这似乎是维持生命的基础动机。布鲁克海文国家实验室的退休高级生物物理学家塞特洛（R. B. Setlow）说："探索是进化过程中一项重要的生存策略。"[1] 人们常说，人类天生热爱探索。罗切斯特大学的登山爱好者、历史学教授斯图尔特·韦弗（Stewart Weaver）对这种天生的爱发表了激动人心的声明："不管其背后的动机值得与否，探索在不同历史时期需要各种不同的形式——为了发现和冒险而踏上行程……似乎是人类的强迫行为，甚至是人类的一种痴迷〔正如古生物学家梅芙·利基（Maeve Leakey）所说〕；这是一个明确的定义人类身份的要素，它永远不会过时，无论是在地球还是外星。"[2]

波利尼西亚人向东横跨太平洋的扩张行动，可能算得上最纯粹的探索。本·芬尼（Ben Finney）是一位在夏威夷大学工作的颇为帅气的教授，他为了自己的硕士研究论文专门去学习冲浪——他是在夏威夷复原波利尼西亚航海技术的主要推动者。300年来，波利尼西亚人跨越太平洋的扩张速度极快,远超过他们人口增长压力驱动下的扩张需求。长子继承制的传统或许能解释他们督促更年轻的儿子们开始航海,但也有可能他们只是想看看地平线那边有什么。芬尼将他们的航行比作太空旅行:他们逆风航行,就像我们必须克服重力一样;他们必须带上所有补给,因为他们真的要去荒岛,那里以前没有人去过,就像我们飞向太空一样。[3]从某种角度来说,我们的工作似乎更容易些:毕竟我们知道我们要去哪里。

探索的驱动力足以将我们带去小行星吗? 正如我所描述的,它们只是太空中的石头。地质学家喜欢岩石,但我们其他人为什么要在乎小行星呢? 为什么小行星会激发我们对探索的热爱? 答案是:小行星不仅仅是"单纯的"岩石。它们牵涉一些重大问题。事实上,其中一些属于终极问题。我们从哪里来? 我们是什么? 我们要去哪里? 这些都是所有人在某一时刻会思考的问题。

小行星能帮助我们解决的第一个主要问题:我们的起源。它们正在帮助我们回答一系列问题,这些问题引导我们一步一步走向文明。太阳系和我们的家园是如何形成的? 海洋是从哪里来的? 生命是如何开始的? 为什么会有丰富的矿藏? 矿藏之所以重要,是因为如果没有易于开采的铁,我们的技术可能会在更简单的层面上停滞不前。这使得最后一个问题变得重要:"为什么会形成矿藏?"类似于另一版本的"为什么夜空是黑的"。除非你仔细思考,否则这看起来根本不像是个问题。让我们看看小行星是如何阐明所有这些问题的。

太阳系和地球的起源

大多数小行星科学家都被引向一个方向,即理解我们的太阳系是如何演变成目前看似简单的形态的。这是一个非常宏伟的目标。

我们的太阳系在内行星和外行星之间有一个清晰的划分。四颗较小的岩质"类地"行星位于内太阳系(水星、金星、地球和火星),距离太阳 2 AU 以内(地球距太阳 1 AU)。在外太阳系(距离太阳超过 4 AU)则出现了非常不同的行星:两个气态巨行星——木星和土星;然后是两个稍小的冰巨星(天王星和海王星)。几十年来,有一个(相对)简单的教科书理论,解释了为什么会形成这样简单的双区排布方式。[4]思路很简单:找到雪线。

由尘埃和气体组成的原太阳星云盘越往中心越热。在低温下就容易挥发的物质,特别是富含碳和氢的有机分子,在低温环境中会被破坏。它们被称为挥发物,只在距中心很远的地方才能找到。像碳化硅这样需要在高温下才挥发的物质被称为耐火材料。只有这些坚硬的耐火材料才能从靠近太阳的原行星星云的较热气体中形成。这些物质形成了类地行星。越向外移动,构成星云的气体温度越低,在离太阳特定距离以外低于零摄氏度。这个距离被称为雪线(也称为冰线或霜线)。在行星形成的时候,也就是太阳刚发光仅仅几百万年后,这条线大约位于距太阳 4 AU 的地方,就在小行星主带外、木星轨道内。由于在雪线之外的太阳前星云含有大量的氢、碳和氧,这些行星可以吸收大量的物质,并成长为气态巨行星。原太阳星云在距离较远时变得更加稀薄。木星正好位于雪线之外,因此它是最大的,而外部的其他行星由于可以供它们"生长"的原材料更少,所以它们更小。

一切都解释清楚了,很漂亮!但是,我们现在知道,这个解释是非常不完整的。

在过去的 20 年里,行星科学发生了一场巨大的革命。这个领域过去只有一个案例,也就是我们的太阳系。(宇宙学也有同样的问题,因为我们只能观察一个宇宙。)每个人都试图预测行星是如何形成的,而且每个人都认为我们的太阳系是很平常的。这是一个很好的"哥白尼式"的思路,该思路认为我们在宇宙中没有什么特别之处,于是产生了一个很好的模型,它运行得很好。但是,我们怎么知道这个模型是否正确呢?除非我们有另一个例子来验证它。或许行星的排列还有其他我们未曾想到的方式?确实有。

20世纪70年代,当我开始从事天文学研究时,寻找太阳系以外的行星曾被认为是一个笑话。首先,显然不可能找到它们,因为这远远超过我们当时的技术。其次,行星涉及的面是不是有点窄了?天文学家们正在开始发现超乎我们想象的新事物:脉冲星、类星体、暗物质、伽马射线暴,等等。气态巨行星和一堆小石头如何与它们竞争?幸运的是,我们都错了。

尽管存在普遍的怀疑,但一些天文学家还是能发现太阳系外的行星——系外行星,这个名字很快就诞生了。这是可能的,这和天文学的"社会性"有关。天文学是幸运的,因为它是一个多学科的研究领域。世界上有几十台大型望远镜,它们基本上是相互独立运行的。因此,尽管存在着一些"网红",但没有一个群体或方法能占据主导地位。长期以来,天文学的松散联系使其不具备群体思维。当一个领域被迫围绕某个特定项目集合在一起,那么群体思维往往会传播开来。通常,观点达成一致是因为再往下走的成本太高,无法同时进行许多实验。

第一个真正令人信服的环绕一颗太阳之外的正常恒星运行的行星是飞马座51b。它是由日内瓦大学的米歇尔·马约尔(Michel Mayor)和迪迪埃·奎洛兹(Didier Queloz)于1995年发现的。这项发现一经宣布,就在天文学家中引起了巨大震动。任何一颗系外行星的发现都算得上重大发现,但这一个是非凡的惊喜。这是一颗巨大的行星,那么它必然是一颗类似木星的气态巨行星。然而,它围绕恒星飞马座51运行的周期仅仅为四天多,这意味着这颗行星距离飞马座51的距离是我们与太阳的距离的1/20!显然,我们的太阳系不是唯一的模式。

现在我们知道还有更多这样的"热木星",它们不可能在我们发现它们的地方形成，因为它们现在位于雪线之内的恒星系统中心，那里太热，没有足够的氢气来制造它们。然而，它们确实就在那儿。热木星真的是"奇怪的新世界"，就像《星际迷航》里说的那样。马约尔和奎洛兹因为这项发现获得了2019年诺贝尔物理学奖。

热木星的发现改变了一切。甚至在第二颗热木星被发现之前，理论家们就开始热烈地议论了。我们得到的答案是气态巨行星不必停留在其形成的地方，它们会"迁移"。一颗木星大小的行星迁移到离它的恒星如此近的地方，将对其所经之处的任何较小的行星或小行星造成严重破坏。这些行星或小行星很可能被扔出那个恒星系统，甚至可能与正在迁移的热木星相撞。总之，拥有热木星的恒星系统并不是我们寻找第二个地球的理想场所。

不过，"行星迁移"听起来很疯狂。是什么使行星发生迁移的？早期，当恒星周围仍然有一个尘埃气体盘时，在其中移动的年轻"木星"们会感觉到"风吹在它们脸上"，随后减速掉入离恒星更近的轨道。幸运的是，在我们的太阳系中没有发生如此极端的事情，因为如果那样的话，它会在向内移动的过程中摧毁地球（还有火星和金星）。不过，这也可能是一场势均力敌的较量。

"行星迁移"的想法使我们对自己的太阳系有了新的认识。关于木星和土星是如何向内迁移的，有一个可能性很大的模型（这么说是指如果仍然有争议的话），那就是当木星到达火星轨道附近时，它们的迁移行为停止了，而且最终转向，再次向外移动。这个"大迁移"模型认为，木星和土星之所以停止迁移，是因为它们清除了形成行星的气体盘中的大部分尘埃气体，所以它们的速度不再减慢。在这个过程中，它们将大量的星子散布到外太阳系，又带走了火星形成所需的大部分原料，于是火星现在的质量只有它原本应该长成的10%。如果这些巨行星继续向内迁移，地球也会遭受同样的命运。

此后不久,仅仅几百万年后,盘中所有的气体都凝结成行星、卫星、星子和尘埃。但是,太阳系的动态历史还未结束。

下一个阶段被称为"尼斯模型",以法国里维埃拉海滨城市的名字命名,这个模型就是在那里推导出来的。尼斯模型利用太阳系的小天体——其中许多是小行星的前身——来移动巨大的行星。这个模型在2005年公布时引起了轰动。著名的《自然》(Nature)杂志上同时发表了三篇相关论文。[5]对任何科学家来说,在《自然》上发表一篇论文都被认为是巨大的成功,**同时**发表三篇几乎是史无前例的。

尼斯模型的四位作者认为,所有这些在尘埃气盘中形成的星子最终成功地将木星和土星推向内太阳系。每个单独的星子只有一点点微小的影响,毕竟,它们的质量只有木星的百万分之一或者更少。但是经过几亿年,以及许多星子的共同作用,这种效应逐渐累积。如果大多数的星子被抛向内部,行星就会向外移动,反之亦然。这一过程让人想起中国的一句谚语:"愚公移山,非一日之功。"[6]

一切都在渐渐改变,直到突然(天文学意义上的)土星到达一个位置,在这个地方正好木星绕太阳转两圈,土星就绕太阳转一圈,这使得木星对土星所施加的引力在每圈轨道上进行叠加。这两颗行星实际上已进入共振状态,这一过程与产生近地小行星的过程是相同的。其效果是:土星的轨道越来越扁。然后土星穿过了许多星子的轨道,并将它所遇到的每一个星子丢进完全不同的轨道。

一石激起千层浪。我们的邻居遭到了许多直径为千米级的岩石(土星投掷过来的星子)的轰炸。这就是月球表面布满陨击坑的原因。这正是尼斯模型的作者所追求的,一种解释小行星进入内太阳系,撞击月球和地球的方法,也就是"最后大轰炸"(Late Heavy Bombardment)阶段。在接下来的几节中,我们将听到更多关于这次轰炸如何改变地球的故事。

　　然而，就像任何一个好的科学理论一样，除建立之初考虑的情况之外，尼斯模型能对更多现象做出解释。它不仅解释了"最后大轰炸"，还解释了太阳系的许多其他奇怪特征。为什么木星的轨道上有一系列或前或后跟随木星的小行星——特洛伊小行星？为什么有这么多的卫星以一种奇怪的轨道围绕着外行星运行，成为所谓的"不规则卫星"？遥远的柯伊伯带及其中的矮行星（如冥王星）从何而来？而且，在更遥远的地方，为什么有一大片彗星云——奥尔特云包围着我们的太阳系？尼斯模型是由最初的发现者和许多其他科学家经过多年改进而建立的，可以解释所有这些不同的现象。基本上，所有四散"奔逃"的星子都必须去往某个地方，而每一个太空奇观都是由于它们中的一部分到了这些地方。这并不是一个被普遍接受的模型，但仔细、充分的计算似乎确实能相当细致地定量解释这些特征。

　　"行星迁移"对太阳系的大部分搅动在小行星上留下了痕迹。小行星的类型可以揭示它们在太阳系内运动的历史。究竟有多少种移动方式，在什么轨道上移动，以及它们的地质细节——所有这些变量将确定我们早期狂暴历史的年表。它们可能支持"大迁徙模型"和"尼斯模型"，也可能从根本上改变它们，甚至表明它们完全错了。这就是科学前进的方向：一个想法意味着一系列推论，让其他科学家有机会进行更深入的研究，看看这些推论中的现象是否真的能被发现。小行星科学家们正期待着通过向几个小行星发射无人探测器来实现这一目标。目前有好几个这样的任务正在进行中，并且还有更多的项目也在计划中。太阳系探索的激动人心的时期即将到来。

　　对于许多小行星科学家来说，这已经足够了。了解我们太阳系戏剧性的历史并不是一件小事。但现在我们还有其他三个重大问题没有介绍，都是关于地球的，而小行星可以帮助我们寻找答案。

海洋的起源

为什么地球上有海洋？我们最近的邻居行星——火星和金星都没有海洋。海洋覆盖了地球表面的2/3，使得地球完全不同于太阳系中其他几位干燥的弟兄。

然而，这并不是说水在宇宙中就是稀缺的。事实上，水分子在太空中是非常丰富的，这可能会让你感到惊讶。[7]我们银河系中的暗黑星云是年轻恒星的育婴室，其中就含有大量的水。这是因为水的组成元素——氧和氢是宇宙中含量最丰富的两种元素。氢是在大爆炸后不久形成的，当时宇宙变得足够冷，电子和质子被它们所携带的电荷束缚在一起。氢原子是最简单的原子：只有一个电子围绕一个质子。氧是由大质量恒星核心的核反应形成的，当这些大质量恒星变成超新星爆炸时，氧被释放到星际空间。

所以，问题不在于是否有足够的水来填满海洋，而是如何将所有的水保持在雪线以内，并解释在年轻的地球处在融化状态时它是如何保存下来的。水怎么能存在于高温下呢？人们普遍接受的答案是：水确实无法经历高温留存下来。地球生来就是干旱的。

地球冷却后，在太阳系中仍有一个地方存在着大量的水，那就是小行星和彗星。我们只需要解答大量的水是如何从那儿输送过来的。根据科学史学家舍希纳的记载，早在17世纪末，牛顿就提出是彗星的"尾巴"向地球补充水分。[8]但是他这个理论站不住脚，彗尾是无法提供那么多水来填充海洋的。然而，他的基本见解被证明是正确的。早期的太阳系内，小行星和彗星中含有充沛的水，我们现在认为它们确实填充了地球的海洋。又该轮到尼斯模型的"最后大轰炸"阶段发挥作用了。当陨石雨落在地球和月球上，丰富的水随之而来。

到底丰富到什么程度呢？美国国家海洋和大气管理局（NOAA）估

计,海洋中有13亿立方千米的水,[9]即130亿亿吨。这听起来确实很多。要多少星子才能给我们带来这么多的水?我们可以使用最大的小行星谷神星来进行估算,它也是现今仍存在地球附近最类似星子的小行星。美国NASA"黎明"号探测器最近的测量表明,谷神星可能有多达30%的质量是水,[10]总计约为25亿亿吨。因此,假设这些水没有在碰撞中溢出到太空中,那么我们只需要大约五颗类似谷神星的小行星就能把地球海洋给填满了。你看,数字够小了,这足以说明这个想法并不疯狂。一些专家甚至认为可能就是这样的。[11]

但是"最后大轰炸"也会对火星、金星和我们的月球造成打击。它们的水在哪里?答案是迷失在太空里了。月球和火星的大气层太稀薄,无法阻止地面上水的蒸发;金星的大气层很厚,但温度很高,地面上的水同样会蒸发。

从太空深处看,我们的星球是一个暗淡蓝点。[12]地球为什么是蓝色的?因为大海是蓝色的。大海也只能是蓝色的,因为大海反射了天空的颜色,这是阳光在大气层中散射的结果。在阴天,海洋就是灰色的。但是,从太空里只能看到晴朗天空下的部分海洋,所以从太空看海洋是蓝色的。因此,如果你想知道为什么天空是蓝色的,为什么从太空看地球是蓝色的,或者为什么我们将小行星轻轻松松运送过来的海洋保留了下来,那么你只需要一个答案:大气层。[13]

为地球填充海洋,这是小行星的一项令人赞叹的工作。但是,还有一项比这更值得赞叹的重大问题:小行星似乎参与了生命的起源。

生命的起源

生命是如何产生的,这无疑是我们能提出的最深刻的问题之一。在很长一段时间里,这似乎根本不是一个科学问题,而是一个只有哲学或宗教才能解决的问题。你该如何开始给出关于生命起源的科学答案？自从20世纪50年代早期发现DNA的双螺旋结构和遗传功能以来，我们已经对生命的运作方式、生命繁衍的特殊条件有了足够的了解，也了解到早期地球上普遍存在的环境状况。科学地解决生命起源问题已经变得雄心勃勃，而不是随口说说。

许多项目如雨后春笋般涌现出来，如哈佛大学的生命起源计划和康奈尔大学的卡尔·萨根研究所等，算是这种进步的体现。他们举办我喜欢参加的精彩演讲，但有时涉及的生物学内容过于深奥，我无法理解。这些新设的会议聚焦所谓"天体生物学"的新领域。新的研究所也是有必要的，因为我们需要在极为不同的学科领域拥有广泛的专业知识，才能找到这个重大问题的科学答案。生物学、天文学、化学、地质学和大气科学只是几个比较显而易见的带头学科。不过结合这些学科的专业知识并不容易。这些学科中的人都说着不同的专业语言，因此他们首先必须学会彼此的行话，以便进行交流。如果不将各个领域的研究人员聚集在同一个地方，这一点将无法实现。小行星采矿也需要广泛分布于各个学科的技能，那么道理是一样的，也要建立庞大的机构来帮助其发展。

对于生命起源来说，碳元素的化学性质是关键。碳是钻石和煤炭的组成元素。碳可以形成许多不同的分子，以至于形成了专门研究它们的学科：有机化学。之所以得到这个名称是因为地球上所有的生命都是由碳化合物组成的。这就是为什么"碳基生命形式"是科幻作品中的一个流行词汇。其他的概念，例如"硅基生命形式"，就没有那么有趣了。（尽管我们自身这种碳基生命可能正在计算机中创造硅基生命，这是一个被称为"人工生命"的领域。）[14]

在宇宙中，碳的丰度是硅的7倍，几乎和氧一样常见。储量丰富也是碳能够作为生命基础的另一个重要优势。许多有机分子含有氢和氧，它们也是非常常见的元素。

生命起源于大约38亿年前，当时地球还很年轻，只有7亿岁。那时有机分子会自然形成吗？为什么小行星提供的新海洋并不是由水和矿物质尘埃组成的呢？为什么"原始汤"不仅仅是"石头汤"？大约70年前人们就知道，如果你制作一个气体环境，安全复刻地球早期大气层中的分子成分（当时地球大气中还没有氧气），通过发出电火花来模拟闪电后，就可以制造出复杂的有机分子。哈罗德·尤里（Harold Urey）和斯坦利·米勒（Stanley Miller）在1953年的一次著名实验中证实了这一点。他们制造出了丰富的氨基酸，这表明早期的海洋也有氨基酸。此后不同的实验也显示了类似的结果，所以这一结论可能没有问题。

但是在那时候，小行星还在轰炸这个刚刚形成不久的地球，它们提供了另一个可能。如果海洋中的水来自小行星对刚冷却的地球的轰击，那么它们会将自身的物质都带到地球上来，其中可能包括大量的有机分子。这些有机分子是不是早期"海洋汤"中的调味料呢？生命是不是因此才得以产生呢？几十年前，克里斯托夫·希巴（Christophe Chyba）和卡尔·萨根（Carl Sagan）首次提出了这一想法。[15] 现在看来，这仍是个不错的猜想。

虽然太空对我们来说似乎是一个充满敌意的地方，但是在太空里发现有机分子并不奇怪。就如水一样，我们现在已经发现水在太空中是很常见的。我们制造有机化合物所需的碳，就像氢和氧一样，是宇宙中最丰富的化学元素之一。与氧类似，碳也由恒星产生，并以超新星爆炸的形式散布到银河系的星际空间。然后，引力将这些元素聚集到浓密的星云中，继而形成新的恒星、行星，以及最关键的小行星。在这些稠密的云气中，还会形成有机分子。20世纪70年代，第一台毫米波望远镜率先在星云中发现了丰富的有机化学物质，这真是一个巨大的惊喜。在年轻恒星周围适合行星形成的高密度低温气体尘埃盘中，发现了更复杂的分子。[16] 它们所处的环境被尘埃盘笼罩屏蔽，没有受到中心炽热的年轻恒星发出的紫外线和X射线辐射的影响,这些更为精细的复杂分子得以存活下来。那么,莫非生命的原料有一部分来自太空中现成的分子?

我们知道小行星中蕴藏着很多有机分子,因为碳质陨石中富含有机物质。"富含"一词一点也不夸张。麦克弗森是史密森国家自然历史博物馆陨石部门的资深科学家。几年前,当我访问他的办公室时他告诉我,1969年掉落在澳大利亚默奇森的著名陨石富含有机物,以至于新切下的一片陨石闻起来像沥青或焦油。这听起来令人鼓舞!这个例子告诉我们,许多小行星内部有丰富的有机分子。实验室的分析证实了这一点。在碳质陨石中发现的有机分子中有多种酸,而且有不少氨基酸。地球上的生命只使用了20种氨基酸,到目前为止,我们在陨石中只发现了其中的12种。剩下的8种,小行星中真的不存在吗?还是在飞向我们的途中被摧毁了?生命的"原始汤"是否一定需要这最后的8种"配料"?还是因为我们看得不够仔细?

蛋白质由氨基酸组成,RNA(核糖核酸)和DNA(脱氧核糖核酸)由蛋白质组成。如果小行星上已经含有蛋白质,那么小行星成为播种生命的材料就更有说服力了。然而,直到最近,尚未在陨石中发现蛋白质。我们是否会在太空中由氨基酸聚合而成的陨石中发现更复杂的有机分子?(聚合反应是指分子链的形成,不管是由相同种类的还是各种不同种类结构组合而成。)哈佛大学分子和细胞生物学系的麦吉奥赫和她的同事们有证据表明太空中确实存在更复杂的有机分子。麦吉奥赫是一位生物化学家,她于2008年进入陨石研究领域,当时她正在研究地球上最古老的蛋白质之一,即ATP合成酶的转子亚基。(从技术上讲,古代蛋白质是"高度保守的"。)ATP是生命的关键分子,因为它为细胞提供能量。麦吉奥赫决定在陨石中寻找类似的蛋白质。她的研究发现了许多长聚合分子和至少一种蛋白质——血石蛋白。[17]

麦吉奥赫在该领域具有独特的优势。大多数陨石学家都受过地质学培训，这是可以理解的。他们通常不习惯处理精细的分子。所以多年来，他们一直通过将陨石样品煮沸数小时来提取有机分子。这不是处理长分子链的好方法。厨师们都知道，高温会改变肉和蔬菜等有机物质的化学性质。相反，麦吉奥赫和她的同事使用了更温和的生物化学技术。他们还注意从陨石深处获取样本，并在洁净室条件下对其进行研究，以避免地球分子污染样本。结果，他们发现了包含数百个原子的长分子链。如果这个团队的结果是正确的，那么小行星中的有机化学成分比我们想象的要多得多。这种"原始汤"可能比任何人想象的更美味。

麦吉奥赫的工作在陨石学家中仍有争议。通过前往一颗碳质小行星并采集原始样本，我们最终可以找到答案。直到最近，还没有航天器造访过碳质小行星。但两艘宇宙飞船即将带回样本。日本的"隼鸟"2号（Hayabusa 2）在经过三年半的航行后从小行星"龙宫"（Ryugu）表面捡回了一些岩石*。NASA的"奥西里斯王"号在经过两年的航行后于2018年抵达小行星贝努，计划从其表面带回重达1千克的岩石。这些航天器很可能给早期太阳系化学的研究带来新的启示。

因此，含有水和有机分子的小行星对地球的早期轰击可能不仅填充了地球海洋，而且也为"原始汤"播下生命的原料。小行星可能加速甚至激发了生命的形成。这是一个伟大的故事。探测小行星或许会告诉我们这个故事正确与否。

极端的可能性是，小行星不仅仅提供了原材料使地球上的生命变得更容易开始，而且生命实际上始于其他地方，并由陨石带到地球。这就是有生源说（又称泛种论或胚种说）的概念：生命在太空中传播，而不

---

* "隼鸟"2号携带样本已于2020年末返回地球。——译者

是从每个独立的世界开始。这一理论在现代科学中有着悠久的历史，可以追溯到约恩斯·雅各布·贝尔塞柳斯（Jöns Jacob Berzelius），我们很快会看到关于他在1834年的更多介绍。不过，直到在星际云中发现有机分子之前，这一理论几乎没有什么市场。

著名的天体物理学家和宇宙学家弗雷德·霍伊尔（Fred Hoyle）是有生源说的坚定拥护者。尽管当他提出自己的观点时会招致专家们的普遍嘲笑，但是立即否定他的一切理论也是不明智的。霍伊尔是一位非常聪明且富有创造力的科学家。他最大的成功无疑是在1957年证明了元素周期表的元素是由恒星创造的。这便是"你我皆星尘"这种说法的源头。他不仅证明了这个理论在通常意义上的正确性，而且在某些极端的细节上也是成立的。他和他的同事玛格丽特·伯比奇（Margaret Burbidge）、杰弗里·伯比奇（Geoffrey Burbidge）和威廉·福勒（William Fowler）从几乎纯氢开始，研究了每种元素涉及的许多核反应，并说明了为什么我们在恒星和陨石中实际看到的元素会以这样的比例出现。这是一项有诺贝尔奖价值的工作，但最终只有福勒获得了诺贝尔奖，因为在1983年评奖时，霍伊尔仍然被视作怪人。（或者说，大部分人认为是这样的，诺贝尔奖委员会并没有做出解释。）这很大程度上是因为在射电波段发现天空中微弱的黑体辐射的光芒（这正是具有极强竞争力的宇宙大爆炸模型的重要预言之一）之后很久，他还继续推行他的稳恒宇宙理论。不过，霍伊尔和他的同事使用的数学与备受推崇的"暴胀"模型所使用的密切相关。[18] 也许这些理论之间有着某种深层的联系。

霍伊尔和他的长期合作者钱德拉·威克拉马辛哈（Chandra Wickramasinghe）提出生命起源于彗星，或者更笼统地说，起源于天王星和海王星以外的星子，并通过陨石尘埃抵达地球。[19] 这下他给人的古怪印象更了不得了。他们的灵感来自20世纪70年代太空中发现的有机分子和1970年在默奇森陨石中发现的氨基酸。[20] 他们为这些分子创造了"前生命起源"（prebiological）一词，现在这一术语已被广泛使用。尽管如此，但霍伊尔的有生源说对大多数科学家来说还是有些激进了，在科学讨论中这个想法渐渐地消失了。也许从"隼鸟"2号和"奥西里斯王"号探测带回来的样本会给我们带来更大的惊喜。

1996年，位于休斯敦的NASA约翰逊航天中心的戴维·麦凯（David McKay）、埃弗里特·吉布森（Everett Gibson）和凯茜·托马斯-克普尔塔（Kathie Thomas-Keprta）三位科学家展示了几条证据，宣称一块名为ALH84001的火星陨石中含有微小的微生物化石，从而使另一种形式的有生源说得到了发展。[21]（这个看似神秘的名字只不过代表它是1984年在南极洲艾伦山发现的第一颗陨石。）生命起源于一个行星——比方说火星——这样的想法比生命起源于彗星的幻想要好得多。这篇论文一开始很受认可，不过世界各地的科学家立即仔细地重新审视所有证据，试图寻找瑕疵或其他可能的解释。这就是为什么科学会变得可靠。20年后，大多数专家发现该研究结果并不能令人信服。尽管缺乏有说服力的证据，但这份研究确实在NASA重启火星探测计划方面发挥了重要作用。事实上，整个"天体生物学"领域也变得更受重视，变得愈加繁荣，当然这不仅仅是因为ALH84001的推动。通过将已知的微生物长时间放置在太空中来检验有生源说理论，现在是一个相当重要的研究领域。回看霍伊尔的过往记载，我们不得不怀疑有生源说是否被过于草率地否定了。来自彗星和小行星的样本，包括像第一颗星际流浪天体奥陌陌（'Oumuamua），甚至星际流星体，最终将回答这个问题。[22]

还剩下最后一个重大问题。这个问题让我们从生命走向文明。小行星在这方面将作何回答？

矿石的起源

如果没有铁和其他金属,我们的文明将受到技术限制。如果地球上没有高浓度的金属矿,我们也不可能轻易地使用这些金属。在大约80种有用的元素中,绝大多数需要以某种方式浓缩之后,才能被我们找到或挖掘。然后,我们可以用它们造出无数的强大工具。例如,金属犁能比木制犁开辟更多的农业用地。除了铁和铝之外,几乎所有具有工业用途的元素只占地壳的千分之一,而且应该更少。地壳中的贵金属从何而来一直是个谜。事实证明,小行星也在其中发挥了作用。

效仿奥伯斯佯谬,问一声:**为什么**? 这又是一件众所周知却又可能蕴含深刻启示的事。地壳中存在富含重金属的矿石,这非常有意思。为什么贵金属不能均匀地散布在地球上,而偏要聚集在几个特殊的地方? 毫无疑问,板块构造和火山等会加热岩石,让黄金和其他稀有金属在少数地方得以提炼出来。好吧,是的,确实有这种情况。但是一旦你开始认真思考,那么你会意识到应该问的第一个问题是:"为什么地壳当中会有易于溶解在液态铁中的金属——亲铁元素?"毕竟,我们不是刚刚才知道,它们在地球尚处熔融状态时就和铁一起沉到了地球中心吗?

最有可能的猜想是:地球上与生俱来的重金属确实会沉入铁核,就和物理学所描述的一样,但是在地球冷却到足以形成我们赖以生存的地壳之后,小行星会带来新的补给。这场小行星雨甚至出现在木星迁移造成的"最后大轰炸"阶段之前。这一过程被称为"后增薄层"(Late Veneer),发生在行星第一次生长的末期。尽管被称为"薄层",但这场岩石雨给地球带来的重量比"最后大轰炸"阶段要大得多。

怎么能证明这个想法是对的呢? 或者对此问题的另一种问法,怎么证明它是错误的呢? 答案是使用核同位素。每种类型的原子,即每种"元素"，在其原子核中都有特定数量的质子，从1到100多个。质子带正电荷，吸引着带负电荷的电子，它们结合成为原子。同时，原子核内也包含数量与质子数量大约相同的中子。中子不带电，它们是中性的，因此而得名，而每种元素的中子数可能略有不同。任何带有不同数量中子的变体都被称为同位素。例如，氢原子通常只有一个质子，没有中子。但是氢元素存在一种原子形式，含有一个中子（但仍然只有一个质子，要不然就不是氢了）。氢的这种同位素被称为氘，其化学符号是D。由 D_2O 而不是 H_2O 构成的水被称为重水。

2011年，英国布里斯托尔大学和牛津大学的一个小组——马蒂亚斯·维尔博尔德（Matthias Willbold）、埃利奥特和斯蒂芬·穆尔巴思（Stephen Moorbath）——使用同位素来验证地球上许多稀有金属（亲铁元素）是来自小行星的观点。[23] 为此，他们分析了一些保存至今的最古老岩石中的钨元素。这些是来自格陵兰伊苏瓦一个露出地表的年龄为38亿年的岩石。[24] 那是一个有趣的年代，距离地球形成大约7亿年。那时，月球已经在一次巨大的撞击后从地球上撕裂出来，一切再次安定下来，地壳得以形成。地壳是包括大陆和海底的薄层。它的厚度只占地球半径的1%。但是，这一时期正在尼斯模型试图解释的"最后大轰炸"阶段之前，也在"后增薄层"时期之前，因此这块岩石不会受到任何一次事件的污染。研究小组观察了这些古老岩石中的两种钨同位素—— ^{182}W 和 ^{184}W。（W是钨的化学符号，来自德语wolfram。）如果新鲜的钨是由"后增薄层"时期提供的，那么伊苏阿岩石和之后的岩石将具有不同的钨同位素比例。

这正是研究团队所发现的。研究人员得出结论：年轻岩石中的钨可能来自小行星。最近对亲铁元素钌的研究也显示了同样的结论。[25] 至于钨是如何进入地壳的，答案可能更为复杂。"最后大轰炸"晚期，富含金属的小行星撞击地球，像子弹一样击中地壳。它们直接进入上地幔,使得钨、金、铂和其他有用的元素在上地幔富集。再经过正常的地质过程,其中一部分重元素浓缩到我们今天开采的矿脉中。

如果小行星对这些重大问题的重要性与上述内容所呈现的一致,那么也许我们必须感谢小行星,还有木星的迁移,是它们让我们存在于此。有许多行星围绕其他恒星旋转,它们正处于自身恒星系的"宜居带"中,在那里水有可能以液态形式存在。但可能只有一小部分由于迁移的气态巨行星正在遭受小行星的轰击。如果是这样的话,那么在其他"太阳系"中,可能有许多可以支持生命发展的星球,但它们仍然是贫瘠的,因为它们还没得到能促使生命大爆发的海洋和有机物的眷顾,也不存在大量促使技术进步的铁和其他重元素。它们缺的恰恰是小行星的撞击。

但是,乐极会生悲。小行星也有阴暗的一面。接下来,让我们关注恐惧。

第三章

恐 惧

在电影中,我们这个小小的星球不断受到外星人和小行星的威胁。我们应该为此担心吗?

1950年的某一天,在一次讨论外星人话题的午餐会上,洛斯阿拉莫斯国家实验室的一些物理学家正兴致勃勃地估算银河系中有多少星球上居住着外星人。他们认为一定有很多。然后,其中的一位——伟大的恩里科·费米(Enrico Fermi)抛出了一个简单的问题,把其他人都问倒了:"他们在哪儿?"换句话说,既然他们如此普遍,为什么我们还没有看到他们呢?这是另一个简单而深刻的问题,类似奥伯斯佯谬。费米当时可能意识到了这一点,也可能没有。到目前为止,关于这个"费米悖论"有一场大胆但完全没有定论的讨论。其中一个想法就是:那些外星人就在那里,正当我们还是充满希望的类人猿的时候,他们就发现了我们,并留下了信号发生器,待我们"长大"后提醒他们。这就是电影《2001太空漫游》中月球上出现巨石的原因。或者,如查尔斯·斯特罗斯(Charles Stross)在他的小说《加速器》(Accelerando)中暗示的那样,可能是先进文明痴迷于高带宽通信,以至于他们放弃了远离家乡星球的冒险行为,他们是社交媒体的幽闭者。我最喜欢的答案是特里·比森(Terry Bisson)在他的微型小说《肉》(Meat)中的回答。[1]一些在外巡逻的外星人确实发现了我们,但他们厌恶我们是肉做的——"都是肉"。事实上，我们太令人厌恶了，以至于他们宁可伪造日志，说没有发现任何智慧生命，因为……恶心！不管出于什么原因，外星人似乎很罕见。好吧，对外星人我们也无能为力。

然后就是小行星的问题。我们应该害怕小行星吗？当我谈论爱的时候，我向你开了一个玩笑，用对知识的爱取代了你可能期待的浪漫的爱。但这次，当我说到恐惧时，我指的是真正的恐惧。会不会有一颗致命的小行星撞击地球并摧毁我们？就像6500万年前摧毁恐龙那样？坦率地说，有可能。自生命进化以来，发生了多次大型小行星撞击地球的事件，造成了灾难性的后果。最终，总还有一颗小行星会这么干的。

虽然小行星不再连续撞击地球，不会像雨点一样向海洋倾泻，但地球仍然处在一个靶场中。著名天文学家沃尔特·巴德（Walter Baade）把小行星称为"天空中的害虫"。[2] 他的意思是，它们会妨碍"真正的"天文学——恒星和星系。但自从他50多年前说过这句话之后，我们开始意识到，之所以说小行星是害虫，也是因为有太多的小行星飞奔而来，令人不安地靠近我们的蓝色小星球。它们被称为"潜在危险天体"（PHOs）。（它们被称为"天体"而不是"小行星"，因为其中还隐藏着一些彗星。）它们是近地小行星的一部分，有可能其中一个就会带来我们的末日。

让这些飞行的大山或巨石以近地小行星的形式靠近地球是危险的。其中一些小行星确实非常接近，有些也确实击中了我们的星球。因此，明智的做法是列一份可能撞击我们的小行星的监视名单。国际天文学联合会小行星中心的主要任务之一就是识别这些可能在未来某个时候撞击地球的危险小行星。能够进入该组织监视名单的小行星必须有一条能使其接近地球（离地球轨道的距离大约为地月距离的20倍）的轨道。根据官方规定，它还必须足够大，从而能够到达地球表面（小个头儿的小行星会在地球大气层中解体），具有极高的破坏性，才能被认定为潜在危险天体。这意味着它的直径应为140米以上,这差不多有一个足球场那么大。这个尺寸标准有点随意。因为一颗直径只有20米、大房子大小的小行星也能到达地球表面。其中的某一个就可能对当地造成巨大破坏。

目前已知的潜在危险天体超过1000个,约占已知直径大于140米的近地小行星总数的1/4。由于较小的小行星必须非常接近地球时才足够明亮,从而可以被探测到,因此它们中的很大一部分(约40%)离地球足够近,要不是尺寸相对较小,也可以被称为PHOs。在未来一个世纪里,它们中并没有哪个存在高得惊人的撞击地球的概率。然而,到目前为止,我们只找到了其中的一小部分。

我们确实知道过去发生了一些撞击事件。让我们从最近的开始,重新审视其中的一部分。

车里雅宾斯克事件

当小行星撞击地球时,人们会做什么?很明显,面对着飞过天空、威胁着要将人类彻底毁灭的火球,人们会尖叫着逃走。在电影里,大伙儿都是这样的。你会逃命的,对吧?现在你知道了人们在面对"天空中的死亡威胁"时的"真实行为"。[3]不过我们的做法恰好相反!2013年2月,在情人节的第二天,一次50万吨梯恩梯(TNT)当量的爆炸震撼了西伯利亚城市车里雅宾斯克的天空。[4]这相当于50枚广岛原子弹的能量。车里雅宾斯克是俄罗斯最大的城市之一,拥有100多万居民。当时几十个行车记录仪(为了记录遇见警察的过程,这在俄罗斯的汽车中很常见)都记录下了天空中的巨大条纹。不过,那些记录仪却没有显示出有谁停下车。至少有一个人转向火流星划过天空的方向,大概是为了跟随它。(不过在6万千米的时速面前这个人实在太慢了!)更多的留在室内的人走到窗户前,想看看那闪光到底是什么。你瞧这实验结果如何?

热爱,或者说至少是好奇,战胜了恐惧。[5]

车里雅宾斯克事件中没有人死亡,但有1600人在爆炸中受伤,主要是由在爆炸闪光几分钟后,到达他们窗户的音爆震碎玻璃造成的。部分靠近火流星路径的人暂时由于闪光致盲,少数人被晒伤。[6]如果火流星再稍低一些,"晒伤"可能就会变成重度烧伤。

车里雅宾斯克小行星产生的陨石释放到大气中的能量被精确测量了。火球产生的巨大低频声波(次声波)在地球上传播了好几圈。这次的次声波信号是由一个分布在全球范围内的极其敏感的探测网络接收到的,该网络被用于监测核武器试验。这块可能成为城市破坏者的石头有多大?大概只有17米宽,相当于一座大房子。

这颗小行星穿越西伯利亚的轨迹和速度也可以被精确测量。车里雅宾斯克各大广场上的交通摄像头捕捉到了灯柱的阴影,这些阴影都是由火流星明亮的光芒造成的。当火流星经过时,阴影掠过四周,仅仅利用灯柱之间的距离和简单的几何学,就能计算火球的距离和移动速度,甚至都不需要科学家来做这事。事实上,一位名叫斯特凡·吉恩斯(Stefan Geens)的博主在事件发生后的第二天,就用谷歌地球(Google Earth)获取了灯柱之间的距离并进行相应计算。[7]其他视频也支持了他的计算。几个月后,哥伦比亚麦德林的两位科学家豪尔赫·苏卢阿加(Jorge Zuluaga)和伊格纳西奥·费林(Ignacio Ferrin)对数值进行了修正,发现吉恩斯的第一次估算接近准确。[8]他们得出的速度为每秒19千米,这对于弹道导弹来说太快,而对于彗星来说又太慢了,但对近地小行星来说正合适。

既然爆炸的威力像核弹一样巨大,那么为什么车里雅宾斯克整个城市没有被夷为平地?那是因为火流星划过的轨迹非常高,而且几乎是水平的,这种特点避免了一场更大的灾难。音爆到来之前有很长的延时,这恰恰告诉我们火球在很高的高空。音速大约只有每小时1000

千米,所以火球最亮的时候距地面30千米左右。车里雅宾斯克小行星留下的陨击物大多是石陨石,这说明它很容易破碎。这就是为什么它在高层大气中分解而不是继续下降。如果分解发生在较低的大气中,高温和冲击波会造成更大的破坏。那颗小行星刚好掠过我们的大气层。如果它是笔直向下飞的,那么它会在很短的时间内将自身几乎所有的能量聚集到地面上的一个小地方。这就会更接近原子弹爆炸,尽管不会有放射性沉降物,但也将会具有相似的毁灭性。到那时候,你就没有时间走到窗前或转向去追踪火球了。

这些房子大小的石头多久会撞击地球一次?根据艾伦·W.哈里斯(Alan W. Harris)的最佳估计,大约每100年一次。不过,车里雅宾斯克事件引发了一项重新校准,结果发现发生的概率应该更高一些,可能提升10倍左右,[9]预计每10年或20年就会有一次。就在车里雅宾斯克事件发生6年后,另一个能量几乎相当的火球在俄罗斯堪察加半岛上空爆炸,该半岛靠近将俄罗斯与美国阿拉斯加州隔开的白令海峡。[10]如果再早几十年,它可能会被错过,但现在我们已经有足够多的仪器监测全球,于是发现了这起事件。那么我们是不是低估了小行星撞击的发生频率?几年内的两次撞击并不能告诉我们确切答案,因为这些事件是随机的。然而随机事件却接二连三地发生,又显得有些矛盾。毕竟,如果它们定期出现,那就不会是随机的。因此,我们需要找到一种方法来确定过去几个世纪内的所有撞击事件,然后才能确定其频率。

鉴于车里雅宾斯克撞击事件差点造成一场灾难,NASA的行星防御官员林德利·约翰逊(Lindley Johnson)将NASA希望找到并追踪的小行星大小从100米调整为50米。[11]这仍然比车里雅宾斯克事件的小行星要大,但是现在选择20米作为门槛也是没有意义的,因为我们还没有一个能找到大多数这样小尺度小行星的方法。据估计,大约有1000万颗近地小行星至少有这么大。[12]在这当中,我们只见过大约1500颗,而其中的许多小行星在被发现后不久又失踪了。不过,从另一方面说,也许宣布以寻找20米以下所有小行星为目标会让天文学家创造性地去思考我们如何才做到这一点。

诚然,和其他所有小行星一样,大多与车里雅宾斯克事件大小相近的小行星都将落在海洋里或对人类无害的某些地方,但我们仍然应该保持清醒,它们可能并不罕见。现在你该担心了吧?

通古斯事件

去查阅历史记录,看看我们是否能掌握车里雅宾斯克事件这样规模的小行星撞击发生的频率,这是个很好的做法。

在现代,至少还有一次较大的小行星撞击地球事件——1908年著名的"通古斯事件",它更像是一次炸弹爆炸。通古斯事件也发生在"不幸"的西伯利亚,但幸运的是,它发生在比车里雅宾斯克更为偏僻的地方。如果这颗小行星稍早或稍晚抵达,它可能会降落在西欧或中国这样人口密度更高的地方,那样的话它可能会对人员和财产造成更大的损害。通古斯事件释放的能量至少是车里雅宾斯克事件的20倍,可能约为1000万至2000万吨TNT当量,相当于广岛原子弹释放能量的1000至2000倍。[13]

在1908年,还没有次声波监测网络来测定能量,所以我们必须根据其他线索来计算。为找到这些线索我们花了一些时间。通古斯事件并没有立即被调查,因为随后的第一次世界大战和俄国革命分散了人们对这些模棱两可的事物的注意力。最后,列昂尼德·库利克(Leonid Kulik)率领的一支探险队在事件发生近20年后访问了该遗址。库利克的团队发现,被推平的西伯利亚森林区域在撞击点下方方圆约15千米范围。这覆盖了800平方千米左右的面积,相当于一座大城市,比如华盛顿哥伦比亚特区的大都会区。通古斯事件级别的撞击绝对是城市杀手。

2018年初，我访问了位于硅谷的NASA埃姆斯研究中心，就通古斯事件的最新科学成果进行了为期一天的讨论。这场讨论在一个小房间里进行，吸引了大约30名科学家参加，比组织者预期的要多，所以显得相当拥挤。尽管如此，会谈还是非常吸引人的。被击倒的树木形成了一个从撞击点下方向外辐射的图案。要摧毁这么多健康的树木估计需要500万吨TNT当量的冲击能量。新墨西哥州桑迪亚国家实验室的马克·博斯洛（Mark Boslough）表示，撞击点处的森林正在消亡，因此可能更容易被推倒。[14]据最新估计，通古斯事件中小行星的直径为50—70米，大约半个足球场大，只不过是车里雅宾斯克小行星的2倍多一点。你可能会惊讶，它的冲力可是后者的10倍呀。事实上，这恰好符合我们的预期。小行星的动能与其质量成正比。如果它是由相同类型的岩石构成，那么直径为2倍则意味着体积和质量达到8倍。所以这是正确的。不过检查一下总是好的！

瓦巴陨击坑

地球上还有其他相当"年轻"的撞击点。在加拿大新不伦瑞克大学的行星和空间科学中心建立的地球撞击数据库中，收录了190个确定的撞击结构及其大致年代。[15]在过去200年里还有另外3个陨击坑，直径分别约为13米、20米和110米，都是小行星造成的。最小的那个落在了秘鲁的卡兰卡斯，中型的（又一次）落在了俄罗斯，而最大的一个落在了沙特阿拉伯的鲁卜哈利沙漠，这就是瓦巴陨击坑（Wabar craters）。1933年，圣约翰·菲尔比（St John Philby）首次报道了这一现象，但几乎被人忽视了。直到1994年，尤金·舒梅克（Eugene Shoemaker）和同事在那里探险才再次发现它。[16]他们将瓦巴陨击坑的历史追溯到1545年至1859年之间，这与菲尔比提出的19世纪末一个火球从利雅得上空飞过的传说基本一致,但这个日期也不是很确切。火球的方向与舒梅克的调查结果一致。不过,另有一个说法是1704年,来自两首诗,讲述了同一年同一个星期六晚上天空中的一个现象,这看上去更为可靠。[17]瓦巴事件很像车里雅宾斯克事件,小行星几乎以相同的速度以低角度飞驰而来。不同的是,瓦巴事件的"罪魁祸首"是一颗重约3500吨的铁质小行星,因此形成了比车里雅宾斯克事件大得多的陨击坑。

因此,从1704年到2013年,我们知道有5起撞击事件,包括车里雅宾斯克事件在内,规模或与之相似或更大。[18]这样算下来大约每60年就会发生一次撞击事件,这似乎比哈里斯预测的略低一些,不过我们掌握的清单一定是不完整的。一方面,记录在册的陨击坑明显集中在全球的几个地区:加拿大、澳大利亚和东欧。这种聚集至少在一定程度上是因为那里的人们最为细致地寻找它们,也因为它们在那儿最容易保存下来。在某些地方,陨击坑的痕迹可以被很快摧毁。例如瓦巴陨击坑也曾迅速被沙子填满。当菲尔比到达那里时,露出的主陨击坑口有13米深;仅仅60年后,舒梅克的探险队发现它只有2米深了。那么再过几十年,它就很可能会从人们的视线中完全消失。这意味着在过去几百年里,可能还有其他尚未被发现的陨击坑等待着我们去发现,而还有一些再也无法找到了。因此综合来说,平均每10年或20年发生一次撞击似乎是一个比较合适的频率。

我们在20世纪掌握的数字确实表明,撞击事件非常普遍,足以令人恐惧。我们怎么知道自己不会被一个大到足以摧毁一座大城市及其数百万居民的东西击中呢?我们并不能。而且还有比这更糟糕的。

巴林杰陨击坑

车里雅宾斯克事件和通古斯事件都没有导致一大块小行星直接撞击地面并形成陨击坑。但我们的星球并不总是那么走运。一旦我们回望更古老的陨击坑,就会发现一些更可怕的撞击。

巴林杰陨击坑是最著名、保存最完好的小行星撞击地点之一。[19]这个位于亚利桑那州直径约1200米的陨击坑也被称为"流星陨击坑",形成于大约5万年前。当时一颗直径约30米的小行星撞击亚利桑那州北部,形成了一个比金字塔高度还深的洞。在几秒钟内,形成的陨击坑的深度是现在的两倍,但它立即又被回落的岩石给填充了。这次撞击释放的能量被认为在2000万—4000万吨TNT当量之间,足以杀死方圆10千米范围内一半的大型动物。4000万吨TNT当量"仅仅"是一次通古斯级别的撞击事件。那么,为什么通古斯事件没有留下令人壮观的陨击坑呢?"巴林杰"向我们展示的是一颗由固体金属构成的小行星撞击地面时的情况。

小行星是由多种不同的材料构成的,它们撞击产生的影响可能会有很大的不同。直径40米的石块和直径40米的铁块之间的差异非常显著。岩石更易碎裂,往往会在大气中爆炸,像车里雅宾斯克事件和通古斯事件就是这样。这是因为小行星的移动速度远远快于音速,在其前方的空气无法及时离开,巨大的压力会积聚在岩石上,很容易将松散的岩石和碎石分开。这些小的碎石比一整块石头烧得更快。如果铁质小行星是一整块碎片而不是一堆碎片,那么它可以在到达地面时仍然保持非常快的飞行速度。这可能是一个合理的假设,但也可能不对。

巴林杰陨击坑是由一颗铁质小行星造成的。原则上我们能够从它1000米左右的直径反推撞击释放了多少能量,以及进入地球前的小行星有多大。但答案取决于它的移动速度和入射的角度,而巴林杰事件的这两个参数我们都不知道。即使我们知道,计算也很复杂、很烦琐。最佳估计是这颗小行星的直径介于10—50米。目前,我们只能做到这样了。

巴林杰陨击坑保存得异常完好,因此我们对其进行了详细研究。

它的年龄是众所周知的：约4.9万年，不确定性只有3000年。我们怎么能这么肯定呢？科学家再次利用了地球和宇宙之间的联系。在遥远的太空中有许多地方能将原子、质子和电子加速到十分接近光速，形成了被我们称为宇宙线的高能粒子流。这些宇宙线加速器轻而易举地击败了地球上能量最高的粒子加速器——位于瑞士的欧洲核子研究中心（CERN）的大型强子对撞机（LHC）。宇宙线可被用来测定岩石的年代。

这些快速移动的粒子来自银河系中距离我们几千光年远的超新星。超新星是爆炸的恒星，它们将元素散播到星系中。当爆炸产生的冲击波在周围恒星间的稀薄气体（我们称之为星际介质）中传递时，粒子被加速成宇宙线。费米（我们之前在谈论外星人时提到过他）最早指出了其中具体的物理机制。他在20世纪30年代创立了这个理论，但直到70年后，他的想法才得到最有力的证明，当时距离宇宙线被发现也过去了整整100年，这一切还要归功于钱德拉X射线天文台的观测。[20]"钱德拉"的数据解决了这个棘手的问题，我真的很高兴，因为我花了很多年的时间帮助这座空间天文台顺利运行。这些快速移动的粒子遍布整个银河系，因此它们也被称为银河宇宙线，以避免与从太阳喷出的其他高速粒子混淆。

银河宇宙线给了我们一台时钟，可以用来确定岩石从熔融状态冻结到现在经历了多久。宇宙线源源不断地从四面八方向我们的大气层倾泻。当它们与大气中的一个原子碰撞时，会产生由其他粒子组成的"阵雨"——簇射，这些粒子的运动方向与最初的宇宙线大致相同。簇射中的许多粒子到达地面时，还拥有足够的能量来破坏岩石晶体，造成"缺陷"。缺陷越多，说明岩石暴露于宇宙线的时间越长。由巴林杰事件熔化的岩石起初并不存在缺陷，但从撞击的那一刻起，缺陷就开始累积起来。要读懂这台时钟，就需要加热岩石晶体。这会弥合缺陷，同时发出光，这种现象被称为热致发光。发出的光越多，说明岩石冻结为固体的时间越长。如果你足够小心，就可以非常精确地测量岩石形成了多久。就巴林杰事件而言，大约是49 000年。同样的技术也被用来确定瓦巴阴击坑的年代——它们形成了还不到400年。[21]

这个阴击坑是以丹尼尔·巴林杰（Daniel Barringer）的名字命名的，他最初是作为一名银矿主发家致富的。是他第一个意识到该阴击坑由流星造成。1905年（爱因斯坦发表狭义相对论的同一年），在仔细考察了这个地点后，巴林杰发表了他的主张，称这个坑是由一次大型陨星撞击形成的。这是一个新颖的想法，与当时一位卓越的史密森学会地质学家的解释相左，他认为这个坑是由火山形成的。（我们机构的科学家并不总是正确的。）巴林杰的论点很有力，而且是建立在比那位著名地质学家更好的现场工作的基础上。然而，半个多世纪后他的解释才被接受。一定程度上可能是因为学者们总倾向于相信自己的人，而不是一个外行，更不用说那人是个矿工了。

他们不愿意接受小行星撞击的想法，这很可能是因为几十年来地质学家习惯的地质活动，如从塞满淤泥的湖底形成岩石、抬升山脉或侵蚀峡谷，都需要"深时"（deep time）——以数亿年为单位进行度量，于是他们把这变成了一个原则：我们今天之所见皆为历史。他们称之为均变性原则，最初由苏格兰博物学家詹姆斯·赫顿（James Hutton）于1785年命名。（陨石最初被认为不过是几年前才从天而降的岩石。）在天文学中，我们把同样的观点称为哥白尼原则。相应的说法是：我们没有什么特别之处；地球不是宇宙的中心。听起来很谦逊，但这真的是极端傲慢的——整个宇宙的行为就跟一个苹果从树上掉下来一样吗？多么傲慢的假设！但是它确实依然有效。我们天文学家经常将在实验室里建立的物理定律应用于遥远而巨大的星系，并取得了令人瞩目的结果。

有一个替代均变论的理论是灾变说，它也是在18世纪末激动人心的科学发展时期提出的。这种观点认为，罕见而又戏剧性的暂现事件可以产生重要的甚至全球性的影响。法国博物学家乔治·居维叶（Georges Cuvier）是灾变说最有影响力的支持者。1796年，就在第一颗小行星被发现的5年前，他意识到猛犸象和乳齿象与非洲象或印度象并不是同一物种，因此它们一定是已灭绝的物种。灭绝的想法在当时来说是全新的，相当令人震惊。居维叶接着发现，地球历史上发生过几次大灭绝事件，他在1812年（拿破仑兵败俄国的那一年）提出了这个想法。（那时已经发现了4颗小行星。）所以对他来说，灾变说是一个比较合理的观点。但是他的发现对均变论而言却颇为不妙，因为在物理学和地质学中，对大尺度范围内的已知过程而言，均变论的应用效果一直很好。

现在我们明白，这两种观点都是正确的——只有自然过程才能创造出我们在地质学和天文学中看到的东西——大多数过程都非常缓慢。但也有偶尔的一瞬，通过罕见而剧烈的事件带来重大变化。超新星就是一个极端剧烈的例子。最受欢迎的月球起源故事也是短暂而暴力的——早期地球被另一颗火星大小的行星撞击后，从地球上撕裂出来的物质形成了月球。还有一种剧烈事件就是一颗大型小行星撞击地球。这些事件是罕见的，但它发生的过程极为短暂，而且一定是大事件。

均变论崩溃了，因为人类的寿命相比地质和天文的时间尺度实在是太短了——最多是后者的百万分之一。因此，当我们处理那些在人类时间尺度上实属罕见但在地质时间尺度上司空见惯的事件时，我们往往会错过它们。

直到原子弹发明后，科学家才确信巴林杰陨击坑是由小行星撞击形成的。20世纪50年代进行的炸弹试验形成了很多"陨击坑"，为年轻的舒梅克提供了与巴林杰陨击坑很好的类比。于是乎时代变了，1963年舒梅克发表了关于巴林杰陨击坑地质学研究的博士论文，确定了其小行星撞击成因。[22] 或许他作为普林斯顿大学博士生的业内身份对他有所帮助,但不管怎样,他有力地证明了撞击事件对地质结构的影响。他与赵景德(Edward C. T. Chao)一同在陨击坑附近发现了一种很能说明问题的矿物——柯石英。这是一种只有在强大的冲击下才能形成的石英变体。舒梅克还指出,当你沿着陨击坑壁的岩层往上爬时,你会发现途中岩层出现了以相反顺序重复的现象,这说明岩石被撞击力折叠了。他的工作被其他地质学家接受,这一发现也使他开拓出天体地质学的新领域。

舒梅克是第一个把"恐惧"带入小行星研究的人。他花了近10年筹备和参与"阿波罗"计划,随后他搬到了加州理工学院,开始寻找穿越地球轨道的小行星,它们可能有朝一日会与地球相撞。我们现在称它们为近地小行星。事实证明,近地小行星的重要性不仅在于恐惧,还在于热爱,而在不久的将来,还在于贪婪。

巴林杰本人没有等待科学界的认可。早在1903年,罗斯福(Teddy Roosevelt)总统就已经授予他陨击坑周围土地的采矿权,他开始尝试在那里开采他认为存在于此的大型铁陨石。他当时估计陨石的价值为10亿美元左右,折算到今天的价格大约为250亿美元,所以你可以理解他的动机。唉,可是他花了27年的时间,最后仍是徒劳。我们现在意识到,这颗小行星在撞击中炸毁了。巴林杰的后代仍然拥有陨击坑及其周围的土地,他们发现旅游业比采矿业要好得多。他们把收入用于支持陨击坑考察工作的年度经费。看来,到了贪婪的时候,我们仍会回归旅游业和采矿业。

我们现在主要讨论恐惧。巴林杰事件的空爆造成了巨大的破坏。它释放的能量类似于20世纪五六十年代最大的核弹试验。美国最大的炸弹是1500万吨TNT当量的"喝彩城堡"(Castle Bravo)。1954年3月1日,它在比基尼环礁上空爆炸。1961年10月30日,苏联引爆了一枚更大的炸弹——5000万吨TNT当量的"沙皇炸弹"(炸弹之王)。巴林杰事件的冲击力与它们在同一量级。休斯敦月球和行星研究所的戴维·克林(David Kring)以核弹试验的数据为参考,估计出在距离巴林杰撞击点30千米范围内(面积近3000平方千米)的树都会被冲击波吹倒。[23]

巴林杰的陨石只是我们不得不担心的撞击物残留下来的很小一部分。如果是一颗比较小的小行星,哪怕是铁质小行星,它也不太可能到达地面。铁质小行星在小行星中只是少数,约占1/20。但我们每个世纪都会受到一两次这种规模的撞击,所以每1000年左右就会发生一次类似巴林杰事件的撞击。这多少让人稍微放心一些。然而,与造成物种灭绝的撞击相比,"巴林杰"只是个小人物。最著名的一次撞击发生在6500万年前。

杀死恐龙的希克苏鲁伯事件

众所周知,6500万年前恐龙因小行星撞击而灭绝。大量证据让我们得出了这个惊人的结论,每一条证据"指认"的罪魁祸首都是希克苏鲁伯撞击事件。它袭击了现在的墨西哥尤卡坦半岛海岸,靠近今天的希克苏鲁伯镇。所以我们知道,恐龙消失的时期曾经发生过一次撞击,从留下的水下陨击坑的大小来看,那一定是一次巨大的撞击。形成希克苏鲁伯陨击坑的小行星直径约为10千米,这是车里雅宾斯克小行星直径的500倍,其能量是后者的1.25亿倍——相当于约600亿吨TNT!它的能量是有史以来人类最大的核弹爆炸的1000倍以上。你可以想象这次撞击带来的极为严重的后果!它会杀死地球上的大量生命,这似乎一点儿都不牵强。

第一个证明恐龙死于小行星之手的证据是铱层——一层几厘米厚的岩石,它被发现介于白垩纪(Cretaceous)和随后的时期之间,顶部是较新的岩石。[后一个时期曾被称为第三纪(Tertiary),由此产生了该层的术语K/T边界。为什么是K?它来自白垩纪的德语Kreide。这两个名字都有"白垩"的意思*,但第三纪不再是官方认可的名称。称呼下一个时期的新名词是古近纪(Paleogene)。所以这个边界现在被称为K/Pg边界。]之所以称为铱层,是因为地壳中罕见的铱元素在这一层中更为常见,含量比地壳中多10倍以上。即便如此,铱层中铱的含量实际上只有十亿分之六。铱层的惊人之处在于其下方有恐龙化石,而它的上方没有。这属于间接证据,表明铱层与恐龙的消失有关。

那么富含铱的岩层是如何产生的呢?对了,我要告诉你,铱在小行星中的含量是在地球上的100倍。因此,将过量的铱的来源归因于小行星还是有道理的。铱层在世界各地都有发现,所以它一定是一颗很大的小行星。(这是一个小行星将重金属带到地球上的例子,效果与可能发生的"后增薄层"时期和"最后大轰炸"时期类似。)富含铱的小行星撞击后,岩石蒸发并扩散到整个地球表面,形成铱层。铱层还含有数量惊人的灰烬,这表明大量燃烧的森林灰烬随着铱一起降落。大气中的这种污染可能会导致一个长达数年的冬天。

K/Pg灭绝事件的一个奇怪之处在于它是有选择的。在恐龙中,只有似鸟的那一类幸存了下来,现在我们叫它们鸟类。显然,只有**不住在**树上的飞禽幸免于难。剑桥大学古生物学家丹尼尔·菲尔德(Daniel Field)和他的同事们认为,化石记录显示,撞击后林冠层坍塌了。[24] 所以栖息其中的鸟类也灭绝了,因为它们再也没有树木可以居住了。但地栖鸟类恐龙幸存了下来,还有一些爬行动物、昆虫和最终演化出我们人类的小型哺乳动物。

但是,如果全球多年处于黑暗之中,林冠层由于火灾、冲击波和多年没有阳光而坍塌,那么陆地动物又是如何生存的呢?来自加拿大艾伯塔省菲利普·柯里恐龙博物馆的古生物学家德里克·拉森(Derek

---

*又叫白土粉,是一种微细的碳酸钙的沉积物。——译者

Larson)和来自多伦多大学及其他地方的同事们研究了3000多只鸟类的牙齿化石,结果表明幸存的鸟类都有喙,与现代鸟类相似,而有牙齿的鸟都灭绝了。[25]他们认为幸存者可能是那些以种子为食的鸟类。种子是耐寒的,当所有的绿色植物都被破坏时,它们可以在这场危机中提供食物,但也只能给那些能吃它们的动物。不过公平地说,这在科学上还没有定论。[26]

我们能确定来自太空的巨石杀手就是正确答案吗?在铱层被发现之前,有关是什么杀死了恐龙,还有很多其他的猜测。[27]几乎所有猜想都被排除在外,因为它们与事实并不相符。不过小行星撞击说仍然还有一个强有力的竞争者——火山活动和板块构造。哪个才是正确的呢?火山与小行星之争一直很激烈。2018年比安卡·博斯克(Bianca Bosker)在《大西洋月刊》(*Atlantic*)上发表的一篇文章,将此形容为"科学界最烦人的宿怨"。[28]这是均变论与灾变说争端的重演,而火山是均变论的一种观点。

火山造成恐龙灭绝也是很有可能的,因为铱在地幔中也相对常见。火山熔岩是来自地幔的岩石,所以它也含有较多的铱,这同样可以解释铱层的存在。熔岩会点燃森林,能解释灰烬的存在。也许地球完全有能力在没有外来天体帮助的情况下,独自制造一场大灭绝呢?事实上,确实在某个特定的时候发生了一场巨大的火山喷发。它们在印度形成了德干地盾(Deccan Traps),覆盖面积约50万平方千米,深度可达2千米。那真的要有很多很多熔岩。普林斯顿大学的古生物学教授格尔塔·凯勒(Gerta Keller)一直支持超级火山事件。[29]她的一个关键论点是:在希克苏鲁伯事件之前的数十万年里,生命一直在衰退。这一说法是基于被称为有孔虫的单细胞海洋生物的数量。在这一时期,它们的数量似乎在下降。小行星不会造成这种情况。但一系列巨大的火山喷发,即德干地盾,可能会导致这一现象。到目前为止,这场争端已经激辩了30年。许多专家不同意凯勒对有孔虫数量的测量。[30]随着古生物学家继续开展艰苦的工作以确定德干地盾喷发的确切时间，最终我们会知道这场争论的结果。

不能百分之百确定究竟恐龙灭绝应归咎于致命的太空岩石还是火山，这在科学的角度来说倒是完全正常的。拥有不同的理论并根据它们的预测进行验证，是科学的工作方式。生活在不确定性中是所有科学家的宿命。找到明显不符合任何流行理论的新信息也是习以为常的。事实上，试图解决一个困扰他人的问题，正是科学有趣的部分。不过，毫无疑问，希克苏鲁伯事件发生时，确实有过巨大的撞击，留下了一个直径超过160千米的陨击坑，比巴林杰陨击坑大了近20倍。即使在水下也能看到陨击坑的微弱痕迹，仅在小行星撞击点附近才能找到岩石碎片，并且它们构成了一个环状。这对剩下的恐龙来说绝不是什么好消息。

现在到了真正**恐惧**的时候了。还有很多其他杀手小行星在外游荡。即便我们搞错了——恐龙实际上是因火山喷发而灭绝，就算我们不知道哪个理论是正确的，也不应该停止对小行星采取行动。**终有一天**，一块几千米大小的大石头会以极高的速度撞击地球，那时候对人类来说总不是什么好日子。

目前大约有1000颗潜在的可以毁灭恐龙（或者更确切地说是人类）的小行星杀手，它们的直径都超过1千米。早在2005年美国国会通过《乔治·E. 布朗近地天体监测法案》（George E. Brown, Jr. Near-Earth Object Survey Act）之前，从1998年的"太空卫士"（Spaceguard）项目起，NASA就开始资助小行星搜寻工作。这些项目确实发现了90%较大体量的小行星，它们目前都不存在任何威胁。[31]但毁灭人类可能只要一颗小行星。想找到最后的100颗并不容易，其中一些可能潜伏在太阳后面,运行在一条将它们渐渐引向地球的轨道上,可能等我们找到它们时已经为时已晚。与此同时,类似通古斯小行星大小、能够毁灭一座城市的小行星比导致恐龙灭绝的小行星多100—1000倍。我们也想把它们都找出来。

可能性有多大?

我们该有多害怕? 实际上,应该问威胁有多大? 为了回答这个问题,我们必须知道有多少较大的小行星可能在未来的某一天与我们的地球相撞。我们该如何找到这些危险的小行星? 在过去的10年里,我们发现了许多具有潜在威胁的小行星,但那是因为我们在那段时间里恰好在努力寻找。然而我们的搜索仍然非常不完整。就像车里雅宾斯克小行星那样,我们几乎错过了所有小个头的天体,以及任何在白天靠近我们的天体。虽然人们**认为**未来百年中发生撞击的可能性很低,但这种评估有多大程度上是因为我们错过了一些关键事件而得出的? 任何发生在远离航道的海域或撒哈拉沙漠等其他偏远地区的撞击事件,都可能直到过去几十年才被注意到——在全球监测数据[为监督1963年《部分禁止核试验条约》(Partial Nuclear Test Ban Treaty)的执行情况而收集的数据]建立起来后。因此,对于发生频率低于每半个世纪一次的事件,我们几乎没有任何直接的支撑信息。

我们只好数一数收集到的陨石来估计威胁的大小。虽然我们还没有找到所有小行星,但我们可以计算出应该有多少颗小行星。标准的天文学方法是仔细记录你测量过的天区面积,已知一定大小和反照率的小行星在你的巡天观测中出现的频率,以及它恰好不可见的距离。如果你能看到比它暗10倍的物体,那说明你会发现更多的物体,但是如果你只看一半的天空,那么你只能发现一半的天体。然后你可以计算出天空中应当有多少小行星,才能让你拥有当前小规模的小行星样本。理论上这是一个很好的方法，但在实践中，做这件事是相当复杂的，尤其是因为近地天体移动非常快，它们可能在短短几天内突然变得更亮或更暗。此外，我们通过各种巡天项目发现了近地小行星，并不是所有的观测人员都仔细记录了他们观测的区域。不过，这两种方法的结果还是相当一致的。据估计，直径至少为100米的近地天体大约有20 000个，直径约1000米的大概只有1000个。

也许更简单的思考方法是将其与收集棒球卡相比较。比方说你得到了一张重复的卡片，它不仅能让你交换一些东西，还能让你知道外面有多少种不同类型的卡片，尽管你并没有看到每一种。如果你得到的每一张卡片都是重复的，那说明外面只有一种类型。如果你从来没有得到一个重复的，那说明外面肯定有很多很多不同类型的卡片。仔细计算并应用一些简单的统计学方法，你可以使这个估算变得更加精确。哈里斯采用了这种方法。[32] 幸运的是，事实证明，像恐龙"杀手"那样大小的小行星并不多。

对于更小的小行星，最简单的方法莫过于计算它们每年实际撞击地球或月球的数量。对于像房子一样大小的小行星，例如车里雅宾斯克小行星，在大多数年份里，答案就是零。但是，更多直径只有1—2米的小行星每年确实好几次撞击了我们。我们通过研究次声波——小行星撞击大气层时产生的极低频声波（车里雅宾斯克事件发生时便产生过那样的次声波）发现了它们的痕迹。西安大略大学的彼得·布朗（Peter Brown）及其同事在定期测量他们。[33] 一种类似的直接计数方法是观察月球，寻找小型小行星撞击月球时可以看到的小闪光。这两种互补的方法合在一块儿得出的结论是：直径大于2米的近地小行星总共有大约2000万颗。实在是太多了。

计算出我们被小行星撞击的频率是一回事，如何尽力以及打算花多少代价来防止这种情况发生则是另一回事。目前采用的办法是像保险公司那样去思考。第一步是计算出给定大小的小行星会产生多大的影响。确定有多少人可能会死于一定规模的小行星撞击似乎是我们首先面临的问题，此外作为一个健全的"保险计划"，财产损失也应当考虑在内。第二步，我们需要知道每种小行星撞击的平均发生频率，这就是对潜在威胁小行星进行普查的意义所在。哈里斯利用这些数据来估计每年平均有多少人死于小行星撞击。通过研究每一种尺寸的小行星，他可以比较类似通古斯事件的小规模撞击和类似希克苏鲁伯事件的灭绝规模撞击之间的差异。这种做法是明智的，因为它告诉你应该收取多少"保险费"，或者说你将花费多少钱来避免如此大的损失。好消息是，由于大多数死亡事件在很长一段时间内（可能）不会发生，因而每年的死亡人数相当低，约为80人。[34] 小行星"杀手"每年只造成极少数伤亡，真令人欣慰。考虑到这一点，我们可能只要为这种损失支付一小笔"保险费"即可。所以我们对小行星搜寻计划的投入将相当小。

但是，这感觉似乎不太对啊。著名宇宙学家马丁·里斯（Martin Rees）在他关于人类面临的危险的一部著作中，援引了英国政府的一份报告："如果说世界上有1/4的人口面临着直径为1千米的物体撞击的风险，那么根据英国目前使用的安全标准，造成这种伤亡的风险哪怕平均每10万年才发生一次，也将大大超过我们可容忍的程度。类比于某个工厂或某项活动，如果具体的操作人员对这样的风险负责，那么他一定会被要求采取措施降低风险。"[35] 或许，像保险公司一样行事，从某种程度上说就是不得要领？

在实践中，保险公司只是不承保如此规模的巨大灾难罢了。伊尔韦斯原来是一名顾问，后来成了航天企业家，开始思考人类的远景。她在一次TEDx演讲中尖锐地指出，面对一次性的毁灭性破坏，这种方法就不适用了。[36] 当这样一次毁灭性的事件发生后，每年的死亡人数降至零，这听起来不错，但那恰恰是因为我们已经灭绝了。没错，已经不复存在的我们还在乎什么呢？同样，在文明终结事件发生之后，也没有一家保险公司来进行赔付了。我的结论是，查阅年平均死亡人数并不是用来衡量重大不良影响的好工具，因为它已经超过了可怕的阈值。灭绝事件显然属于另一个类别。

所以我们真的很需要知道这种事件发生的频率。不过，即使我们得到一个听起来很安全的答案——比方说1000年一次，也要知道，它告诉我们的只不过是可能性。一次巨大的撞击可能发生在仅仅几年后。我们完全不确定。

我们没必要赌。小行星撞击是我们生存的一个威胁，但我们可以识别并避免它的发生。在这一点上不必感到惊讶。我们可以在它们找到我们之前就行动，先找到它们。明智的做法当然就是走出地球，找到每一颗可能威胁我们的小行星，然后继续努力，移动或摧毁所有可能毁掉我们幸福生活的小行星。在我看来，支付更高的"保险费"，投入一些有针对性的工作来消除这种威胁，似乎是值得的。

地球的守护者

当小行星来袭时，你会给谁打电话？确实有一群把忧虑小行星灭世作为事业的人，他们是地球的守护者。他们每两年聚在一起参加行星防御大会（PDC），看看取得了什么进展。2013年，我第一次参加，会议的地点是亚利桑那州的弗拉格斯塔夫，就在巴林杰陨击坑附近。我们实地考察了陨击坑，并与克林一起走到了（通常是禁止进入的）陨击坑底部，他花了很多时间研究这个陨击坑。这真是一种特权。

不过更有趣的一次会议是在两年后的2015年春天，在永恒之城罗马美丽的弗拉斯卡蒂丘陵上举行的。会议在欧洲航天局下属的欧洲空间研究所（ESRIN）举行，该机构赞助了这次行星防御大会。我很幸运能成为聚集在那里的数百名专家之一。会议的大部分时间都用于惯常日程——讨论拯救地球免受大型小行星撞击涉及的诸多工作领域的引人入胜的技术。也就是说,拯救地球的事情在那儿都可以被称为"平常事"。

不过,与会者还演示了一个小行星撞击的场景,随着会议进行,每天都有更新。在模拟场景的时间序列中,会议的每一天都相当于经过几个月或几年。所有与会者都被分配了角色:科学专家、航天国家的领导人、潜在受影响国家的领导人、媒体和公众。作为一个新手,鄙人扮演的是普通大众的一员。一开始我们做这件事显得有些笨拙,毕竟我们是技术人员。但几天后,我们真正进入了角色。我们这些"民众"对"专家们"非常恼火。

我们模拟的是一场末日浩劫。[37] 我观察到的情况是这样的:

第1天(2015年4月)。 发现了一颗小行星2015 PDC。它有1%的概率在7年后撞击地球。初步估计它的直径为140—400米。即使它的直径取这个范围的最小值140米,但如果击中一座城市的话,那座城市也会就此消失。虽然它的撞击概率也高于我们此前所见过的任何一个案例[除了毁神星(Apophis)],但没有理由为它恐慌。尽管如此,世界各地的天文学家还是将望远镜对准2015 PDC,以了解更多信息。

第2天(一年后)。 撞击的概率上升到了可怕的43%,这差不多已经是抛硬币结果为正面朝上的概率了。撞击点可能位于从南海到越南东部,并沿着孟加拉国和印度人口稠密的恒河流域,再向西到巴基斯坦、伊朗的一条长长的路径上。在这当中有许多地方一旦发生撞击,必将造成巨大的伤亡。小行星的大小仍然鲜为人知,其组成也完全未知。尽管如此,但它很可能会形成一个直径5千米、深度500米的撞击坑,并将造成6.8级的大地震。所有的航天国家都在制订偏转计划。

我们的专家小组向我们的"世界领导人"发布报告,向他们简要介绍可以采取的措施。他们建议采用高速撞击的方式让小行星偏转。

公众反应强烈："如果你没有击中怎么办？""你要使用核武器吗？"得到的回复是："根据1967年的《外层空间条约》(Outer Space Treaty)，在太空中禁止使用核武器。"

第3天（2016年12月）。现在撞击的概率是100%。"你们打算怎么办？!"受到威胁的国家的元首提出要求。作为回应，美国计划发射三枚装有高速撞击器的大型火箭，欧盟、俄罗斯和中国计划各自发射一枚大型火箭。6枚火箭中至少有4枚命中目标才能成功。

"如果只有两枚成功又当如何呢？"受到威胁的国家的领导人和焦虑的人民继续发问。在这种情况下，每次打击都会将撞击点从南海往印度和伊朗方向调整。潜在撞击路径下的人们并不满意。对他们而言，部分的成功实际上会让事情变得更糟。新闻媒体呼吁使用核武器。还有人说："要不别去动它？"毕竟，南海的海啸可以用混凝土海堤来防御。距离撞击还有6年，所以我们有时间建造海堤。这一观点并不能打动所有人。

印度政府对这种取得"部分成功"的结果尤其不满，因为这将导致小行星直接撞击到他们人口最稠密的地区。印度既有太空计划，也有核武器，所以当他们的领导人说打算发射一艘"大型观察航天器"对撞击器的效果进行观察时，大多数观察员认为，这是将发射核武器作为最后手段的委婉说法。可以理解他们。

第4天（2019年8月）。距离撞击还有3年，6个动力学撞击航天器准备发射。它们需要经过7个月才能到达小行星。如果它们都失败了，这颗小行星将像之前预测的那样撞上南海的某个地方。如果它们都撞击成功，小行星就会完全脱离地球。大众和媒体依旧持有怀疑的观点，用动力学撞击器猛烈撞击小行星是不是一种制胜的策略。"为什么不用核弹？!"我们再次大声疾呼，但是现在重新考虑太空核武器的禁令，为时已晚。

结果,第一个撞击器将小行星分成两部分。虽然其他撞击器成功地将较大的一块小行星碎片推离地球,但是较小的一块仍在继续前进,只略微延迟了一点点。印度的"观察者"号宇宙飞船被小行星解体的碎片击中,失去了控制,因此无法测量新的轨道(或者引爆一枚核武器,如果有的话)。

所以,现在2015 PDC将不会撞击海面,而是陆地——恒河下游的某个地方。从好的方面来看,撞击释放的能量比整个2015 PDC少得多,只有1800万吨TNT当量,但这仍然是广岛原子弹的1000倍左右。印度和孟加拉国不会有人对现阶段取得的成果感到满意。

第5天(2022年9月)。小行星撞击发生了。它毁掉了一切。事实上,这是一场重大灾难。孟加拉国达卡的大部分地区都被空爆毁坏。达卡曾是世界第10大城市,拥有1500多万居民。现在它成了废墟,数百万人丧生。

我们都发誓要在现实生活中做得更好。

从这个演习中我们可以学到很多东西,当然这也是我们不断努力的原因。一方面,大量全球合作和信息共享的新途径显然是必要的。另一方面,也许核武器也是必要的。如果我们不把它们当作炸弹,而是当作"装置"——用来偏转致命小行星的"装置",也许它们真的不需要被禁止?

现在每一次行星防御大会都会举行这样的演习。我可以透露,每一次,我们都会失败,总避免不了撞击的结果。这听起来可能令人沮丧,但它就是故意这样设置的,这样我们就可以考虑模拟场景中的每个阶段,包括我们可能提出的民防措施,例如可能会涉及数百万人的现实疏散计划。2019年,我们"摧毁"了曼哈顿的大部分地区,但至少我们避开了丹佛。[38]事实证明,撤离一个岛屿上的居民,即使是有大量隧道和桥梁连接的纽约市,也需要时间。效果并不理想。在每次行星防御大会中,对小行星威胁的反应都会更好一些。每一次,我们都会学到更多在现实生活中需要做的事情。因此,尽管它们是令人沮丧的练习,但依然很有价值。

在弗拉斯卡蒂的模拟之前,几乎没人意识到我们准备得有多差,这次演练给我们敲响了警钟。各国政府的反应相当好。弗拉斯卡蒂行星防御大会结束后不久,科学家和政府官员组成了联盟,他们着手建立沟通网络,并发展成为卓有成效的交流论坛。例如,弗拉斯卡蒂演习后不到一年,美国政府成立了一个新的行星防御协调办公室,由NASA负责运行和协调。事实上早在一年前,在得到一份建议报告后NASA就已经在着手准备了。该办公室运行探测和跟踪潜在危险小行星的项目,并负责与美国国防部、美国联邦紧急事务管理局等机构及国际同行合作。目前,它不会获得多少额外资金,但即便如此,这个办公室能如此迅速地建立起来,也算是一个官僚主义的奇迹。

国际小行星预警网络(IAWN)创建于2013年。[39] 它的任务是建立"明确的通信计划与协议",以便科学组织和政府能够及时有效地协调,以应对小行星威胁。IAWN是一个信息交流中心。例如,该组织拥有一份值得人们警惕的近距离接触清单,这些小行星比月球到地球的距离还要近,仅在2018年就出现过64个。同样地,联合国空间任务规划咨询小组(SMPAG)于2013年底开始工作。[40][在林德利·约翰逊的建议下SMPAG发音为"same page"(同一页)。林德利·约翰逊拥有一个很霸气的头衔:NASA行星防御协调办公室"行星防御官"。他希望强调SMPAG的目的是让所有国际机构站在同一立场上。]

建立一些组织机构是向前迈出的一大步。不过在发生真实撞击事件的情况下,他们的合作程度会如何尚不明朗。为了找到答案,NASA在2017年协调了一次新型演习,涉及美国政府的很多相关部门,甚至包括白宫。NASA决定使用鲜为人知但真实存在的小行星2012 TC_4,因为该小行星在当年10月路过地球(但没有撞击)。[41]这个想法提出的时候是仅为当年3月初,但8个月的预警时间是相当写实的。利用真实的观测站,在真实的时间尺度中,我们对小行星撞击到底能应对得怎么样?这次演习范围并不局限在美国的组织。7月下旬,欧洲南方天文台使用他们的甚大望远镜(VLT)再次发现了2012 TC$_4$,8月它的存在得到确认。好了,现在只剩下两个月了。演习的参与者需要了解更多关于2012 TC$_4$的信息,以估计其构成的威胁有多大。

一切都不顺利。[42]这些波折带来了很多教训。一是细节很重要。欧洲南方天文台试图在甚大望远镜的一台*上使用热红外相机来测量2012 TC$_4$的大小,但由于望远镜时钟小小的计时误差,与2012 TC$_4$失之交臂。也就是说当时它的观测区域与2012 TC$_4$的实际位置有些许偏离。来自夏威夷的观测本来可能有所帮助,然而一棵树不合时宜地倒下,切断了山顶的电力输送。如此一来,不可能获取红外图像了,这意味着研究小组必须依靠雷达来测量这颗小行星的大小。但是紧接着就出现了天气变化。飓风"玛丽亚"掠过波多黎各,导致位于岛上的雷达监测主力——阿雷西博天文台不得不关闭,那真是最不幸的时刻。在一片混乱中,团队最终使用西弗吉尼亚州一台小一些的但仍有足球场大小的绿岸望远镜,成功地接收到来自加利福尼亚州NASA戈尔德斯通射电碟形天线射向2012 TC$_4$并反弹回来的信号。找出系统中的这些小故障是整个演习的重点。毫无疑问,类似这样的现实世界中的试验将继续下去,直到我们能像一台运转顺畅的机器一样准备就绪,在真正的威胁出现时迅速有效地做出反应。

是不是感觉对人类的命运想得太多了?不必担心。我们接下来要讲一些更直白的话题:我们终于要陷入贪婪了。

---

* 甚大望远镜包括了4台8.3米口径的大型望远镜。——译者

◆ 第四章

贪　婪

我们的第三个动机是贪婪。直到最近,"太空"和"贪婪"才经常在同一句话中出现。太空是一项崇高的事业,怎么会与肮脏的财富联系在一起呢? 然而,在过去几年里,试图从太空中获利的创业公司数量激增。太空企业家彼得·迪亚曼迪斯(Peter Diamandis)有句名言:"第一个万亿富翁将诞生于太空中。"[1] 这句话说得很好,经常被引用[例如,得克萨斯州参议员特德·克鲁兹(Ted Cruz)和尼尔·德格拉斯·泰森(Neil deGrasse Tyson)]。[2] 如果有人找到了从太空中获取巨大利润的方法,那么一个令人高兴的结果就是太空活动的成本将大大降低。然后,我们将能够负担得起更为频繁地探索更多世界的活动。我们将能够找到所有的"杀手"小行星,并让它们偏离轨道。对我来说,太空中出现贪婪是一个值得欢迎的发展方向。

我的合作者、哈佛商学院的魏因齐尔用苏联来举例,说明过去几十年中的太空活动是如何组织的。苏联执政党试图应对沙皇治下失败的俄国市场。他们的计划经济一开始发展得很好,尤其是在市场经常失灵的领域:国防和基础科学。之所以在这两个领域市场会失效,是因为在其中任何一个领域都很容易搭便车——如果有其他人付钱,你仍然会受益。早期的太空计划很适应这种模式。没有一家私营公司会开发月球火箭,因为他们没有商业上的理由。

不过，从长远来看，苏联的策略并没有那么好地发挥作用。几十年后，事实证明，价格提供的信号非常重要。没有它们（就像苏联的情况那样），意味着资源的分配会造成浪费。在苏联政府运营的系统中，没有对创新和成本控制的激励机制。如果没有创新，苏联或许可以生产出数量创纪录的钢材，但更现代化的钢合金和细分的目标市场则没有机会出现。

太空计划也遇到了类似的问题。21世纪初，NASA需要一种新的大型火箭来取代航天飞机，将宇航员送往国际空间站（ISS）。NASA建立了一个名为"星座"（Constellation）的大型项目，耗资数十亿美元，采用与"阿波罗"计划相同的组织方式。但与此同时，它在商用轨道运输系统（COTS）上也下了一小笔赌注。时任NASA局长的迈克·格里芬（Mike Griffin）在2006年宣布了该计划。7年后，由COTS资助的两家公司将货物空运到国际空间站，而NASA所付出的成本不到7亿美元。7年听起来可能不算太快，但是从零开始建造两枚新火箭和两个新的货运航天器，是自NASA早期的辉煌时期以来从未做过的事情。相反，"星座"项目却远远落后于计划，还超出了预算。幸运的是，2010年，战神 I-X火箭仅做了一次飞行后，计划就被取消了。它花费了NASA 70多亿美元，耗资约是COTS的10倍。公平地说，"星座"项目的目的是让人们在月球上，甚至最终在火星上着陆，而COTS只是让货物进入轨道。话虽如此，如果"星座"项目完成目标，预计总成本至少为970亿美元！[3]

这就是为什么要提"贪婪"。正如魏因齐尔所说，对市场机制力量的捕捉对于推动空间利用的持续创新和效率是极为必要的。我们的目标不仅是赚钱，而且是为了实现我们想在太空中做的其他所有事情，否则我们是负担不起的。《福布斯》（Forbes）杂志曾自称"资本主义工具"。对于太空计划而言，资本确实是一种工具。

太空资源是巨大的。有多大？数百万倍于我们在地球上能获得的资源。不是说太空基本上是空的嘛，那怎么可能有那么多资源呢？然而，即使那极小部分不算空的空间，包含的资源也令我们取自地球的任何资源相形见绌。以今天的价格估算，它们将价值数万亿美元。这就是迪亚曼迪斯那句名言的由来。然而，到目前为止，商界和政界都很少关注这些资源，因为它们看起来更像是"黄金国"（El Dorado）*的故事，而不是真正的机会。

这些资源是什么？有人已经讨论了多年，约翰·S. 刘易斯1996年出版的《挖掘天空》（*Mining the Sky*）一书对此专门做了编目。[4]这些资源包括氦的同位素氦-3（正确的写法是 ^{3}He），可以从月球上获得，用于核聚变反应堆。我们也可以从小行星上开采许多东西，包括贵金属、用于太空建设的铁、宇航员的生活用水和作为火箭燃料的甲烷。主带小行星的铁含量是地球储量的1000万倍。如果我们使用这些资源建造散布于轨道上的太阳能发电站，能把数十亿瓦的能量传回地球，还可以保护地球免受太阳的全面照射，以缓解全球变暖，这能解决当今基于使用化石燃料而引发的能源和气候危机。

所以，任何一块太空大石头都一定具有相当大的经济意义是吗？嗯……大概是的。小行星中确实有大量的资源。但问题是，就像恐怖电影《异形》（*Alien*）中的经典台词："在太空中，没人能听到你的尖叫。"[5]除非太空中有你的顾客，或者你可以把商品带给地球上的顾客，否则这些资源的价值完全是零。就算你确实有潜在客户，他们也得愿意支付比你把这些资源带给他们所付出的成本更多的费用，否则你就破产了。

为空间资源的价值谱写赞歌的大多是科学家而不是商人。我们科学家在财务方面显得很幼稚。通常我们只是把资源的质量相加，然后乘以当前的价格。这种方法产生了诱人的数个万亿美元神话。例如，

---

* 传说中位于南美洲的黄金王国。——译者

小行星"德意志"(241 Germania)在2012年曾短暂出名,当时它的估价约100万亿美元。这是个巨大的数字。2012年全世界的GDP只有约75万亿美元。[6]"德意志"绝非唯一看起来极具价值的小行星。网站aster-ank.com为几乎所有已知小行星的盈利价值做了估算,列出了100多个它认为具有相同价值的小行星。不过,该网站并没有详细说明它是如何得到那么巨大的估值的。[7]

这些估值即使是正确的,也无法最终成为商业案例。它们太简单了,忽略了将这些资源推向市场的成本,而且还假设几十年间始终存在一个巨大的市场,以至于价格会维持在今天的水平。为了让小行星采矿得以进行,我们需要进行更现实的评估。19世纪的捕鲸活动给小行星采矿上了一课。哈佛商学院的汤姆·尼古拉斯(Tom Nicholas)和乔纳斯·彼得·埃金斯(Jonas Peter Akins)指出,任何人从事危险业务的唯一原因是他们能获得惊人的利润。[8]太空是否有像鲸油一样诱人的资源?我们需要一些能带来足够利润的东西来推动这一进程。可能得到的利润必须极其巨大,就像幸运的捕鲸者或淘金者获得的那样,而且还必须很快得到回报。

小行星采矿会发生吗?首先,太空中一定有着有利可图的资源。其次,我们必须能够获取足够的资源来启动一个产业。这就是我们在本章中所要讨论的问题,至于我们将如何进行开采,以及之后我们将向谁出售资源的问题延后再讨论。

因为太空飞行是极其昂贵的,所以任何值得带回的太空资源,每千克的价格都会非常之高。太空中有两样东西价值每吨数百万美元:铂和水。

某些小行星确实有很多众所周知在地球上能以高价出售的东西:贵金属。有6种相似的金属:铂、钯、铱、锇、铑和钌,它们被称为铂族金属(PGMs),因为它们在元素周期表上彼此相邻。这6种金属位于最贵的 10 种贵金属之列。(剩下的 4 个中,显然包括金和银,另外 2 个是铼和铟。)

铂是非常有用的东西。《AZoM》杂志报道:"约 1/5 的消费品含有铂……硬盘驱动器、抗癌药物、光纤电缆、LCD 显示屏、眼镜、肥料、炸药、油漆、起搏器等都依赖铂。铂也是燃料电池中使用的关键催化剂。"[9]在地壳中,铂差不多和黄金一样稀有。[10]它的密度也非常高,一吨重的铂也就差不多塞满飞机客舱上方一个半行李架大小的空间。(千万不要尝试这样做,且不说会超过重量限制,你想把它搬进去就不容易,而且你的货物"在飞行中"一旦发生移动,情况会非常糟糕。也不要尝试托运一袋铂,将数百万美元的资产转移到某个遥远的地方难免会引起巨大的麻烦。)

贵金属真的很珍贵。虽然价格在 10 年间确实存在波动,但铂族金属的售价始终保持在每吨数百万美元的量级上。目前,铑是最贵的,接近每吨 9000 万美元。它真的很稀有。其次是钯(甚至比铂稀有 3—5 倍,单纯从技术上讲也很有价值)和铱,价格在每吨 3000 万美元到每吨 5000 万美元之间。铂的售价相当稳定,也相对适中,维持在每吨 1500 万美元至每吨 2000 万美元之间,尽管存在通货膨胀,但自 1950 年以来这个价格一直如此。每吨原材料所提供的回报是最大的。另外两种铂族金属锇和钌的售价"仅"在每吨 1000 万美元至每吨 1500 万美元之间,它们同样也不太常见。所以每吨小行星岩石的总价值大约为 3600 万美元,算是一个不错的估计。鼓舞人心!

但为什么要去太空获取铂呢?为什么不像我们现在所做的那样,在地球上开采呢?因为一些金属陨石的铂含量是位于非洲南部的地球上最富的铂矿的 5 倍。[11]为什么会这样?我们发现,金属小行星之所以形成现在的样子,是因为它们来自太阳系原始小行星——破碎星子的核心。主要由于放射现象,这些星子开始熔化,使铂族金属元素溶解在铁水(铁氧体)中,并流向核心。同样的过程也发生在地球上。所以,地球上的大部分铂都埋藏于我们脚下约3000千米深的铁核中。获取它们要比从太空里开采铂难得多。地壳中只有痕量的铂族金属,这使得它们非常珍贵。

然而,我们之前不是提到地壳中的矿石,包括铂,是来自地球历史早期的后增薄层时期的小行星吗?那为什么地球上的矿藏不像小行星上的那么丰富呢?因为,在撞击过程中,小行星撞出的大量地球岩石与小行星岩石混合,稀释了其矿石丰度。地质作用又将铂和其他亲铁元素重新集中在地表附近几个特别的地方,我们只能从那儿开采。所以开采富含铂族金属的小行星是很有意义的。

不过坏消息是,即使在这些小行星中,贵金属的含量也相当低。一颗陨石中铂族金属总含量约为每吨30克,就算是高丰度的了。因此,未经加工的金属小行星,每吨岩石仅含有价值约1000美元的铂族金属。如果我们想获得价值10亿美元的贵金属,那相当于33吨,这意味着我们将不得不开采一颗重约100万吨的小行星。这太令人沮丧了。这毫无疑问是一项大工程。好的一面是,我们只需要找到一颗直径45米的小行星,就可以得到价值10亿美元的贵金属。

太空中也有水,而且可能有利可图,同时水也更容易被提取出来。在太空开采水源并不是最直观的商业冒险。但无论太空采矿者想卖什么,就算只卖少量都会花费很多钱,因为在太空中移动物体是昂贵的。因此,这听起来可能有些奇怪,对于太空采矿者来说,主流想法是卖水。水并不贵。曾经有一本有趣的书《迷人的技术》(Soonish),作者是凯莉·魏纳史密斯和扎克·魏纳史密斯。如果他们说的是对的,那么最时髦的人一定会想喝太空水——扎克的一幅漫画中,留着山羊胡子的时髦人士说:"我希望我没有这么精致的味觉。"[12]尽管如此,这可能还是一个相当小的客户群。太空采矿者以每千克几美元的价格出售设计精美的瓶装水,是不会致富的。另一方面,太空水在地球上真的没有市场。

　　然而,在太空中,水是宝贵的。几十年来,仅从地球表面将一升(重1千克)的水输送到太空中较低的轨道,大约就要花费2万美元。将一升水送至地球静止轨道(GEO)的成本还要再高出两三倍,约为每升5万美元。考虑到这一点,地球上大概只有其他几款价格非常昂贵的产品能与之媲美:在意大利特色超市Eataly中,松露的价格约为每克10.5美元,因此每千克的售价达到10 500美元;美国的高档超市Wholefoods内,藏红花售价达到每克9美元,合每千克9000美元。这两项费用"仅"是太空在轨水成本的一半。最昂贵的葡萄酒售价与太空水差不多。[13]有一瓶酒的售价更高:1787年产的拉菲,在1985年的售价达到156 000美元。如果考虑到通货膨胀,再考虑到一瓶葡萄酒只有3/4升,那么它今天的价格几乎是每升50万美元! 这瓶特别的酒可能属于《独立宣言》的作者、美国第三任总统同时也是陨石怀疑者的杰斐逊,所以才会达到这样的天价。但是,这瓶酒的高昂价格的全部意义在于其独特性。独特性意味着只能是一次性的买卖,这对太空采矿业来说并不是一个很好的模式。还有一样能轻松击败太空水的东西是珠宝级钻石。一颗1克拉(只有1/5克)的订婚戒上的钻石能够卖出几千美元。在极端罕见和特殊的情况下,每克钻石的售价可达20万美元! [14]

　　因此,太空水可以在地球轨道上以相当高的价格出售,但仍然会比从地面带来的水更廉价。这些极端的价格给小行星采矿者带来了希望。因为,他们知道,尽管必须在太阳系里穿行很远的距离才能达到小行星,但是将水从一颗精心挑选的小行星带到高地球轨道所需的能量还不到将水从地面带到高地球轨道的1%。小行星的逃逸速度很小,你几乎可以从它们表面跳起而永远不会落下来。小行星上的水几乎已经"在太空中"了,这与来自地球的水全然不同。这种巨大的能源优势是否能转化为类似的金钱优势? 更重要的是,太空中会有顾客埋单吗?

极有"可能"。我们知道,在太空中,水是一种用途广泛的资源。让我们来看看原因。

太空水的主要用途是将水分子(H_2O)分解成氢气和氧气——使用丰富的太阳能——从而把水转化为火箭燃料。液氢和液氧是当今大多数火箭的主要燃料。要变成液体,两者都必须冷却到非常低的温度,或者说"低温",对氢和氧来说分别比绝对零度(开氏度)高20开和77开。这个过程相当复杂。不过,在太空中提供火箭燃料而不是用火箭把它拖上来,这似乎是小行星采矿与生俱来的优势。

来自小行星的火箭燃料将用在什么地方?"太空加油站"有着几个明显的用途。一个备受讨论的市场,是给位于静止轨道上的通信卫星"加油"。每一颗公共汽车大小的通信卫星都是耗资数亿美元的昂贵投资,它们的计划寿命为5到15年。如果给它们补充燃料,可以让它们多运行一两年,收益可能会达到数亿美元。通信卫星需要燃料才能非常精确地保持在地球静止轨道上。事实证明,尽管空间广阔,但地球静止轨道的可用部分非常小。我的好朋友兼同事麦克道尔在他的网站planet4589.org上绘制了这些卫星的轨道图。(该网站是用那颗以他的名字命名的小行星编号来命名的。)他的数据显示,尽管对地静止卫星位于赤道上方35 786千米处,但它们被限制在一条只有2千米厚、150千米宽的窄带内,否则它们无法在屋顶天线上方的天空中静止不动。我们都不想经常出去重新摆弄卫星天线,所以这种准确性对于卫星电视业务来说很重要。因此,它们的轨道需要时不时地调整。

即使有燃料补充,通信卫星最终也还是会失效。为了防止信号重叠干扰,通信卫星轨道被间隔成大约400个点位,相邻两个之间距离约为6000千米。点位数量是有限的,因此它们很有价值。失效的卫星需要及时清理,以便为新的卫星腾出空间。产自太空水的燃料可以用来将这些死去的通信卫星从一个稀缺的地球静止轨道点位上踢出去,送入一个"坟墓"轨道，它们将从那里安全地离开。

这一想法在诺思罗普·格鲁曼（Northrop Grumman）公司的"轨道延寿飞行器"（Mission Extension Vehicle，MEV）上成功得到了验证。2020年初，诺思罗普·格鲁曼公司的MEV-1使一颗退役的通信卫星Intelsat-901重新焕发活力。它并没有向旧卫星注入燃料，而是将一个像背包一样的新的、充满燃料的发动机连接到旧卫星上。[15]

另一个市场便是清理空间碎片。太空碎片对我们太空活动的威胁越来越大。清理轨道的空间碎片，特别是那些来自越来越拥挤的近地轨道区域的碎片，可能会成为一个相当大的市场。其目标是防止一块太空垃圾高速撞击另一块造成连锁反应。如果一颗卫星在轨道上被摧毁，结果是会形成许多碎片残留在轨道上，它们还可以继续撞击另一颗卫星。这种情况已经发生得够多了，以至于我们已经到了这样一个地步：这些碎片正在经历更多的碰撞，产生更多的太空垃圾，导致更多的碰撞……这种恶性循环被称为凯斯勒综合征*，以唐纳德·J. 凯斯勒（Donald J. Kessler）的名字命名，他与他的另一位不太知名的同事伯顿·G. 库尔-帕莱（Burton G. Cour-Palais）在1978年提出了这一问题。[16]失控的空间碎片增长可能会使近地轨道无法使用，并使我们为此付出巨大的经济代价。麦克道尔对所有发射进入太空的物体进行了分类。[17]他估计，清除所有太空垃圾需要几百吨的水推进剂。2018年，一个欧洲财团从国际空间站发射了一颗名为"清道夫"（Remove DEBRIS）的测试卫星，以测试抓取空间碎片的方法——分别使用网兜、鱼叉和"拖帆"。这三种方法都奏效了。[18]

---

*"凯斯勒综合征"指的是未来某一天近地轨道上堆积过多的太空垃圾，以至于人造卫星和航天器经常碰撞从而产生更多的太空垃圾，如此恶性循环导致最后几乎不可能再发射新的航天器。——译者

"太空加油站"还有一个用途是为月球或火星运载火箭的上面级加油。由于火星运载火箭每26个月才有一次发射机会——火星到达其轨道上某个我们方便到达的位置,这些运载火箭将形成一个显著的"繁荣—萧条"相间隔的太空燃料需求周期。前往月球的火箭目前不多见,不过如果近十年里有十几次或更多的登月计划,那就会开启一个新的密集的月球探索时期,如此看来它也将成为一个不断增长的市场。

有一种比氢和氧更容易处理的小行星火箭燃料可能是甲烷。它能通过碳质小行星上的大量有机化合物进行制造。甲烷是一种火箭燃料,但尚未被大量使用。它的优点是不需要像氧和氢(尤其是氢)这样在低温下储存。有几款新火箭将由甲烷燃料发动机提供动力:美国太空探索技术公司(SpaceX)的"超重鹰"(Super Heavy)火箭和"星舰"(Starship)航天器、美国联合发射联盟(ULA)的"火神"(Vulcan)运载火箭和美国蓝色起源公司(Blue Origin)的"新格伦"(New Glenn)运载火箭。后面两个将使用相同的BE-4发动机。"星舰"已经明确设计为在轨道上进行燃料加载。[19] SpaceX计划使用甲烷,正是因为它可以在太空中制造,特别是能从稀薄的火星大气中制造,而火星大气几乎完全是二氧化碳。小行星甲烷未来可能成为在太空制造更复杂的有机分子的原材料。

还有生命支持系统,这是宇航员们非常关心的事情。太空游客也会喜欢这个话题。饮用水是必需的,但更重要的是,水还可以被分解释放出氧气,以供呼吸。如果空间站要自给自足,还需要水来种植粮食。由于一份普通的蔬菜沙拉(重约100克)目前需要2000美元才能从地面运到太空,所以在太空里自主种植蔬菜也有很大的经济意义。只有当有人在轨道上的时候,用水维持生命才会显得有用。会有这样的需求吗? 现在还不是时候。让三名宇航员留在国际空间站里,每年只需要三吨水。那么未来会有需求吗? 有。事实上,这可能会成为一个快速增长的行业。稍后我们将讨论一些可能性。

太空水还有个不太明显的用途——水中的氢能够很好地保护空间站内部免受致命的银河系宇宙线辐射。在太空中长期停留，人类吸收的不健康辐射可能达到致癌剂量，而包围在他们居住区域周围的一层水会将吸收的辐射量降低到一个更安全的水平。既然他们无论如何都需要水来维持生命，为什么不用水包裹他们以达到保护目的呢？为保障安全，他们需要的水总量在数千吨范围内，因为该保护层必须有几米厚。以每千克2万美元的价格计算，这将花费200多亿美元，我们是负担不起的！小行星水可能会解决这个问题，但需要将成本降至5%—10%，才能让水屏障的价格接近可负担的水平。这还不是小行星采矿者现在能实现的。但作为以后扩大市场的一条路径，这看起来也不错。

水比铂更容易从岩石中提取。不过，小行星水不会以冰块的形式出现，或者说只存在非常微小的可能性，因为大多数近地小行星在相当长的一段时间里距离太阳比较近。相反，根据我们在陨石中发现的情况，小行星中的水以羟基（—OH）的化学键与黏土和类似的岩石相结合。提取这些水需要很多能量。但太空中有大量的免费阳光，可以集中起来加热这些岩石，使水分脱离出来。用这种方法提取的水不符合美国环保署的饮用水标准，因此如果我们想用它泡茶，必须先进行净化。更糟的是，当时还是亚利桑那大学博士生的施普林曼发现，加热陨石后，岩石中一些讨厌的元素会到处乱跑，从而污染了水。例如，汞不仅对人体健康有害，还可能导致火箭燃料制造设备的金属失效。[20] 但至少用于屏蔽辐射的水不必是干净或纯净的。

还有没有更多的外太空资源呢？我们可能在太空中找到真正新奇的材料，这种想法在科幻小说中很常见。那么太空中真的有奇怪的新材料等着我们去发现吗？答案是非常明确的。"是的！"搜寻小行星很可能会获得具有技术价值的新材料，其中一些可能最终成为新产业的基础。它们能有巨大的价值吗？在电影《阿凡达》(Avatar)中，人们为了带回珍贵的 unobtanium（一种仅在太空中发现的常温超导体）*，花费数十年旅行到另一颗星球。unobtainium 是一个古老笑话里的名称，在物理实验室中用于表示你无法拥有的东西。当教授问："为什么我们不能做某某试验？"研究生们会回答说："我们可以，只要能得到一些 unobtainium 就好了！"随之而来的是哄堂大笑。在我们的宇宙中，要找到奇怪的新材料，小行星比其他恒星系统更容易到达。

我们并不能找到新的元素。元素是具有相同数量质子的同种原子的总称。到了 20 世纪末，所有自然存在的元素都被发现了。我们可以确定这一点，因为我们已经发现了质子数为 1 到 94 的原子，没有空位需要填补。除此之外，还有 24 种含有更多质子的元素。它们是通过核反应人为创造的。（这也是为什么这些反应被称为"核反应"——它们改变了原子核中质子和中子的数量。）这些新元素中的大多数只能存在极短暂的时间便自发衰变为自然元素。所以，我们已经知道了所有的元素。

但这并不意味着不再会有新发现。由元素形成化合物——分子、晶体或者这些的变体的组合方式的数量实际上是无穷的。仅仅两种类型的原子，就能以我们无法预测的方式组合在一起（即使是用最好的计算机预测）。值得探索的可能性组合实在太多了。幸运的是，我们不必这么做，小行星可以告诉我们。在小行星中发现地球上从未发现的新材料确实存在相当大的可能性。有些可能还是有用和具有价值的，即使我们无法预测它们究竟是什么。这样的期望是基于新材料被发掘出新用途的历史。但这可能是错误的，我对此表示怀疑。

1832 年，约恩斯·雅各布·贝采里乌斯(Jöns Jacob Berzelius)发现了

---

*原义为虚构的、不可能找到的材料，由单词 unobtainable 和 titanium 合成，也写作 unobtainium。电影《阿凡达》中的一种超导矿石，智慧生物纳美人称之为"雷岩"，又称"难得素"。——译者

第一种陨石矿物——陨磷铁镍石。所谓陨石矿物是指最先在陨石中发现的矿物。这类矿物中只有一小部分被合成出来或后来才在地球上被发现。如今，贝采里乌斯可能并不是一个家喻户晓的名字，但他是现代化学的四大创始人之一。他发明了分子的缩写形式"H_2O"。他的符号使我们更容易看到化学反应中发生了什么，因为 H_2O 比"一氧化二氢"更容易领会。从更为根本的角度讲，他的符号体现了他的发现——元素以整数倍的形式组合。(例如，你总是得到 H_2O，而不是 $H_{2.5}O$。)这有力地支持了(当时是全新的)所有化合物都是由少量元素的原子组成的观点。为了验证这样的想法，确定哪些化学物质是最基础的元素自然是极为重要的。贝采里乌斯发现了四种，其中就包括硅。他还对矿物学有着浓厚的兴趣，这使他找到了陨磷铁镍石。这属于额外的收获！后来，贝采里乌斯的名字被用来命名硒铜矿(berzelianite)，这真是一种荣誉。不过，贝采里乌斯并不总是站在正确的一边。他否认氯是一种元素，并提出生命依赖于所谓的"生命力"，这两种想法都不正确。[21] 不过这并不妨碍他成为一个伟大的科学家。你会发现在解决难题的过程中，科学往往是一片混乱的。没有人能事事正确。

我有个才华横溢的学生胡珀，她翻阅了几十份出版物，列出了70多种陨石矿物。很少有人仔细研究过它们的有趣性质。这是因为我们拥有的大多数样本都很小，只有几分之一毫米大小，与人类头发的直径相似。这使得我们很难处理它们并进行实验。即便如此，也有一些已经显示出有朝一日可能为我们所用的特殊性质。当然，它们体积太小，难以开采和利用。有价值的矿物可能只在较大的陨石中偶尔能找到，如果它们存在的话。

因为只有最坚硬的小行星才能以陨石的形式到达地面，所以我们可能丢失了更多的陨石矿物。如果它们形成于小行星较为松散的基质中，并在小行星穿越大气层的灼热旅程中烧成灰烬，我们将永远无从得知它们是什么。如果我们能在一颗小行星进入大气层之前,就到它那里去寻找陨石矿物,那么我们可能会发现更多矿物,从而更有可能发现一些极具价值的东西。

为什么只有在太空中才能发现新矿物?因为地球上的构造板块不断碰撞,一边形成山脉隆起,一边下沉到其下方。因此,地球上很难找到古老的岩石。每隔几亿年,我们赖以生存的地壳大部分都会翻新一轮。这意味着地壳中几乎没有和地球一样古老的岩石,而且很难找到它们。努夫亚吉图克绿岩带位于加拿大魁北克省北部的哈得孙湾海岸,是已知最古老的暴露于地表的陆地岩层之一,形成于约40亿年前。[22]它只有0.5千米宽,数千米长。然而,小行星没有板块构造。事实上,与大行星不同,自从"最后大轰炸"时代以来,小行星并没有发生什么变化,所以它们有大量可以追溯到太阳系形成时期的岩石。好了,那为什么远古时期的岩石和很久以后形成的岩石会不一样呢?关键是在太空中会存在一些在地球上不具备的条件。其中一部分我们永远无法在实验室中复制,即使我们把这些实验室放在太空中,也毫无办法。而这些极端条件可能会产生新的材料。

小行星可以充当材料科学中天然的实验室。至少它们在两个方面存在特殊性:时间和猛烈的力。我们可以在地球上的实验室里复制太空的真空和低温,也可以复制小行星在轨道上运行时的失重状态。但我们无法模拟深时的演化和极端暴烈的碰撞。

我们无法复制太阳形成前原始星云凝聚成行星和小行星经历的1000万年时光。如果存在某些奇异的分子或生长得如此缓慢的晶体,显然我们无法制造它们。要得到一笔持续那么长时间的资助真的太困难了。研究生们也渴望更快地拿到博士学位。最著名的缓慢生长晶体的例子是维斯台登纹(Widmanstätten pattern,图4)。这是两种镍铁合金(镍纹石和铁纹石)相互交错形成的叶状图案。它经常出现在铁陨石

图4 托卢卡镍铁陨石中的维斯台登纹

中。在100万年里,星子(小行星体)慢慢冷却,这种结构在其金属内核中一毫米一毫米地增长。[23]敢不敢在实验室里试试看！不过,维斯台登纹本身没有实用价值。

四方镍纹石(tetrataenite)是一种陨石矿物,已经被研究得很彻底了。这是另一种镍铁合金,含有微量的铜和钴这两个额外的元素,以及它们在星子内核缓慢冷却时形成的结构,造成了巨大的差异。四方镍纹石磁性不同寻常,很难改变它们的磁场方向。(从技术上讲,它具有高矫顽性。)对于计算机应用来说,这可能会很有意义。日本一个研究小组的成员正在研究是否可以通过某种新工艺来制造四方镍纹石。就算他们成功了,在陨石中发现这种矿物仍然很重要,要不然也没人能猜到它存在的可能性。如果他们不能合成,也许未来会产生从小行星中开采四方镍纹石的工业。这种矿物在冷却速度最慢的小行星中生长得最好,因此确定哪些小行星符合这样的条件会变得重要起来。此外,还有其他一些陨石矿物也很有前景:镍铁矿(josephinite)具有和四方镍纹石类似的磁性,而盘古石(panguite)具有新奇的导电性能。[24]

当然,我们已经有陨石了。为什么不赶紧拿来挖取采样？因为现在博物馆里总共只有大约500吨金属陨石。[25]如果它们中的一种成为技术上的必需材料,我们并没有那么多的储量去支撑起一个行业。何况,收藏者也不希望为了找到零星的几个陨石矿物而毁掉他们的全部藏品,不管它们有多值钱。因此,我们必须去太空才能得到有价值的东西。

上述关于奇异物质的讨论还只涉及无机分子。碳质陨石还告诉我们小行星中含有大量不同的有机分子,我们在讨论生命起源时已经提到过这一点。(贝采里乌斯也是第一个提出有机分子和无机分子概念的人。)这些有机分子中有许多氨基酸——地球生命最基本的组成部分。其中一些是在陨石中首次发现的。

我们从小行星上获得的有机物质样本非常有限。世界上收集到的碳质陨石比金属陨石少得多,只有173千克。更糟糕的是,我们目击坠落的碳质陨石更少。而且只有极个别的碳质陨石,在容易得到保护的地方坠落,才能被"马上"发现。最著名的例子就是塔吉什湖陨石。[26]它于2000年坠落在加拿大育空地区的一个冰冻湖面上,当它被收集起来的时候,部分陨石还保持着刚刚坠落后的样子,几乎没有被污染或改变。

多亏了一连串幸运组合在一起,我们才有了这件样品。首先,湖面结冰了,所以陨石并没有扑通一声消失在视线之中。其次,黑色的陨石在白雪的映衬下显得格外突出。再次,当地一名男子在陨石坠落后不久发现了它们,并马上意识到科学家或许会想要它们,于是把它们捡了起来,放在了自己门前台阶上的冰箱里。就在第二天,又下起了雪,掩盖了湖面上的其他陨石。后来又发现了一些陨石,但它们已经陷入冰中,没有那么原始了。这批陨石总共只收集了大约10千克,估计只占原始小行星质量的1%左右。如果这名男子决定把它们带到室内,它们会在一夜之间升温,并会失去它们携带了数十亿年的许多挥发性物质。当它们在位于休斯敦的NASA约翰逊航天中心被加热时,也出现了这样的情况,但区别在于,气体被捕获并得到了分析。要在如此有限的资源中找到许多新的陨石矿物,我们必须非常幸运。或者我们可以去一些位于其原生轨道上的碳质小行星那里采集样本。这种探索正在进行中。

尽管已经发现了一些氨基酸、糖和疑似蛋白质的东西,但小行星中所有的复杂分子可能比我们在陨石中发现的更复杂。[27] 直接在太空中对小行星进行采样,可能会发现更精细、更复杂的化合物。鉴于有机化学的复杂性,我们可能会在小行星中发现意想不到的化合物。其中一些可能有技术或医疗用途。目前至少已知了一种可能在医学上有用的陨石材料。异缬氨酸(isovaline)是一种罕见的氨基酸,最早发现于含碳的默奇森陨石中。据报道,异缬氨酸有望成为止疼药,因为它与阿片类药物不同,不能穿过血脑屏障。[28] 但是要证明这一点恐怕还有很长一段路要走。

我们无法在实验室复制的太空中另一个特性是小行星之间巨大的碰撞速度(可以达到约每小时88 000千米)。以这样的速度你只需半小时就能绕地球一周。这种猛烈的碰撞是毁灭性的,小行星会被撞成碎石堆。但它也可以是创造性的,创造出我们无法在地球上复制出的新型材料,原因便是如此之高的速度。我们有证据表明,这些剧烈的碰撞会产生一些奇怪的化合物。

有一个很好的例子可以说明猛烈冲击会产生什么,那就是天然准晶体(quasicrystal)。准晶体是一个相当新的发现。它是20世纪80年代在实验室中制造的,2011年丹·谢赫特曼(Dan Shechtman)"因为发现准晶体"而被授予诺贝尔化学奖。在此之前,每种固体要么是不定形的(如金属),要么就是晶体(如石英)。所有晶体都有一个重复的图案,可以侧向或上下移动并且完美地匹配上,如同墙纸一般。在20世纪60年代,数学家发现存在其他类型的模式,它们有一个明确的结构,但不允许这种所谓的平移对称存在。然而,在任何矿物中都没有发现这种模式。谢赫特曼并不知道这个(相当晦涩难懂的)数学结果,他在对材料进行常规的X射线分析时,发现了任何正常晶体都不应该存在的十重图案*。经过更多的工作和一些不可避免的犹豫后,他宣布了这一发现——第一个准晶体。很快,其他人蜂拥而至进行研究。我们现在可以在地球上制造许多类型的准晶体,但它们有很多种可能的形式,所以难以穷尽。或许我们可以让大自然来完成这项工作,毕竟对大自然而言这或许就是举手之劳。然而这并不是那么容易实现的,因为我们在任何地球岩石中都没有发现天然存在的准晶体。

相反,第一个"野外"发现而非实验室创造的准晶体来自一颗陨石。该陨石是在白令海旁俄罗斯最东端堪察加半岛北边的哈特尔卡河附近发现的。这不是偶然发现,而是普林斯顿大学的斯坦哈特长达10年的精心搜寻的结果。这堪比一部侦探小说,也是一次冒险。[29] 在陨石中发现准晶体,这一点起初是有争议的。首先,它看上去非常完美,相当于实验室里能制造出的最好的准晶体。你能肯定这是自然形成的吗?其次,岩石样品当中还含有金属铝,这在地球表面非常少见,因为铝在空气中氧化得非常快,需要超高压和超高温才能形成。它很可能是在两颗小行星间的高速碰撞中形成的,这种碰撞会让它们粉身碎骨。这样的条件也可以在地幔深处找到,因此这份样品是否来自太空仍不明确。后来,岩石样本中氧的同位素比值解决了这个难题。它们与碳质陨石的氧同位素比值完全一致,而与地幔岩石的完全不同。

国际陨石协会现在已经承认这块石头确实是一块陨石,并以发现它的河流命名为哈特尔卡陨石。[30] 其中发现的一种准晶体由铝、铜和铁组成,被称为二十面石(icosahedrite)。二十面石在实验室中早已诞生。然而,值得注意的是,如果要说自然形成的话,它只能诞生于太空

---

* 具有10次旋转对称性。——译者

中。在这一发现之前，我们甚至不清楚是否有稳定的准晶体。从太阳系诞生之初起，哈特尔卡准晶体就存在于太空中了，所以这个问题迎刃而解。经过7年的艰苦工作，在哈特尔卡陨石中又有两种准晶体被发现。这一次，其中一种属于全新发现。目前，准晶体还没有任何技术应用。许多团队都在寻求各种各样的想法，探讨如何使它们的特殊属性发挥作用。

小行星间的暴力撞击可能不会再长久保持独特了。位于新墨西哥州的美国桑迪亚国家实验室的Z机器*现在可以将小样本加速到这种速度。目前，这是地球上唯一能做到这一点的设施。[31] Z机器主要用于核聚变研究，而不是地外矿物学。不过，这是一个迹象，表明我们可能不必再依赖小行星碰撞进行此类科学研究了。然而，深时研究对小行星来说永远是独一无二的。

你可能会想，自从贝采里乌斯第一次发现陨石矿物以来，已经有了近200年的研究，我们现在一定已经发现了所有陨石矿物吧。根本不是这样。到1950年，只有5种被发现了。在我们现在已知的大约70种陨石矿物中，大约一半是在过去的仅仅20年内被发现的。而这些陨石矿物中的2/3是由加州理工学院的一位科学家马驰（Chi Ma）博士和他的团队自2009年起才发现的。[32] 这表明还有很多陨石矿物有待发现。随着我们的设备和样品的提升，可能还会发现数十种甚至数百种新的陨石矿物。

如果没有任何陨石矿物因为其特殊性质而使其对于某些技术具有价值，那才让人大吃一惊。一旦我们掌握了它们的特性，那么一部分或许可以在地球实验室合成，另一部分可以在太空微重力实验室合成。其中一些可能为凝聚态物理学家提供产生全新材料的路径。有些可能

---

*Z脉冲功率设施，世界上最大的高频电磁波发生器。——译者

超越了我们有能力创造的任何条件,如果这些矿物又是有用的,那么我们将不得不去太空开采。如果它们足够有价值,那么可能最终会取代目前受重点关注的那些大宗材料——水、甲烷和铂族金属,推动太空采矿业的发展。

不过,目前看来,水和贵金属似乎是开始太空采矿的切入点。然而,我们需要有更多的收入保障,才能让航天产业成为世界经济的重要组成部分。水和贵金属仿佛是水泵的启动装置,启动之后我们会看到什么?目前来看陨石矿物的可能性不大。我们是否还能看到其他东西能让太空发展到规模经济呢?答案是肯定的——尾矿。所谓"尾矿"是指从矿山中采取有价值的矿石后留下的碎屑,也被称为脉石。在地球上,它们几乎没有任何价值。但太空中不存在"尾矿"。任何东西要运往太空都耗费甚巨,因此我们在轨道上能掌控的任何东西最终都会谋得用途,变成矿石。

开采贵金属留下的"尾矿"几乎是纯镍钢。贵金属是罕见的,如果我们开采一颗足球场大小(直径约100米)的富含铂族金属的小行星,那么总共只能提取大约50吨贵金属,留下大约100万吨几乎是纯净的镍铁。如果我们能把它们转移到一个我们可以进一步利用的地方,那无疑将是一个巨大的资源库。顺便说一句,这样做可以让我们因边际成本效应而获得更多利润。

问题是,我们如何才能在太空中移动如此大量的钢铁?大质量的物体是很难在太空中移动的,这也是为什么我们到目前为止一直专注于单位价值很高的产品。移动100万吨物体听起来真的不太可能。回答这个问题需要重新审视我们的假设。为了获得良好的投资回报,我们需要在短短几年内获得利润。这迫使我们使用快速转移的轨道,但为此消耗的能量超过了我们严格需求的量。还有一些轨道只需要很少的能量就能将小行星移动到地月系统。这些是基于"不变流形"的轨道,利用多个行星来使所需的能量最小化。但它们的缺点是速度慢,需要数年而不是数月才能到达地球轨道附近。不过,如果我们已经从提取铂族金属中获得了可观的利润,如果边际成本足够低,那么我们也不介意等待,因为我们售出的任何其他产品都属于锦上添花。

100万吨建筑用钢是非常多的,足够建造20座世界最高建筑——迪拜的哈利法塔。国际空间站是迄今为止人类建造的最大航天器,其重量不过419吨。如果太空中真有100万吨钢铁,我们能做什么?有几个足够大胆的想法:建造酒店、太阳能发电站和地球工程项目。

那么开采水资源时产生的尾矿呢?有用吗?每采集1吨水大概只会产生10吨的碎石。尽管如此,这还是有用的。开采价值10亿美元的水将产生至少200吨尾矿。当你拥有足够的硅酸盐岩石时,也能很好地保护人们免受强大宇宙射线的伤害。还有一个可以利用这些尾矿的地方是火星穿梭机。火星穿梭机是一种天体(可能是宇宙飞船或小行星),运行在精心选择的高椭圆轨道上,选择合适的时间不断地在地球轨道与火星轨道之间穿梭,这样每次都能遇见地球和火星。因“阿波罗11号”项目获誉的巴兹·奥尔德林(Buzz Aldrin)和他的两位同事丹尼斯·伯恩斯(Dennis Byrnes)和詹姆斯·朗古斯基(James Longuski)发现了这些特殊的轨道。[33] 太空旅行者需要乘坐一艘小型“出租车”宇宙飞船与穿梭机在地球附近会合,随后乘坐穿梭机到达火星轨道,再换乘“当地的”火星“出租车”宇宙飞船降落到火星表面。一旦穿梭机进入轨道后就不需要任何燃料了。这意味着,可以用数千吨的水或岩石包裹穿梭机的生存空间,来保护穿梭机内的旅行者免受致癌的星系宇宙射线的伤害。如果我们将小行星塑造成混凝土,旅行者们还可以在5个月的旅行中拥有更多的生活空间。或许,甚至可以令整个穿梭机旋转,从而让他们拥有部分重力体验。小行星岩石是唯一足够廉价的防护材料。这不是一个遥远的愿景。美国喷气推进实验室(JPL)的兰多、斯特兰奇与朗古斯基、保罗·乔达斯（Paul Chodas）一起编制了近地小行星清单，我们已经知道使用今天的火箭技术就可以轻易将它们推进到火星穿梭机的轨道上。[34] 当然，这必须十分小心，因为在你找到前往火星的路径的同时，它们也会在距离地球很近的地方疾驰而过，与实际直接撞击地球之间仅一线之隔！

太空中有大量资源，它们有很多潜在用途。然而，太空真的会带来利润吗？或者换个问法，小行星采矿真的能带来利润丰厚的商业模式，满足我们的贪婪吗？这在很大程度上取决于降低在太空工作的成本和风险，以及创造出对太空材料的需求。

接下来，我们来看看具体的方法——我们出于所有动机（热爱、恐惧与贪婪）如何探索小行星。

第三篇

方　法

◇ 第五章

热爱：小行星的科学研究

你现在已经充满动力了。热爱、恐惧与贪婪促使我们接近小行星。不过，就如侦探一样，要想破案的话，我们不仅仅要找到作案动机，还要确定作案的方法和时机。让我们先来聊一聊方法。

首先，热爱。与小行星有关的疑难问题不胜枚举，这是一个十分重要的科学领域，对吗？恐怕不尽然。

每三年，来自世界各地研究小行星、彗星和陨石的科学家们都会聚首举行一次世界上相关领域最大的会议。自然而然，会议的地点也会选择在世界各地。2014年的小行星、彗星和陨石会议在赫尔辛基举行。这是我第一次参加这个会议，所以当宴会最后宣布了一颗以我命名的小行星9283 Martinelvis时，我既感到荣幸又感到惊讶。我对此毫不知情。如果我提前知晓，也许我会少喝点酒！当然，那天晚上有许多小行星获得了命名，其中大部分是以该领域的新晋博士们命名的。拥有一颗以自己命名的小行星，感觉就像是拿到毕业证书一样。如果是在黑手党里，那就类似成为一个"入盟好汉"。（成为黑手党成员但并没实施杀人犯罪；他们也很慎重地不去用活着的人的名字去命名一颗有着潜在危险的小行星！）虽然我资历尚浅，但能成为该领域中的一员，感觉很棒。另一个让我惊讶的是，参加这个全球聚会的只有大约400人。我们需要客观地认清这点，天文学的其他领域以及地质学方面分别吸引了10倍和50倍于我们的人数参加相关的大型会议[1]。因此，小行星科学仍然是一个相当小众的追求，至少目前如此。

小行星科学研究是怎么做的？有三种截然不同的方法。第一，我们可以使用天文学的技术，比如通过设置在山顶的望远镜获取关于小行星的信息。第二，我们可以向一颗小行星发射空间探测器，有针对性地近距离探测，或许还可以带回一份样本，在地球上的实验室里仔细分析。第三，我们可以研究自己来到我们身边的小行星样本，也就是陨石。

为什么不能只派探测器过去呢？这不是最好的近距离研究方式吗？是的，当然是的。但是一个探测器动辄数亿美元，甚至几十亿美元。因此，很有必要采用更为廉价的研究手段——望远镜和陨石——即便它们存在一定的局限性。

我是一名天文学家，所以我倾向于先解决那些天文学能告诉我们的东西。如果你通过地面上的望远镜来观测，小行星只是天空中一个移动的光点。这就是为什么当年赫歇尔将它们命名为小行星——"不是恒星"。多亏了光谱学，我们知道了恒星的组成；多亏了天体测量学——精细地测量它们的位置，我们知道了恒星距离我们有多远，以及是否有另一颗恒星或行星围绕着它们运行；也多亏了光度学，我们能精确地监测恒星的亮度。这三种技术也能告诉我们关于小行星的信息。光谱学告诉我们它们表面的矿物质成分。天体测量学告诉我们它们的轨道，在一些理想情况下，还能告诉我们它们的质量。光度学则告诉我们它们有多大，旋转有多快，以及它们长成什么样。偶尔我们会看到一颗小行星从一颗明亮的恒星前面经过，短暂地挡住恒星的光（这个过程被称为掩星）。从它的轨道我们可以知道这颗小行星的移动速度，这种特殊形式的"日食"的时长可以告诉我们这颗小行星有多大[2]。

但是，在小行星身上使用这些工具还存在一些问题。第一个问题是，虽然恒星在天空中也会改变位置，但速度非常缓慢，相反，小行星移动得很快。这意味着，要想发现它们，你不能像观测恒星或星系那样，仅仅把相机对准天空中的某个地方，而是必须连续拍摄至少两张照片，才能找出移动中的小行星。在现实中，你可能需要不断回看好几次，以追踪小行星在天空中的路径。这样，你就能知道它朝哪个方向运动，速度有多快，还能算出它的轨道。经常还会出现其他小行星游荡到你上次看的那片天空。你需要好好地跟踪你的小行星，以便它下次靠近地球时（它的下一个可见期）你能再次找到它，即使那可能是几年之后的事，这样才会知道它就是你上次发现的那颗小行星。

现在发现小行星的手段主要是利用几台望远镜构成的集群，并将其专门设计成可以同时拍摄大片天区，如位于亚利桑那州图森附近的"卡塔利娜巡天"（Catalina Sky Survey）计划和位于夏威夷毛伊岛最高山峰哈莱阿卡拉的"泛星"（Pan-STARRS1）计划[3]。它们每年能发现大约2000颗近地小行星和数千颗主带小行星。这两个项目的望远镜集群非常灵敏，它们发现的近地小行星已经相当暗弱了，大部分情况是在小行星刚好离地球最近的时候发现它们，这时候小行星在夜空中通常呈现出最亮的状态。然后，它们远离地球，迅速变得暗淡[4]。这意味着，发现的小行星中有相当一部分消失得太快，以至于我们无法很好地测量再次发现它们所需的轨道弧段[5]。实际上，它们已经失踪了。

第二个问题是，与组成恒星的炽热气体相比，小行星岩石的光谱乏味得多。在恒星气体中电离出来的原子在其光谱中产生一种相对简单的明线或暗线。本生和基尔霍夫*就是通过这个确定曼海姆那场大火中燃烧的是什么，继而找出了太阳的元素组成。但是，被困在固体材料中的原子会产生极其复杂的谱线，这些谱线混合在一起，将它们的信号糅进宽广的波段中。这些波段能大致告诉我们岩石中有哪些矿物，但

---

* 光谱分析法和分光仪的发明者。更多信息见本书第26页。——译者

不能告诉我们细节。不过,这些信息已经足够让我们初步了解一颗小行星是否"仅仅"以岩石为主,或者它是否主要含碳并在岩石中含有水,抑或它是否可能是固体金属。即便如此,这些特征也非常细微,难以捉摸。我们需要得到充分曝光的光谱来识别它们。

第三个问题与小行星的亮度有关。理想情况下,我们可以根据一颗小行星在离我们一定距离上的亮度来判断它的大小。这个方法对恒星也是适用的,前提是我们知道它的温度。但是,小行星只能反射阳光,所以要想知道它们有多大,我们首先需要知道它们反射的阳光的比例,也就是反照率。这却是一个很难测量的性质。

我们还需要知道小行星的相位。与月球一样,小行星也有相位:有时我们看到它们是"满"的。这是指它们在地球身后,与太阳在一条直线上(相反方向)。(它们通常离地球很远,不会处在地球的阴影之中。)有时我们看到它们是一半亮一半暗(相当于上弦或下弦)。你可能会认为半个月球或半个小行星的亮度应该是"满月"或"满小行星"的一半,但事实上,这个"半"相位比"满"相位在亮度上要弱得多,前者的亮度只是后者的1/10! 主要原因是,在明暗分界线附近,太阳几乎只照在地平线上。毕竟,那里不是黎明就是黄昏,这就意味着大量的面积只被很少量的阳光覆盖(想想你在日落时留下的长长的影子)。相反,当来到"满"的相位时,我们看到的小行星上那一面大部分区域正好是中午。因此,我们必须把相位因素考虑进去,才能算出小行星反射了多少阳光,不过这并不太难。

我们只能从少数几个小行星身上得到有关它们质量的初步信息,实际上它们是两个相互环绕的小行星——双小行星。这项工作带来了一个惊喜:大多数小行星的密度都比水小,而构成它们的岩石的密度却是水的5倍[6],它们一定满身窟窿! 这可能是"零重力洞穴探险者"的天堂,但这也会给探索小行星带来一些棘手的问题。这些空隙被称为空洞。也许小行星上的这种"孔状物"本不该让人感到惊讶。早期小行星运动十分剧烈,使它们自身不断分裂,许多小行星只是由自身微弱的引力聚集在一起的碎石堆。奇形怪状的碎石块不可能像墙里的砖块那样整齐地拼接在一起,肯定会留下很多缝隙。15%的小行星存在上述情况,那么这也是其余小行星的典型特征吗? 我们推测是这样的,但不能确定。

有一件事情很简单。我们可以通过观察一颗小行星在旋转时引起的亮度变化来测量它的长度。有些小行星可能非常长和薄。如艳后星(小行星编号216)看起来像一根狗骨头(见图1)。它侧对着我们时要比它直直地冲着我们时亮得多。有了高质量的小行星亮度随时间变化的记录(它的光变曲线),就有可能利用断层扫描技术获得关于其形状的大量细节。断层扫描技术是一种在医学诊断中使用的成像技术,可以同时从多个方向对人体进行X射线检查。我们虽然只能从一个方向观察小行星,但小行星本身会为我们旋转,这给我们提供了便利。在这两种情形中,你都可以计算出所见物体的三维形状[7]。当小行星从恒星前面经过时,会发生掩星现象。恒星"眨眼"的时间能告诉我们小行星有多大,因为小行星移动的速度是已知的。迄今为止,用这种方法测量得到大小的小行星并不多。

艳后星是一个特例,它是1000多颗靠近地球的小行星之一,对于这类小行星,我们可以通过雷达反射信号来主动探测它们的尺寸[8]。当一颗小行星离地球近到足以反射雷达信号时,它便可告诉我们惊人的数据。数据不仅显示它"不是恒星",还能呈现出它的大小和形状、旋转速度、是光滑表面还是粗糙表面(即它对雷达的反照率,金属小行星的反照率尤其高),以及它是否有卫星。雷达信号还可以精确地测量小行星的速度、到地球的距离,并优化其轨道计算结果,以明确排除其(到目前为止)与地球相撞的可能性。其他天文学家对此只能表示嫉妒了,因为我们只能被动地收集遥远恒星和星系发出的电磁辐射。由地球雷达探测到的最远天体是体型较大的主带小行星。再往外,反射回来的脉冲信号会衰减很快。这是因为到达小行星的脉冲强度和它与我们距离的平方成反比,从小行星那儿反射回地球的射电脉冲也会发生同样的情况。于是,同样一颗小行星被放置在2倍远的地方,返回的信号会减弱为1/16;如果是3倍的距离,信号就会减弱为1/81。大多数近地小行星体积很小,只能拦截一小部分我们发出的脉冲,这也进一步削弱了它们反射给我们的信号。即便使用波多黎各直径300多米的巨大的阿雷西博射电望远镜(现已坍塌)来观测,也必须要求它们位于地月距离的20倍以内。

我们想知道更多细节,但是通过山顶的望远镜来实现这一目标似乎不太可能。大多数近地小行星的大小和质量的精确数据都是遥不可及的。我们不得不在1000颗小行星中选出一两颗看起来有希望的,随后逐一访问它们,以便更精确地测定它们的价值。这必然意味着空间任务。

小行星并不是太空时代太阳系探测器的首选,但渐渐地,小行星引起了更多科学家的注意。终于,在21世纪,它们开始受到了真正的尊重。目前正在进行两个小行星空间探测任务,另外还有两个项目正在推进,但即使获得批准,项目实施也需要花费数年时间,而且要实现目标还需要几年时间。截至2019年,共有8个航天器到达距离小行星1000千米以内的区域——有时一项任务能成功访问两个目标。[9]这意味着大约每年就会访问一颗小行星,这比起1999年之前的"白板"来说,着实是个大大的进步。

对于行星探测,NASA有一套准则,用来描述所要经历的四个步骤:飞越、环绕、着陆和取样返回。在这顺序中的每一步产生的信息要比上一步多得多,但也困难得多,因此成本更高。对太空采矿者而言,也可能遵循同样的顺序。

第一次对小行星的飞越是一项探测任务在前往其他地方的途中完成的。NASA在其旗舰级探测器"伽利略"号前往其主要目标木星的途中,轻轻地把它的轨道推了一下[10],充分利用了"伽利略"号穿过小行星主带的机会。首先,"伽利略"号于1991年飞越加斯普拉(Gaspra),距离约1600千米。加斯普拉是一颗石质小行星,体型很大,直径约10千米。两年后,"伽利略"号飞过了更大的小行星——直径约30千米的艾达(Ida),但距离稍远(2390千米)。我们等来了艾达的一个惊喜:一颗直径仅1.5千米的小卫星围绕着它运行。这个卫星后来被命名为达克提尔(Dactyl),是以神话中居住在克里特岛艾达山上的达克堤利(Dactyls)命名的。这是第一个被发现拥有卫星的小行星,而现在我们已经知道了这种情况并不少。值得一提的是,欧洲航天局著名的探测彗星的"罗塞塔"任务顺路造访了另一颗主带小行星卢蒂亚(Lutetia)。[11]卢蒂亚与艾达或加斯普拉相比是巨大的,直径约100千米,相对来说已经是圆的了。

第一个进入小行星轨道的航天器是NASA的"NEAR-舒梅克"号探测器。[12]该航天器以尤金·舒梅克的名字命名,他证明了巴林格陨击坑是由陨石撞击造成的。[这里的"NEAR"一词是指"近地小行星会面"(Near Earth Asteroid Rendezvous),这与"伽利略"号短暂造访的小行星主带有着很大不同。]"NEAR-舒梅克"号探测器在经过三年的飞行后于1999年抵达小行星爱神星,途中还经过了小行星马蒂尔德(Mathilde)。进入小行星轨道意味着要携带更多燃料,因为你必须让火箭发动机点火使探测器减速。曾有一个经典的动画演示能看出入轨有多么困难——一个神秘的故障使探测器开始旋转,它几乎错过了进入爱神星轨道的机会。仅仅24小时的紧张工作之后,"NEAR-舒梅克"号顺利进入轨道,不过燃料也所剩无几。爱神星是早在1898年就被发现的第一个近地小行星。在此之前,所有被发现的小行星都在主带内。爱神星是一颗直径约20千米的石质小行星,它在测量太阳系尺度方面扮演着历史性的角色。就在它被发现三年后,它离地球足够近,以至于位于地球两端的两台望远镜观测到了它在背景恒星下所处的不同位置。就好像你伸出手指,先用一只眼睛看它,再用另一只眼睛看它,你会看到手指在背景上移动。结合其他一些数据,天文学家可以计算出它离地球有多远。[13] 从中他们可以知道太阳有多远,并以此为基础,为整个太阳系设定了尺度。

进入轨道意味着"NEAR-舒梅克"号探测器可以传回比"伽利略"号多得多的图像资料,并且让那些需要长时间曝光的专用仪器拥有了充足的观测时间。原来爱神星是一个土豆形状的小行星,上面覆盖着松散的岩石和砾石。仅仅看到这个细节就已经是向前迈出一大步了。多篇学术论文仔细地讨论了爱神星的地质结构,而在那之前,地质学在传统上只针对地球的岩石。月球学(selenology)用于月球,而火星学(areology)用于火星。(areology一词中前缀来自Ares,希腊神话中战神阿瑞斯的名字。)这些论文中的作者之一尼特勒向我解释说,如果将这种命名方法扩展到爱神星(Eros),起一个"情欲化学"(erotochemistry)的名字,这对温文尔雅的《伊卡洛斯》(Icarus)杂志*的编辑来说太过分了。所以,现在地质学被广泛用于任何行星、月球或小行星。这样显得更简单,而且避免了尴尬。

2001年,在"NEAR-舒梅克"号探测器的主要任务结束时,它的推进剂几乎用完了。NASA的控制人员振振有词地说:"嘿,为什么不这么干呢?"他们让它降落在爱神星表面,于是他们在小行星着陆方面拔得头筹。

---

*国际知名太阳系研究学术期刊。——译者

　　NASA在这一任务成功的基础上，又推出了更为雄心勃勃的"曙光"（Dawn）计划。[14] 这次他们的目标是进入两颗最大的小行星的轨道：2011年到达灶神星（直径525千米），2015年到达谷神星（直径950千米）。谷神星曾被视作最大的小行星，是皮亚齐在1801年发现的第一颗小行星。这两个巨大的主带小行星加在一起占据了全部小行星的大部分质量。

　　尽管困难重重，但人类依然在前进。日本宇航局（JAXA）首次实现了从小行星取样返回。[15] 2005年他们的探测器"隼鸟"号（Hayabusa）对近地小行星"糸川"（Itokawa）进行了绕飞，然后短暂降落。糸川是以日本已故的"火箭之父"糸川英夫（Hideo Itokawa）的姓氏命名的。糸川相对较小，直径只有约300米，但它比所有其他98%的已知近地小行星更容易到达，当然从那里回来也比较容易。"隼鸟"号在旅途中遭遇了一些不幸，但仍然成功地短暂着陆，采集了一份1毫克的表面灰尘样本返回地球。这1毫克是有史以来第一次从小行星取样返回的保持原始状态的样本，这与几乎所有的陨石都不同，我们知道它来自何方。它将天文学家用望远镜观测的目标和陨石学家在实验室中观测的细节之间建立起了直接联系。尽管在过程中遇到了许多麻烦，但"隼鸟"号的任务在科学上取得了巨大成功。不管是不是由于这些尝试，或者干脆说就是因为这些尝试，让"隼鸟"号在日本非常知名，有两部电影是关于这艘尽其所能勇往直前的航天器的。

　　到目前为止，人类所有访问过的小行星都是石质的。虽说造访任何一颗小行星都是好事，但大多数科学家渴望了解碳质小行星。那是因为，科学家们认为它们保存了太阳系最早时期的最好痕迹。没错，玛蒂尔德也是一颗碳质小行星，但来自"NEAR–舒梅克"号探测器的照片并没有透露它是由什么组成的。

　　但是现在我们的愿望实现了。公众对"隼鸟"号的热情促使JAXA

研发了第二个更雄心勃勃的小行星探测器"隼鸟"2号。[16] 这一次的目的地是碳质小行星龙宫（Ryugu）。"隼鸟"2号在经过四年的飞行后于2018年抵达龙宫，并于2020年成功地从这颗直径近千米的小行星上收集到了一份样本。龙宫有着一个特殊的形状——"头尖肚肥身子圆"。对于一个旋转的碎石堆来说，这恰恰是个合理的形状。[17]

"奥西里斯王"号是NASA于2016年向小行星贝努发射的航天器。贝努曾以一个不太浪漫的名字而闻名——1999 RQ36，但"奥西里斯王"号团队希望有个更好的名字。因此，他们与行星协会和LINEAR项目（林肯近地天体研究项目，该项目首先发现了这颗小行星，因此拥有命名权）联合，在小学生群体中举行征名活动，有超过8000份提议蜂拥而至。获胜者是迈克尔·普齐奥（Michael Puzio），当时他是北卡罗来纳州的一名九岁的三年级学生，他注意到探测器长长的机械臂伸向小行星时看起来像起重机的支撑腿。这让他想到了"贝努"，在古埃及神话中鹤神的名字。[18]

"奥西里斯王"号探测器于2018年抵达贝努。和龙宫一样，在此之前贝努也已经有模型了，当"奥西里斯王"号靠近它并拍摄下清晰的照片时，模型被证实了。"奥西里斯王"号携带着一套功能强大的仪器，很快就发现，贝努的水资源很丰富，与人们的期望基本一致。[19] 它将从贝努带回一份相当可观的地表岩石样本，质量可能高达1千克，预计将于2023年在地球着陆。贝努之所以被选为"奥西里斯王"号的访问目标，是因为它是我们所知的为数不多的可接近的碳质小行星之一。科学家们希望它能告诉我们太阳系的早期信息。1千克看起来可能不算多，但要知道加拿大塔吉什湖陨石的原始样品重量也不到1千克，而且真的再也没有其他陨石像它这样未受污染。此外，我们也不知道塔吉什湖陨石来自何处。在这一观点之下，来自"隼鸟"2号和"奥西里斯王"号两个探测器的真正意义上的原始样本，显而易见将改变游戏规则。

　　这次任务的结果也将有助于我们将来设计更好的勘探工具。例如,"奥西里斯王"号团队发现贝努每隔几天就会从其表面往外"扔"石头。[20]这种情况很让人着迷,但是对于小型航天器来说,靠近它也面临一定的危险。他们还发现,它的表面散落着许多砾石,没有很大的空地供航天器着陆。[21]研究小组虽然发现了几个足够大的地方,但需要十分精确地着陆才能采集样本。考虑到往返地球的信号存在时间上的延迟,所以着陆完全是机器人完成的。

　　从几颗小行星上获取样本是向前迈出的一大步。但是望远镜观测表明,小行星有24种不同类型的光谱,我们不知道它们分别代表着何种小行星的组成。我们真希望对所有不同类型的小行星都进行取样。这将意味着我们要找到在预算内让样品返回的办法。

　　NASA对小行星一见钟情。他们还在研发两个新的小行星科学任务——"露西"号(Lucy)和灵神星探测器(Psyche),每一个都将前往一种不同类型的小行星。它们将分别于2021年和2022年发射*,在2025年和2026年到达目的地。"露西"号将前往木星的特洛伊族小行星,并飞越其中的几个。[22]特洛伊族小行星与木星同处一条轨道,在这颗巨行星后方60°的第五拉格朗日点处(L5,一个引力的相对稳定位置)相伴而行(图5);而在木星前方60°,第四拉格朗日点(L4)处,也存在一群小行星,这些自然被称为希腊族。不过,在大多数情况下,这两群小行星被统称为特洛伊型小行星。所有特洛伊族小行星和希腊族小行星都是以荷马(Homer)的古希腊史诗《伊利亚特》(Iliad)中的人物命名的,该书讲述了希腊人和特洛伊人之间的战争。特洛伊型小行星的数量可能和主带小行星一样多,但距离更远,更难到达。从科学上讲,它们很重要,因为它们可能从遥远的太阳系形成之时起就保持不变,直到一颗迁移的

---

　　*"露西"号已经于2021年10月16日发射。灵神星探测器计划于2023年10月10日发射,在2029年到达目的地。——译者

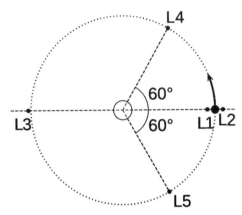

图5 以太阳为中心的行星相应的五个稳定的拉格朗日点分布。另一个天
体,如小行星或卫星,可以稳定地在这些点上运行。L1和L2分别位于行星轨
道径向的内部和外部。L3位于太阳的另一边,与行星相对。L4和L5分别位
于行星前方60°和后方60°。行星,尤其是木星,会让这些点聚集许多小行
星,特别是在L4和L5。对木星而言,它们分别被称为希腊族小行星和特洛伊
族小行星

行星将它们卷向内侧,并被木星的引力捕获,困在这些奇怪的轨道上。

　　NASA第二个新的小行星任务"灵神星探测器"将飞往主带,访问一
个新的世界。它将围绕已知最大的金属小行星——直径约230千米的
灵神星飞行。[23]铁陨石在地球上是很常见的,但从未有人造访过任何
一颗金属小行星,而铁陨石都是这些小行星的碎片。在探测一颗金属
小行星时,我们将首次看到一颗行星中央的核心,或者至少是一颗星子
的核心。

　　NASA的第五步是派遣人类进行探索。我们会把人类送到小行星
上去吗?相比于把人送往火星或其他行星,就其中涉及的"物流工作"
而言,小行星会出人意料地受人喜爱。它们的低重力环境意味着我们
不需要从其表面进行一次剧烈的发射,这样就大大减少了所需火箭推
进剂的重量。尽管如此,将宇航员送往遥远的小行星仍已经超出了当
今火箭的能力。新的火箭,特别是来自美国太空探索技术公司的"星

舰"和"超重鹰"助推器的组合将足够强大,但是我们仍然需要掌握生命支持系统,这些系统必须在没有补给的情况下持续运行一两年。还有来自银河系的宇宙射线,也是我们要克服的危险。派一名宇航员去小行星似乎还不太可能。

那么,换个思路,为什么不把小行星带给宇航员呢?事实证明,原则上我们可以将一颗小型(房子大小)小行星从其原始轨道推到一个更方便我们派人登陆的轨道上。我们可以把这座山带给穆罕默德。*这既需要一定的勇气,还需要大胆的想法。

很幸运,我参与了第一次有关移动小行星的研究。这次会议于2011年在帕萨迪纳的加州理工学院凯克空间研究所举行。这是我经历过的最紧张、最有趣、最有收获的一周。那是个无忧无虑的轻松场面,没有PPT,只有一块黑板。任何人都不阅读或发送电子邮件——否则将承受被投掷长毛绒玩具带来的痛苦!这是一次真正的头脑风暴会议,喷气推进实验室的布罗菲提供了专业协助。

刚开始我认为这是一个疯狂的想法。然而,到了周末,我已经被折服了——这似乎是可行的。作为这间屋子里唯一的一位普通天文学家,我有责任提出悲观的想法,即使使用我们现有最强大的望远镜,要想发现和跟踪一颗房子大小(直径10米)的小行星,也是非常困难的。于是另一种选择很快被提出来:从一个更大、更容易追踪的小行星表面捡起一块类似大小的巨石。我们知道糸川、龙宫和贝努都被各种大小的巨石覆盖。几张近地小行星的雷达图像也显示出有巨石存在。因此,至少在一些方便到达的小行星上,有大量尺寸合适的巨石。因为当你确定了前往其中某个小行星的计划之后,到了那边却发现脚下是一片光滑的岩石,那样就有些尴尬了。

---

* 英语中有一句谚语 If the mountain will not come to Mahomet, Mahomet must go to the mountain.("他若不迁就你,你只好迁就他。")——译者

令人惊讶的是,在这次研讨会结束后的一年内,NASA就采纳了这个想法并付诸实施。这对于一个国家的航天机构来说,是相当迅速的,而且还得到了来自NASA各个中心的强烈响应,有些部门很快就开始致力于涉及的具有挑战性的技术。其结果是启动了小行星重定向任务(Asteroid Redirect Mission,简称ARM)。[24] ARM的目标是把小行星上的巨石带回地月空间。不过将小行星带回到近地空间会引发各种各样的问题。多大的岩石可以被视为可接受的风险? 如果我们犯了一个错误,巨石撞到地球上,它会在进入大气时碎裂吗? 我们能控制它进入大气层吗? 这些都是可以通过适当的测试来回答的好问题。这些担忧意味着ARM任务需要选择一个非常高且稳定的绕月轨道。

一旦进入安全轨道,ARM选择的巨石就很容易被人类发现了。月球距离地球也只有三天的路程。只要人类能够访问,就能允许与小行星一起进行各种各样的测试。我们还可以开始寻找更多的陨石矿物。要做到这一点,我们必须学会像使用细齿梳子一样对小行星妥善处理,避免对其造成太多干扰。如果我们附近有一个轨道实验室,那就容易多啦,这当然比在离家很远的地方用一个小型宇宙飞船来做研究要容易得多。

然而,政治风向发生了变化,几年后ARM被取消了。NASA的新目标是重返月球。那也很好。你必须坚持做一件事,直到完成它,否则你花费数十亿美元却半途而废,到头来就没有真正做过任何事情。

通过陨石来研究小行星是第三种方法。我们不必主动把它们带给我们,只需坐等它们自己到来。它们会来找我们的。陨石学家是一个与小行星科学家完全不同的群体,他们有自己特有的语言和技术。科学家选择研究对象的方式之一是看他们多么喜欢抽象。我们天文学家处于一个极端。我们在整个职业生涯中都在研究奇怪的、与地球迥然不同的东西,但我们从未接触过自己研究的东西。然而对我们来说,恒星、星系和类星体是非常真实的。令我们惊讶的是，其他人觉得这有点太抽象了。地质学家则没有这个问题。你踢一下石头就知道那不是抽象的。对天文学家来说，岩石还没有奇怪到令人兴奋的程度。陨石学家之于小行星科学家而言，就如同地质学家之于天文学家一样，前者手中都攥着他们的研究目标。

陨石的问题是我们并不知道它们来自哪里。仅仅说它们来自"太空"未免太过模糊了。我们想知道每颗小行星分属哪种类型。在坠落到地球的陨石中，有几十个案例具备足够的信息显示它们在大气层中的路径，至少大致上可以计算出它们的轨道。这确实给它们的起源问题提供了一些线索，不过依然无法将它们与具体某个小行星联系起来。我们不知道如果它们在坠落之前出现在望远镜中会是什么样子。要在陨石与小行星之间建立联系意味着要跨越一条巨大的鸿沟，这条鸿沟限制了陨石能告诉我们的信息。

在小行星即将成为陨石前对其进行观测可能会有所帮助。我们能在小行星撞击地球所谓的"死亡跳跃"之前发现它们吗？米级大小的小行星每年撞击地球的数量大约十几个（这个数字非常不确定，因为大概只有 12 个案例）。如此大小的小行星已经足够大了，以致它们的一些碎块会以陨石的形式撞击地面，但它们的尺寸也不是太大，不至于产生任何危险。

如果我们能在撞击前的几天到几周找到它们，我们就可以趁它们仍在太空的时候，用望远镜确定它们的性质：轨道、光谱类型、形状和自转速度等。然后，当碎片作为陨石被收集起来后，详细的实验室分析可以直接用于和望远镜光谱进行比较。哪怕我们只拥有几十颗，也能可靠地将一些常见小行星类型的望远镜特征与其实验室成分联系起来。

第一颗坠落到地面并被全程追踪的小行星是 2008 TC_3。[25] 它是在撞击前 19 小时由"卡塔利娜巡天"项目的理查德·科瓦尔斯基（Richard

Kowalski)发现的。这刚好足够在望远镜上进行数百次天体测量、光度观测以及一些光谱观测了。天体测量很快就被用于重新确定小行星的轨道。幸运的是,轨道显示小行星将撞击苏丹北部沙漠。2008 TC$_3$的陨石是由喀土穆大学教授穆阿维亚·沙达德(Muawia Shaddad)带领的学生团队发现的。(一个小小的巧合:沙达德和我都是英国南海岸萨塞克斯大学的硕士研究生。毕业后我们失去了联系,但奇怪的是,我们两人都在宇宙学的尺度上研究天文学,但同时我们又都找到了通往小行星的道路。)2008 TC$_3$的陨石被命名为"六号车站陨石"(Almahata Sitta),是因为它是在附近的一个火车站附近发现的——"Almahata sitta"在阿拉伯语中是"第六个车站"的意思。

2008 TC$_3$是一个幸运的个案,因为2/3"死亡跳跃"的小行星会落在海洋中,剩下的里面至少一半落在森林和其他无法轻易收集的地方。自2008 TC$_3$以来,我们只发现了三颗"死亡跳跃"的小行星*:2014 AA、2018 LA 和 2019 MO,但是每一次都不太走运。[26]尽管如此,如果提高警惕,每年可能还会监测到几次。如果我们有一两天的预警,即使它们最后没有撞击到比较方便到达的地方,也可能会告诉我们一些事情。这是因为当它们进入大气层时,都会因为岩石及其中的挥发性物质蒸发而形成火球。如果能从附近的飞机上用快速成像和光谱技术研究流星痕迹的明亮光芒,那么就算不从它们身上收集到任何陨石,我们也可以了解它们的强度和成分(尽管不如直接从陨石上了解到的那么多)。地外文明探索研究所的彼得·詹尼斯肯斯(Peter Jenniskens)已经准备在流星雨期间做这项研究。[27]新一代的近地小行星巡天项目将有能力发现大量此类小行星。让我们拭目以待。

---

* 就在本书翻译时又新增一个案例:2023 CX1。北京时间2023年2月13日凌晨被发现,上午10时59分撞击英吉利海峡上空,2月15日高度疑似2023 CX1的陨石碎片在诺曼底海滩被发现。——译者

第六章

恐惧：如何应对小行星威胁

当你面临威胁时，最好尽你所能了解它。2500多年前，中国战略家孙子在《孙子兵法》中写道："知彼知己，百战不殆"。[1]这是一个很好的建议。如果把小行星当作敌人的话，我们该了解些什么？首先，**找到你的敌人**：找到所有的小行星；如果连它们的存在我们都不知道，就无法判断它们是否有可能袭击我们。其次，**追踪它们的运动**：找出哪些小行星运行在可能导致它们撞击地球的轨道上。再次，**确定它们的优势和劣势**：了解它们有多大，但也要了解它们是否容易分裂。一旦我们知道应该忧虑哪几个，就可以精确地追踪它们，向最恐怖的敌人派出我们的"卧底"，看看到底采用什么最好的方法将它们移走。

这种循序渐进的方法是基于我们有充足时间的假设。然而在现实中，我们可能需要一次性完成所有步骤，因为在危险的小行星移动到一定距离之前，我们无法进行所有我们想要的细致观测。或者我换一种说法：近到让人不适才了解它！

在采取任何措施之前，你必须先找到你的敌人。皮亚齐和"天体警察"在天空中搜寻移动的"星星"，发现了最初的几颗小行星。现在我们仍在采用同样的基本方法，但如今因为有了比人眼更灵敏的望远镜和电子探测设备，我们可以发现更暗弱的小行星。自1992年NASA投入资金启动"太空卫士"（Spaceguard）计划以来，搜索就变得越来越深入了。从2004年起的十多年以来，亚利桑那州更强大的"卡塔利娜巡天"项目一直处于小行星搜索，尤其是有危险的近地小行星搜索领域的领先地位。[2] 尽管该项目做了升级以保持竞争力，不过最近，位于夏威夷毛伊岛的"泛星"项目迎头赶上并取得了些许优势。[3]

"卡塔利娜"项目可以追踪到比肉眼所见亮度弱100万倍的小行星。"泛星"项目能发现比"卡塔利娜"能找到的还要暗两三倍的小行星。看上去提升幅度不是很大，但暗弱的小行星比明亮的小行星多得多，这意味着"泛星"项目能将近地小行星的发现率提升近两倍。

对小行星的所有观测（每月200万次左右），都会被送到一个中央信息交换机构——国际天文学联合会小行星中心，该中心也是NASA行星数据系统小型天体的节点之一。[4] 这真是太绕口了！ 那么它是一个宏伟的机构吗？ 是不是有一群身着白大褂的工作人员，聚集在一个严肃的高科技战情室工作？ 并不是。小行星中心（MPC）几乎是小本经营，位于哈佛–史密森天体物理中心的走廊上，只有6个人——当然，他们都是天才。他们有一个平稳成熟的操作模式，经过多年磨炼，能处理每天收到的大量小行星的个人观测资料。没有战情室，也没有白大褂，T恤和牛仔裤是我们的制服。（正是这副身着T恤的书呆子形象让我们自豪地表明了天文学家的身份。）MPC的目录列出了超过20 000颗近地小行星*，每年增加约2000颗。

听起来不错。不过有个问题，我们估计至少还需要40年才能把它们全部找到。我们不想低估我们的敌人！ 我们怎样才能全部找到它们？ 我们能做得更好吗？ 我们可以。目前正在进行的另外两个互补的项目将发现几乎所有潜在危险的小行星：位丁山顶的薇拉·C. 鲁宾天文台的"时空遗珍巡天"（Legacy Survey of Space and Time，简称LSST）项目

---

* 截至2023年5月底，发现的近地小行星数量已经超过32 000颗。——译者

和位于太空的近地天体巡天望远镜(Near-Earth Object Surveyor)。⁵

LSST项目计划在智利北部干燥无云的安第斯山脉里建造一座大型望远镜——西蒙尼巡天望远镜,它被专门设计用来快速扫描整个夜空。从2023年开始,计划在10年里对全天拍摄成对的快照,从而寻找天空中移动的物体,而寻找近地小行星是该项目的主要目标之一。科学家们的目标是找到80%的直径大于500米的近地小行星,以及50%左右直径大于100米的近地小行星。这一目标适用于岩石类的小行星。但是,正常的岩石类小行星能反射大约1/4的太阳光,因此看起来会比较明亮,而碳质小行星的反射率通常只有其1/10。因此,对相同大小的碳质小行星与岩石类小行星来说,碳质小行星要更靠近地球三倍时才能被我们的望远镜观测到。换句话说,一台普通的光学望远镜能够搜索到的太阳系碳质小行星的数量比岩石类小行星少得多。许多小行星都在逃避我们的侦查。NASA喷气推进实验室的科学家埃米·梅因泽(Amy Mainzer,现在在亚利桑那大学)和她的团队曾在2011年估算,虽然我们已知直径在100—300米范围内的近地小行星约2000颗,但可能还有多达80%尚未探测到。⁶碳质小行星仿佛是太阳系中的黑衣忍者。

至于小行星探矿,解决方案是使用探测红外光的望远镜。有一部分不能被反射的阳光被小行星吸收,使岩石升温。这使得它在红外波段发出黑体辐射。在可见光下暗淡的小行星在红外波段下会显得更亮,这就解决了我们的问题。那么,我们为什么不对天空中所有移动的红外"星星"进行大范围调查呢?因为地球上的任何地方都不适合放置红外望远镜:天空太亮了。这是由于大气层的温度与我们想要发现的小行星温度差不多,在小行星黑体辉光对应的波长上,大气层也是明亮的。但如果我们离开大气层,进入真空的太空,红外天空就会变得非常黑暗。更妙的是,没有那么多恒星和星系会像在可见光当中那样杂乱无章。(天文学家们肯定会反对他们钟爱的研究对象被形容为"杂乱",

这就是他们称小行星为"**天空害虫**"的原因!)因此,在太空中使用红外望远镜是一个不错的选择。然后你可以看到小行星的移动并追踪它们的轨道,观察是否有小行星可能撞击我们。

已经有一台小望远镜被发射到太空,在红外波段观测整个天空,它叫作WISE(高明的),这不仅因为它设计精良,还因为它的全名是**广域红外探测器**(Wide-field Infrared Survey Explorer)。[7]WISE取得了巨大成功,证明该方法是有效的。小行星清晰地显示在WISE数据中,由于WISE反复扫描天空,所以行星在移动时就会被跟踪,从而与固定不动的恒星区分开。

但是,进入太空的成本很高,而且专门用于"杀手小行星"的猎人卫星的资金尚未落实。梅因泽一直在领导一个研究团队,以完成这样一个专项任务。团队的计划是将一台望远镜放置在距离地球100多万千米处地球和太阳之间的一个特殊位置,即第一拉格朗日点(经常被标记为"日地L1",见图5)。在拉格朗日点,地球和太阳的引力是平衡的,因此航天器可以留在那里。保持在地球轨道内侧,再加上一些巧妙的挡板来阻挡阳光,就能使这台望远镜搜寻天空中的近地小行星,甚至像车里雅宾斯克小行星那样从太阳方向接近地球的小行星。在4年的巡天扫描中,它将发现2/3以上的"杀手小行星",以及一些危险系数低一些的小行星。NASA已决定执行这项任务,作为其行星防御计划的一部分。主管科学任务的副局长托马斯·祖尔布钦(Thomas Zurbuchen)宣布,"近地天体勘探者"(NEO Surveyor)最快将于2025年发射升空。这是个很好的时机,届时LSST也将全面投入运营。

LSST项目和近地天体监视任务将联手发现90%以上直径140米的近地天体,还会告诉我们每个天体有多大。结合红外和光学测量,我们将测得它们的反照率,从而初步了解小行星是由什么组成的。这两项巡天任务不仅有助于减轻我们的恐惧,也有助于满足我们的好奇心,然后,将会如我们即将看到的那样,为我们的贪婪找到一条出路。

首要任务是追踪小行星的运动。目前,我们需要大约三个晚上的观测才能确定小行星的轨道,这样才足以判断它是否有潜在危险。这是有用的情报,却并不总是足以让我们在它下一次逼近地球时发现它——它是明日"幽灵"。如果我们不能再次找到敌人,那么就算我们一开始就找到了它,也会失去大部分意义。我们知道存在威胁,但我们无能为力。

在这方面空间天文学能帮助我们。"固定"的恒星并不是真的静止不动,万物在相互引力的影响下产生运动。但大多数恒星的运动非常缓慢,所以在大多数情况下,它们可以被认为是静止的。然而,了解它们是如何运动的,可以告诉我们很多关于银河系结构的信息,以及恒星是如何演化的。因此,2013年12月,欧洲航天局发射了"盖亚"(Gaia)卫星。[8]"盖亚"测量了10亿颗恒星的位置,其精确度是以往任何一次同类观测的100倍! 通过5年的重复测量,"盖亚"揭示了数百万颗恒星在银河系边缘的运动。超级精确的"盖亚"动态星图让我们能够更好地追踪小行星。天空中的任何一小块区域,比如一台大型望远镜拍摄到的图像,总有十几颗或更多被"盖亚"追踪的恒星。我们利用"盖亚"的星表,能够比以前更精确地确定小行星在天空中的位置。现有的巡天已经逐渐采用"盖亚"星图,而LSST项目将从一开始就使用它。这有助于我们找出那些可能撞击地球的物体,并让我们再次找到它们。谁都不想失去敌人的踪迹。

接下来,我们就必须观察任何潜在危险小行星的优缺点。我们需要知道每一个小行星的危险程度,以及针对每一个威胁的最佳防御措施是什么。

小行星的总质量和速度决定了它有多少动能,这也能告诉我们,如果它撞击地球,会产生多大的爆炸,以及让它转向有多困难。这种能量通常表示为"相当于多少百万吨TNT"。这就是核弹的分级方式,目的是进行一个相对简单而又可怕的比较。

我们如何测量出小行星的百万吨级当量呢?质量等于体积乘以密度。如果我们知道小行星的大小,就可以很容易地计算出它的体积。但是,准确地获得尺寸是很困难的,我们在计划中的"近地天体勘探者"任务进行之前,得不到这些暗黑天体的精确尺寸。就目前而言,这些测量数据非常少。从地面发射的雷达可以为我们提供非常好的对小行星尺寸的测量,得到更多信息,但是只适用于接近我们的少数小行星。这时候所测量的小行星已经存在潜在危险了,但这仍然是有帮助的。损失阿雷西博望远镜是一大挫折。但是,仅仅知道大小并不能准确地给出小行星的质量,因为小行星内部存在巨大空洞的情况似乎也很常见。

如果我们能直接测量小行星的质量,这一切就会容易得多。我们可以用望远镜来观察小行星的引力效应。我们对双小行星系统就是这样做的。双小行星指一对小行星构成的系统,约占所有小行星总数的15%。实际情况是一个小行星在受到另一个小行星引力影响而靠近时会发生偏转。这就是为什么我们得以发现灵神星的密度如此之高,推测出它一定是金属的。但是这种情况并不多见。我们还可以利用亚尔科夫斯基效应(Yarkovsky effect),测量太阳光的再辐射对小行星轨道的改变程度,同样大小的小行星,更重的偏移距离更小。但这是一个非常小的影响,至少目前来说,很难确定。这将需要找几个小行星"幽灵"来测量其可靠性,而且需要花费10年或更长时间,但我们不愿意等待那么久。

这会让我们的远程望远镜疲于奔命。

我们知道的是每颗小行星可见光波段的亮度。如果我们知道小行星表面对光的反射程度,那么就可以从亮度得出大小,这与我们之前讨论过的反照率的道理相同。不幸的是,小行星的反照率范围很大,从

1%到60%不等！除非我们对它有更多的了解，否则任何已知小行星有可能是又暗又大的，也有可能是又亮又小的。不知道究竟哪个才算是坏消息。如果我们的不确定性相差4倍，那么意味着我们面临的未知小行星撞击地球的能量将相差60倍！到底是100万吨级还是6000万吨级？我们吃不准。

仅仅知道小行星的颜色就能告诉我们小行星是石质的还是碳质的。[9]这对我们大有帮助，因为这两种类型的小行星占近地小行星总数的近90%，而且每种类型的反照率范围都很窄。（不幸的是，剩下的10%是未知的，其中包括更危险的金属型，它们在整个反照率范围内都有分布。）如果知道了小行星是石质或碳质的，就可以将其反照率限制在更小的范围内，因此其体积和撞击能量也可以被很好地限制。这虽说不是一个完美的解决方案，却是一个巨大的进步。

对小行星颜色的测量必须精确到1%，因此需要一个相当大的望远镜才能很好地测量出更多微弱的颜色。必须对数据进行许多仔细的修正，这些结果才能被信赖，只有训练有素的专业天文学家才能真正得出值得你去"押注"的数字。采集这些信息的项目正在研发中。亚利桑那州弗拉格斯塔夫附近的洛厄尔天文台的研究人员尼克·莫斯科维茨（Nick Moskovitz）有一个被他称为"MANOS"的项目，它的意思是"航天任务可访问的近地天体巡天"。[10]这些"任务可达行星"是我们第一批可用于采矿与科研的小行星，它们往往也有潜在的威胁。莫斯科维茨的团队已经组装了一系列望远镜，其中一部分归洛厄尔天文台所有，一部分则由公众运营。它们每年能发现大约300颗近地小行星。这是向前迈出的一大步，但是如果想要达到每年发现2000颗新近地小行星的速度，甚至类似薇拉·C.鲁宾天文台那样更快的速度，我们就必须迅速扩大这些项目的规模。有了良好的轨道信息，我们才能集中精力研究那些少数的有潜在危险的小行星，以及我们更容易到达的小行星。

　　接下来就该派出我们的"间谍"了。为了得到小行星的质量,我们必须测量它们的密度,光用望远镜远程观测是不够的。由于许多小行星有多达80%的空间是空的,如果没有密度,我们也就无法获得潜在的撞击当量。要确定任何一颗小行星密度的唯一方法就是去那儿,随身携带雷达系统或其他一些可以穿透其内部的设备。该探测器还可以携带其他仪器来测量它的质量,同时发现小行星是由什么组成的。它们将提供我们想知道的关于一颗危险小行星的大部分信息。

　　然而这并不是一个廉价的提议。行星际航行极富挑战性,我们将在稍后详细探讨这些挑战。即便使用最小的卫星,每一颗也将花费100万美元,甚至可能数千万美元。如果派遣100名这样的间谍,显然费用太高。这意味着,我们首先要尽可能利用望远镜找出少数几个对我们构成最大威胁的天体,这样才能得到巨大的回报。

　　如果我们尽己所能掌握了少数几个真正危险的小行星的所有信息,接下来我们将如何处理它们呢? 最好是像追踪和保护鲨鱼那样,在小行星的"鼻子"上打上一个标签。[11] 不过,与鲨鱼不同的是,我们并没有打算吓跑小行星。相反,我们试图让它走得慢一点,这样当它穿过地球轨道时,就不会妨碍到我们的星球了。(或者,我们可以用"皮带"牵着它,让它加快一点儿速度。任何一种方法都可以。)将一颗可能成为杀手的小行星减慢每秒几毫米的速度,就将令它在10年后与我们擦肩而过。这种方法的原理是"动量守恒"。牛顿告诉我们,"每个动作都有一个大小相等且方向相反的反作用力"。这意味着,如果你朝一个方向扔东西,你会被推向另一个方向。火箭的原理也来源于此。动量是质量乘以速度。一个系统的总动量永远不会改变,因为它是"守恒的"。火箭的工作原理是以非常快的速度喷射出相对较少的推进剂质量。相对于喷射出去的推进剂而言,更大质量的火箭以相对较小的速度向相反方向移动。用质量乘以你扔出去的物体的速度,就可以知道火箭移动的速度,因为它的质量乘以速度的值与前者是**完全**相同的。因此,尽可能快地喷射推进剂是明智的做法。撞击"杀手小行星"的情况与之相似——一个快速移动的小质量物体突然撞击一个大质量的小行星,小质量物体的运动被阻止,它将其所有动量提供给更大质量的小行星,使小行星减速。

但是你怎样迎头撞击小行星呢? 有4种方法:锤子、核弹、拖拉机、台球。

第一种方法:用你手里最大的锤子去砸它! 这种锤子在业内被称为动力冲击器,它不需要炸药。问题是我们能发射的最大号的锤子只有几吨重,而小行星至少有几千吨。所以这似乎是以卵击石,石头不会动太多。但是如果"卵"移动速度极快——像子弹一样快——那么石头就会跳起来。

欧洲航天局希望与NASA合作,尝试一次用锤子使小行星偏转的真实测试。为什么要那么麻烦? 我刚才不是解释过锤子应该使小行星减速多少吗? 没那么快。我们暗自假设了小行星在撞击后会保持完整。然而在现实中,撞击会激起碎片。那么到底有多少碎片,碎片往哪个方向移动,实际上都会引起动量变化。如果小行星碎片朝着撞击器产生的方向向后飞,会进一步减慢小行星的速度,因为它会吸收小行星的动量。但问题是,没有人知道这个"乘数"会有多大。它可能几乎为零,也可能很大,答案会截然不同。这个答案会告诉我们,为了拯救世界,我们需要向小行星投掷多大的锤子。

该项目的第一个版本被称为小行星撞击和偏转评估任务,简称AI-DA(Asteroid Impact & Deflection Assessment)。它的名字来自威尔第(Verdi)的著名歌剧《阿依达》(*Aida*),后者讲述了埃及公主被埋在金字塔里,这看起来这个任务的名称倒是恰如其分的。"阿依达"任务有一个歌剧般的目标——第一次有意改变太阳系天体的轨道,它确实会溅起很多岩石,但不是金字塔。可是,就像许多歌剧作品一样,AIDA任务超出了预算,被取消了。美国正在继续相当于AIDA任务一半的项目,后者被称为双小行星重定向试验,缩写为DART("飞镖")*。"飞镖"就是一个锤子。欧洲航天局的小行星撞击任务(AIM)将成为"飞镖"的观众。[12]

因为这只是第一次测试,"飞镖"根本无法移动小行星。任务的设计者想出了一个聪明的计划,让他们可以测量到小行星的哪怕是极微小的速度变化。他们没有选择撞击一颗独立的小行星——在那里很难知道究竟移动了多少,而是选择撞击小行星狄迪莫斯(Didymos)的微型卫星。在希腊语中,Didymos的意思是"双胞胎"或"孪生兄弟"。它的发现者、太空观察小组成员约瑟夫·蒙塔尼(Joseph Montani)在数年后其卫星被发现时提出了这个名字。[13]这颗小卫星的轨道距离狄迪莫斯只有1000多米,它还没有正式的名字,所以任务规划者们开始称它为狄迪月(Didymoon)。[令人厌烦的是,有一段时间他们正式称它为狄迪莫斯-B。这一点都不好玩。幸运的是,最终他们想出了一个新名字狄默尔弗斯(Dimorphos),这在希腊语中的意思是"存在两种形式"。[14]虽不如狄迪月好记,但是也没什么好抱怨的。]** 雷达测量显示,李大星的直径约为800米,与迪拜哈利法塔的高度相近,而李小星的大小如足球场一般,直径约150米。[15]它们每天彼此环绕两次。它们会接近地球,但从未穿过我们的轨道,这使得这项试验很安全。如果在一个可能会真正撞击我们的小行星上进行练习,万一不小心出错,那就不好了。最好是等到我们确定了有效的方法再进行试验。

---

* DART航天器于2021年11月24日发射,2022年9月26日成功与预定目标相撞。——译者

** 在中文里,考虑到狄迪莫斯有"孪生兄弟"的意思,因此把狄迪莫斯称为"李大星",把狄默尔弗斯称为"李小星"。为了方便读者记忆,我们将用中文名来称呼。——译者

　　用锤子撞击一个足球场并移动它绝非易事，即使在零重力的环境下也是如此。要知道你移动了多少也很难。该计划将把这项工作分为两部分：NASA将让"飞镖"瞄准孪小星，并在2022年底孪小星飞过地球附近时，让"飞镖"对其进行猛烈撞击。（所谓"附近"，在太空中仍然相当遥远，具体到这个案例，大约是地月距离的近300倍。）"飞镖"的质量为0.5吨，它将以每小时约20 000千米的速度撞过去，比孪小星环绕孪大星运动的轨道速度快3000倍。孪小星的质量是"飞镖"的700万倍，所以动量守恒告诉我们，"飞镖"将使孪小星的轨道速度仅仅改变每小时1.4米。一只蜗牛都跑得比这快。[16]但是，这足以将孪小星的轨道周期改变8分钟*，这个变化并不难探测，不过必须测量得极为仔细。这就是欧洲航天局制造的航天器的用途了。

　　欧洲航天局的新计划仍然是访问孪大星–孪小星，不过并不是去及时见证其影响。取而代之的是派出一个全新的以希腊婚姻女神"赫拉"（Hera）命名的探测器，于大约4年后到达。虽然它将错过一些精彩动作，但仍然能够准确地测量孪小星变化后的轨道，以了解"飞镖"牌锤子的效果。为了填补空缺，"飞镖"将自己携带一颗微小卫星，在撞击发生前与"飞镖"分离，以拍摄整个撞击事件。"赫拉"也将携带两颗小型卫星，它们可能会冒着更为接近孪小星的风险（但不至于危及整个任务），检查"飞镖"的撞击点，并测量孪小星的内部结构。

　　即使"飞镖"和"赫拉"两个任务测量出了一个很好的乘数，即使我们可以向致命的小行星投掷我们手里最大的锤子，但对体育场大小的小行星也只能产生非常小的影响，这一点仍然是事实。这意味着，如果我们要把一颗真正危险的小行星推开，我们需要在小行星撞击地球之前好几年就将其送出，如此一来，小行星速度的微小变化才能在它到达

---

　　* 根据2022年10月NASA的一份报告，"飞镖"任务让孪小星的公转周期实际减少了32±2分钟。——译者

地球轨道时累积产生巨大的变化。但在现实生活中,从发现这颗危险的小行星到制造我们所需要的"锤子",再到准备发射火箭,还需要一段时间。这就是为什么我们现在通过在类似李小星那样的小行星身上先练习,来学习如何对付杀手小行星,这种方法获得了更多的支持。如果我们知道自己需要什么,那么就可以提前做好准备,并随时准备好。

核弹是另一种迎面打击致命小行星的方式。科学家最喜欢的电影是1998年的《绝世天劫》(Armageddon),但大多数情况下却不是正面的。他们往往会嘲笑布鲁斯·威利斯(Bruce Willis)扮演的那个粗野的角色应对威胁的方式。他坐着火箭进入太空,以阻止一颗巨大的小行星撞击地球。他钻入小行星里面,在其深处放置一枚核弹,打算把整个小行星炸毁。我并不想说他成功与否,也不想说他身上发生了什么——我不做迟到几十年的剧透者。当时,我们大多数科学家嘲笑布鲁斯,是因为炸毁这颗小行星根本起不到任何作用:所有碎片仍会停留在原先的轨道上,然后撞击地球——布鲁斯所做的,只是制造了一群较小的岩石,让它们撞击地球上更大的范围。

但是,我们的偷笑是错误的。新墨西哥州洛斯阿拉莫斯国家实验室的普莱斯科及其同事进行的最新计算表明,使用"核武器"确实是偏转或驱散致命小行星的最佳方式。[17](这些计算来自美国两个核弹研究中心中的一个,这个情况是否会让科学家们产生偏见?我真的不这么认为。虽然可能最初的动机并不一致,但这并没有改变他们的计算。科学家和大多数学者一样,对发表任何可能破坏他们声誉的东西都非常敏感。)普莱斯科发现,在小行星内部但不是内部深处引爆核武器,比在其表面爆炸效果要好很多。在表面爆炸意味着爆炸的一半能量会损失到太空中。在几米深的洞里爆炸意味着更多的炸弹能量进入小行星。通过在内部引爆,被传递到岩石中的爆炸动量更大,那么小行星被向后踢出的幅度越大。比起表面爆炸,这两种效应都更能减缓小行星的速度。在核弹爆炸前1毫秒左右,发射动能撞击器撞击小行星,就可以形成足够深的陨击坑,而随后而至的核弹爆炸威力比动能撞击器大得多。这样一来我们就不需要这么长的预警时间了。冲吧,布鲁斯·威利斯!(好吧,他真的不需要挖这么深,但那样就把影片结局给毁了。)

给小行星迎面打上一拳,差不多也就这样了。那么,用皮带拉它会怎么样呢?

在小行星周围放一个真正的套索,然后拽动它——这并不是一个疯狂的想法(真令人惊讶)。小行星重定向任务(ARM)本来可以做到这一点,但最终被取消。最初的想法是把整个小行星装在一个袋子里,把它捆起来,然后把这个收紧的袋子和小行星一起推到或拉到地球轨道。你必须有一个相当大的袋子,但它未必需要非常结实。在失重状态下,里面的大石头不会用力推袋子。使用的火箭将是用于在赤道周围的地球静止轨道上重新布点电视卫星的火箭的放大版。这些火箭在推动时很轻柔,但可以持续推动很长时间。这与我们更熟悉的化学火箭大不相同,后者燃烧剧烈但工作时间短暂。

对于这种使用"麒麟臂"移动小行星的方法,存在着很多疑问。首先,正如我们之前看到的,许多小行星只是一堆松散的岩石,其中有很多空隙,这些岩石被微小的引力束缚着。如果轻轻地推动小行星,即使它已经被装入袋子里,也可能使松散的石块彻底重新排列,就像零重力雪崩一样。这可能会让我们的小火箭偏离轨道,或者把袋子弄破。

重力牵引机是牵引小行星最可靠的方法。它避免了许多潜在的问题,因为它从不接触小行星,而是利用重力。这不是科幻小说中的牵引光束,而是两名宇航员卢杰(Ed Lu)和斯坦利·洛夫(Stanley Love)在2005年发明的。[18]你只需将可提供的最大质量放在小行星的一侧,让质量产生的重力作用在小行星上。不需要绳子或袋子就能让小行星改变运动状态。但这种变化很慢,因为引力很弱。如果投送一个20吨重的航天器持续作用一年时间,你可以将一颗直径200米的小行星的速度改变每小时0.2千米,而这仅相当于一只海龟的爬行速度。[19] 重力牵引机是可靠的,因为重力总是在那里,你根本不需要接触小行星。但你必须一直使用火箭来保持与小行星的距离,否则它会撞上航天器。你还必须确保牵引机的喷射器向小行星一个侧面发射,否则它们的羽流撞击小行星会抵消重力的拖拽效果。如果有足够的预警时间,我们现在就可以使用这种方法,20年就够了。然而,这依然是一个相当令人畏惧的时间尺度。在那之前,我们至少还需要5年来了解这一威胁,才能建造并发射重力牵引机。人类不太擅长应对未来那么远的威胁。

有一种方法可以加快速度。"增强型重力牵引机"可以将20年缩短为2年。[20] 增强型重力牵引航天器能从"杀手小行星"上捡起一块比自身大得多的巨石,并将其抓住。如果巨石的质量是航天器的10倍,那么对小行星的引力将是航天器产生引力的10倍。如果我们发现很难找到一颗足够小的小行星放进预先设计的袋子里,那么小行星重定向任务打算测试捡起一块巨石的想法。先做一下测试似乎是个明智的主意。问题是,在你选择使用这种方法之前,你必须知道你的目标小行星上有巨石。如果到达那里却找不到合适的石头,你就不得不说:"对不起,地球,但我们还需要18年,所以我们都会死。这是我的错。"

最后一种技术是"太空台球"。车里雅宾斯克事件发生后,俄罗斯人非常积极地想办法阻止来自太空的杀手小行星。俄罗斯科学院天文研究所的科学主任鲍里斯·舒斯托夫(Boris Shustov)在慕尼黑附近加兴举行的一个研讨会上告诉我这个计划。他的团队想出了利用小行星本身来对抗自己的想法。动能撞击器的问题在于,这个"锤子"不够大。该俄罗斯团队建议使用一艘宇宙飞船撞击大量房屋大小的小行星中的一颗,从而使其偏转以撞击威胁更大的体育场大小的小行星。KinetX航空航天公司的戴维·邓纳姆(David Dunham)与该俄罗斯团队合作,宣传了这一想法。[21] 这个方案体现了良好的动量守恒应用效果，一颗较大的小行星将比我们的一艘相对较轻的航天器减慢更多速度。因此出现了"太空台球"这一称呼。这些小行星数量充足，以至于人们几乎总能在一个方便的地方找到一颗合适的小行星，并将其移动到一条拦截"杀手小行星"的轨道上。虽然操纵这样一个巨大的物体击中数百万千米外的一个小目标是一件棘手的事情，但在原则上似乎是可行的。该计划确实需要较小的小行星绕地球旋转，将其置于正确的轨道上，令其加速运行。我们可能不想冒这个险，除非我们在围绕太阳移动的小行星身上进行更多的实践。

至少，舒斯托夫的团队给我们寻找直径10米级的小行星提供了一个强有力的动力。我们必须聪明地想出一种寻找方法，因为这些小岩石看起来真的非常暗弱。

哪种方法是拯救地球的最佳选择？选择什么方法取决于威胁是什么，以及你需要花多少时间来解决它。如果你有很多时间采取行动，那么重力牵引机是最好的，因为无论你处理的是什么类型的小行星，它都会持续地工作，小行星如何旋转或翻滚都不重要。如果小行星能稍微配合一下，上面有一些容易抓取的巨石，那么增强型重力牵引机就显得更好了。但是如果你距离撞击的时间只有几年了，那么使用动能撞击器或许是更好的选择，或许核武器也是一条可行之路。如果你面对的是一颗巨大、快速移动的彗星，那么"打"太空台球可能是唯一的选择。

一些人会担心"双重用途"——小行星被用作武器。如果地球上有几个机构能够共同努力消除小行星威胁，那么是否存在其中一个机构私自使用相同的技术来制造威胁？与撞击地球的小行星相比，与地球擦肩而过的小行星要多得多。把其中一个推入一条与一个所谓敌国的首都相交的轨道，听上去可能很有诱惑力。如果罪犯可以将破坏归咎于自然原因，那这种犯罪行为可能会变本加厉。

不过,由于几个原因,这种情况不太可能发生。刻意改变小行星轨道而撞击地球需要数年时间。要想让它成为一种有用的武器,你必须有一个非常长远的计划。在你的敌人被击中之前,也会有几年预警时间,他们有足够时间以更直接的方式先发制人地攻击你,也有足够的时间自己采取行动使小行星偏转。此外,为了隐藏你的意图,你还必须避免发射的火箭被追踪。行星防御会议演习表明,只要一个小小的错误,撞击点可能就会移动到另一个大陆上。你需要满足的精确定位要求已经远远超出了当前最先进的技术水平,所以你有很多开发工作要做。还有,对地球附近的任何轨道进行修正都将是显而易见的,作为肇事者,你一定会暴露的。总之,在洲际弹道导弹上安放炸弹,比这容易许多。

◇ 第七章

贪婪：小行星勘探

    作为一名矿工，他需要知道什么？深空工业公司（Deep Space Industries）原首席执行官费伯告诉我，矿工只需要一个信息——"是矿石吗？（答：是/否。）"其他任何信息都只是支持信息。矿石这个词对矿工有特殊的意义。矿石不单纯指某种理想材料的富集。正如小行星采矿的早期先驱索特指出的："矿石是商业上有利可图的材料。"[1]换句话说，"矿石"是"我们可以通过开采这些东西获利"的行业的简称。费伯看似简单的阐述很快就产生了另外两个问题："矿石中有水吗？""我们能把它提取出来吗？"问题还不限于这两个。有多少勘探工作足以让这些问题的答案变成"是"？我们已知的所有近地小行星中，你如何决定到底访问哪颗？有三件大事需要了解：可获得的矿石质量、提取矿石的难易程度，以及进出小行星的难易程度。于是，这成为一个有关地质学、工程学、天体力学和火箭科学的问题。听起来很简单，对吧？

    在地球上找矿需要几个阶段，同样的渐行渐近的方法可能会用于小行星。[2]陆地采矿公司先对公共的普查情况进行初步搜索，以生成目标区域的列表。然后，他们开始绘制目标的详细地图。接着，他们必须先通过采样小岩屑，对矿物进行接触，再进行初步钻探，以更好地了解矿石大小，之后进行资源评估，需要花费足够的时间进行钻探、对矿石进行取样，以获得对矿床大小的把握。一旦这一切都完成了，且每个阶段都取得了成功，接下来就会进行严格审慎的可行性研究，评估可能影响利润的所有因素。

勘探小行星的不同之处在于要找到一颗小行星就已经很困难了，何况勘探成本十分昂贵。在地球上，地质学家"前往"目标地点的早期步骤，只能是用望远镜遥不可及地去观测，我们在前一章里已经讲过了。只有在这个阶段已经竭尽所能后，才会派航天器前往选定的少数几个小行星，在近距离轨道上进行详细测绘。着陆在小行星上采集岩屑样本，或在小行星内部深入钻探，类似这种危险得多的工作可能是第三阶段的事。在所有这几个阶段中，派遣一名地质学家前往现场或许是最好的选择，但这是不可能的，因为这需要更多费用，而且会给你的现场人员带来更多的健康危害。[3] 相反，这一切都必须通过机器人来完成。我们倒不必慢慢来。不妨遵循蓝色起源火箭公司的座右铭"Gradatim Ferrociter"。这是一句拉丁语，意为"步步为营，勇往直前"。[4] 我们就要开始了。

并非每座山都有金矿。小行星是在太空中飞行的山脉，那么同样的道理，如果它们中有许多其实并不那么值钱，我们也不必感到惊讶。毕竟我们都知道，地球上只有少数山脉（矿脉）值得开采。美国科罗拉多州的一张金矿地图显示，它们几乎都位于落基山脉的一条非常狭窄的地带（图6）。[5] 这并不奇怪。矿石本质上是高度浓缩的，黄金必须超过一定的集中度才能使采矿业盈利，所以黄金的分布一定是不均匀的："高点"必须与更多的拖后腿的"低点"相平衡。因此，我们是否应该认为只有少数小行星含有矿石呢？应该说，并不多，因为小行星上起作用的地质过程相对较少。事实证明确实如此。这意味着，有抱负的小行星采矿者们将不得不筛选大量无用的小行星，才能找到一些理想的小行星。这迫使矿工们先排除许多显然没有前景的小行星，以便将精力集中在剩下的更好的"赌注"上，直到他们筛选出一小部分最有获利希望的小行星。

我们想知道到底有多少小行星含有矿石。确定一座特定的山或小行星是否含有足够的矿石值得开采,必须考虑几个因素:矿石总量,采矿和上市的成本,以及矿产的售价。因此,当我们寻找有价值的小行星时,我们需要对整个小行星群进行筛选,不仅找那些富含铂、水或其他珍贵资源的小行星,而且找那些已经考虑了所有限制因素的、对采矿有利的、个头较小的小行星。

为了弄清楚含有矿产的小行星预计会有多少的问题,我借鉴了弗兰克·德雷克(Frank Drake)著名的搜寻地外文明(SETI)的搜索方法,并厚着脸皮将其应用于小行星采矿。我希望含矿小行星会比外星人更常见。德雷克的目标是估计我们银河系中有多少文明可以接触。他的方法是通过一种既简单又聪明(因为清晰明了)的方式对费米的疑问 ——"他们在哪里?"——进行阐述,使其系统化。

德雷克计算了银河系中恒星的数量,并问了一个问题:"会有多少

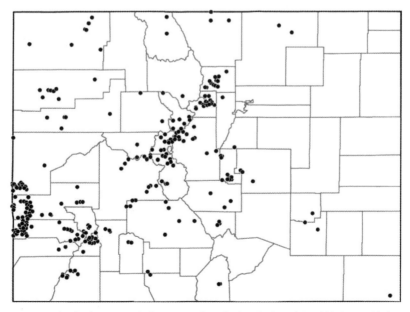

图6 科罗拉多州硬岩矿地图,显示出那些矿聚集在一个相对较小的区域内

恒星拥有行星围绕着它们运转?"然后是:"这些行星中有多少位于允许存在液态水的'宜居带'内?"这些还不是答案。他还不得不提出这样的问题:"在宜居行星中,又有多少能支持生命呢?""有生命的行星中有多少能够产生文明?"他的最后一个问题是:"有多少文明产生了我们能够探测到的无线电波?"每一个问题事实上都将外星文明可能存在的数量进一步减少,仅为上一个问题后所剩数量中的一小部分。因此,如果你知道所有这些因子,那么将它们相乘,就得到了银河系中可能存在外星文明的恒星数。(他实际上研究的是比例而非总数,即每年有多少恒星诞生,有多少文明死亡,但显然总数更易理解,而且这种方法与小行星更相关。)

他总结了整个思路,形成了长期以来为人们所知的"德雷克方程"。[6]它写出来是这样的:

$$N = R \times f_P \times n_E \times f_l \times f_i \times f_c \times L。$$

这是一个很长的等式,但应该不至于把你吓倒。它说的是,银河系中可探测文明的数量(N)等于恒星形成的速率(R)乘上若干个因子(小数)。它们是:有行星的恒星比例(f_P),每颗恒星周围拥有的类地行星的数量(n_E),行星中拥有生命的比例(f_l),有智能生命的比例(f_i),以及有足够好的、能够让我们探测到的技术的比例(f_c)。最后,所有这些数字乘以文明的平均寿命(L)。

1961年,德雷克在西弗吉尼亚州格林班克新建的国家射电天文观测台的黑板上写下他的方程时,除了恒星形成的速率,其他因子都是完全未知的,只能靠猜。40年来,许多人因为这些未知数而嘲笑他的方程。然而现在,由于系外行星研究领域爆炸式发展,尤其是由于NASA"开普勒"望远镜任务的巨大成功,前两个因子已经被敲定了,而有关生命的部分正在努力研究中。到目前为止,答案是令人鼓舞的——假设你喜欢充满生命的银河系。刘慈欣的科幻三部曲基于"三体问题"而展开,(此处为剧透)并警告说这可能不是一件好事。

德雷克并不指望他的方程式能够得到答案,至少不是立刻得到。相反,他的方程式的厉害之处在于帮助我们思考问题,并指出我们必须首先解决更容易处理的小问题,才能回答这个大问题。

同样的方法也可以帮助我们进行小行星采矿。我们可以把"有多少个含矿的小行星"这样的大问题分解成一系列简单的小问题,然后一一作答。[7]我们知道有多少已知的小行星大到可能含有价值10亿美元的矿物,记作$N_{直径}$。我们想知道的是含矿小行星的数量$N_{矿}$。要想成为含矿小行星,这些小行星必须既有丰富的水或贵金属资源,还必须是今天的火箭可以到达的。

从$N_{直径}$到$N_{矿}$可分为四个步骤。第一,所需小行星类型的比例(记作$f_{类型}$):主要指拥有水的碳质小行星,以及拥有贵金属的金属小行星。第二,我们需要合适类型中富含水或铂的比例(记作$f_{含矿}$)。第三,我们需要知道,到目前为止,有多少比例的小行星是我们能借助现有的火箭抵达并带回足够大的矿石有效载荷(记作$f_{火箭}$)。第四点,也是最后一项,我们只关心那些我们可以盈利的工程项目(记作$f_{工程}$)。好了,我们把这些小数相乘,就能知道小行星中有多少是含矿的:它们究竟算是常见的还是罕见的。实际的$N_{直径}$是我们已知的小行星总数乘上一个比例,这个数字比我们掌握的最小尺寸的小行星总数少不了多少。这些很难用语言描述,还是用简明的数学语言来描述吧,小行星采矿的方程式如下:

$$N_{矿} = f_{类型} \times f_{含矿} \times f_{可达} \times f_{工程} \times N_{直径}。$$

《新科学家》(*New Scientist*)杂志将其称为"埃尔维斯方程"(Elvis equation),我拿什么来反驳它的智慧呢?[8]这个等式可能看起来很吓人,但每一步都很简单,而且与德雷克方程非常相似。事实上,我觉得更容易,因为我们不必忧虑小行星的诞生速率或寿命。对于近地小行星来说,这两项都是百万年的时间尺度,而我们是希望在不久的将来去挖掘。好消息是,就小行星采矿而言,我们的情况比1961年德雷克提出方程式时好得多。我们已经可以计算出有关贵金属和水的每一个小行星因子(至少也是粗略的估计)。下面让我们逐一评估每个因子。

类型因子,$f_{类型}$

根据小行星的颜色可以确定其类型是否正确。这些颜色为我们提供了小行星表面岩石类型的线索。我们发现光谱学是实现这一点的工具,而且使用山顶的望远镜可以做得很好,所以没有必要去小行星上收集第一手信息。这就是为什么它值得分开作为一个独立的部分。光谱可以告诉我们哪些小行星是碳质的,哪些是石质的,哪些可能是金属的。如果我们对它们进行大量测量,那么我们就会知道我们追求的比例是多少。

不过问题还是有点棘手。首先,到目前为止,我们只获得了1000—2000个近地小行星的光谱,其中只有几十个是金属小行星,所以无法很精确地知道它们的整体比例。仅仅几处错误或遗漏就可能造成很大的不同。其次,我们还必须认识到,我们拥有的往往是那些更亮的小行星的光谱,因为望远镜对非常微弱的光谱无能为力。这意味着我们对反射了大量太阳光的(反照率高的)小行星的光谱更为青睐。因此,我们必须修正观测到的原始数据,才能接受这种偏差。这可不是一个轻微的影响。在相同的距离上,黑暗小行星比同样大小的明亮小行星要暗10倍之多。这意味着我们必须将黑暗小行星(大部分是碳质的)表观数量乘以一个相当大的因子,才能知道到底有多少这类小行星。

宾泽尔和约瑟夫·斯图尔特(Joseph Stuart)早在2004年就在麻省理工学院仔细研究了这一问题。[9]他们发现,即使进行了这些修正,较暗的碳质小行星也只占近地小行星的15%左右,而金属小行星只占4%左右。这是他们选择的参数$f_{类型}$。这就相当于给我们提供水的概率约为1/7，提供贵金属的概率约为1/25。这个比例已经足够少了，所以你在前往小行星进行近距离勘探之前，会想先知道它的类型。

矿藏因子，$f_{含矿}$

接下来，让我们估算一下，在所需类型的小行星中，有多少颗含有我们寻找的高浓度矿产。这时候地球上的望远镜就帮不上忙了。虽然它们可以判断小行星中是否可能存在水，但在很大程度上，它们无法判断小行星有多少水，是否完全由金属制成。不过，我们有陨石。在实验室中对陨石的测量可以分辨出到底有多少有价值的物质。在大多数情况下，答案是"不多"。从陨石上取样是出了名的困难，同样的，要从岩石中取水也会非常困难。史密森学会的尤金·雅洛舍维奇（Eugene Jarosewich）测量发现，1/4的碳质陨石中含水量不足0.1%。[10] 然而另一方面，他还发现大约1/4的样品中水的含量超过10%。当然，他也并没有测量得非常多，如果真能测量更多的碳质陨石就好了。不过，我们可以暂且将含有水的比例$f_{含矿}$定为25%。

测量铁陨石中铂及其他铂族金属的含量则是利用一种截然不同的光谱学方法完成的。将陨石的一个小样本放在工作中的核反应堆附近，用中子辐照陨石，然后测量其发出的伽马射线。这项工作大部分是在20世纪60年代和70年代完成的，当时核反应堆还是新的事物，方便用来辐照陨石，从而揭示其中的元素。从那以后，这项工作就已经过时了，因为基本问题已经得到了回答。当时他们发现贵金属的最高丰度与最低丰度之间相差近1万倍！看来，星子的金属核心根本不可能是千篇一律的。显然，对矿工而言，在进行大规模采矿之前，仔细检查金属小行星的成分是非常重要的，但这必须通过贴近小行星进行勘探来实现。尽管一半的铁陨石几乎没有贵金属，但另一半铁陨石却比陆地上的铂矿更为富饶,其中大约1/4的陨石含矿量是后者的至少5倍。鉴于此,我们同样可以将含有贵金属的小行星比例$f_{含矿}$设置为25%。

值得注意的是,目前对最高浓度陨石的测量仍然很少,所以如果有哪怕为数不多的一些新的测量,也有可能令这25%的因子产生很大变化。也许到时候,又该将更多陨石带回核反应堆了?

可达因子,$f_{可达}$

现在我们该谈谈天体力学了。我们怎样才能到达太阳系的各个角落?这就是所谓可达因子$f_{火箭}$,它并不关乎小行星是由什么组成的,只取决于它们在太空中哪个位置上游弋。正如我们看到的,在太空中,能量就好比有价值的货币。我们的火箭还不足以像《星球大战》(Star Wars)中"千年隼"那样在太阳系四处翱翔。相反,我们基本上总是必须使用所需能量最少的轨迹,完成从一条轨道到另一个轨道的跃进。

精准无误地实现这点很不容易。NASA戈达德航天中心的巴比负责"近地天体人类太空飞行可达目标研究"(Near-Earth Object Human Space Flight Accessible Targets Study)。[11]这名字实在是太费口舌了,所以大多数时候它被缩写为NHATS(发音为"纳兹")。巴比使用一台从全球气候建模团队借来的功能强大的超级计算机,计算出航天器从地球到每一颗小行星的往返轨迹。他必须为未来20年每一个可能的发射日期计算一条新的轨迹,并且他还必须跟踪太空探险规划中的各种重要细节:你什么时候可以离开?这次旅行需要多长时间?你需要多强大的火箭?你能以多快的速度回到大气层?(最好不要太快!)如果需要,有没有缩短行程的方法?

这是一份要求很高的清单。我们若能在深入挖掘所有细节之前先对清单进行大量删减,那样才能方便使用。删减工作所需的数字之一是速度增量delta-v。速度增量是航天器到达小行星时必须达到的总的速度变化,通常从低地球轨道(LEO)开始计算。它的测量方法就跟测量汽车速度一样,即在单位时间里的行进距离。如果使用千米每小时(km/h)作单位,那将是一个非常大的数字——18 000 km/h 或更多,所以我们通常使用千米每秒(km/s),这样就是一个方便使用的较小的数字,通常是5—10。速度增量度量的是从起始轨道将航天器送达小行星这一路上每吨物质所需的能量。(准确地说,它是每吨物质所需能量的两倍的平方根。)通常人们以 LEO 作为起点。

对于一个已知近地小行星,delta-v 的值对于我们而言至关重要,它可以让我们知道是否有可用的运载火箭到达那里。这归因于"火箭方程"。火箭不仅要加速货物,还要加速燃烧令其改变轨道的燃料。你想走得越快,或者你想携带的货物越多,那么你需要的推进剂储存罐就越大。这导致你得到的回报迅速减少。火箭方程计算了火箭携带推进剂需要付出的代价,这和飞机使用周围空气前进的方式不同。俄罗斯的康斯坦丁·齐奥尔科夫斯基(Konstantin Tsiolkovsky)是第一个为太空旅行推导出火箭方程的人。他在1903年的一部书当中提出了火箭方程,证明火箭可以到达地球轨道,这是以前没有人想过的。但火箭方程是无情的。轻微地增加 delta-v 就能导致可输送到小行星的有效载荷大幅下降。火箭的起飞质量实际上随着最终载荷的增加呈指数级增长。发射卫星的质量增加1倍意味着起飞时的火箭质量是原先的7倍以上。因此,随着速度增量的提升,无论是实验装置、探险者还是采矿设备,能够到达我们所选小行星轨道的有效载荷都会呈指数级下降。总而言之,对于有着雄心壮志的小行星采矿者来说,低速度增量才算得上是件好事。

使用德国工程师瓦尔特·霍曼(Walter Hohmann)在1925年推导出的一系列公式,可以相当方便地计算出向外飞行的速度增量的初步估计值。当时没有电脑,所以他不得不寻找一种简化的方法来计算所需的能量。而且,火箭在当时仍然是一个非常新的想法。罗伯特·戈达德(Robert Goddard,马里兰州的NASA航天中心便以他的名字命名)直到一年后才开发出第一枚由液体燃料驱动的火箭。霍曼计算出的是在任意两个太阳系天体之间航行耗费能量尽可能少的那条轨道。从地球表面到低地球轨道需要的速度增量大约为10 km/s。从低地球轨道到逃离地球所需速度增量仅为3.2 km/s。到达目标天体时,所匹配的速度则需要另一个增量,其数值取决于天体的运行轨道。这样的轨道现在被称为霍曼转移轨道。

埃莉诺·赫林(Eleanor Helin)和因为巴林杰陨击坑而出名的那位尤金·舒梅克将霍曼的想法用于小行星探测。赫林在喷气推进实验室领导了近地小行星追踪计划。同样来自喷气推进实验室的兰斯·本纳(Lance Benner)使用舒梅克-赫林方法为所有已知的近地小行星制作产生了一个方便的速度增量表,你能查看你最喜欢的小行星。[12]这些速度增量的数值从大约3 km/s到12 km/s不等,其中大多数为6—7 km/s。然而,到目前为止,所有发送去近地小行星的航天器,速度增量都没有超过5 km/s的。令人失望的是,只有2.5%的近地小行星拥有如此低的速度增量。

将飞出地球的速度增量从平均值降低到4 km/s,听起来差别不大,然而这会使可运送的有效载荷增加一倍,甚至会增加四倍。如此敏感的特点使得极少数具有超低速度增量的小行星变得非常重要,因为许多近地小行星都会被排除在外。我的学生泰勒已证实,目前我们的采矿设备无法进入主带小行星。[13]对我们今天的运载火箭而言,到那里需要的速度增量实在是太大了。我们只能先坚持研究近地小行星。即使在近地小行星中,那些轨道与地球有着较高倾斜角度的小行星对早期采矿作业或载人探索来说,也不是理想的地方,因为它们的速度增量也很高。少数低速度增量的小行星轨道往往与地球轨道非常相似。同时这也意味着它们有更大概率与我们相撞，这让我们对它们产生了双重兴趣——贪婪和恐惧交织在一起。

那么，我们应该为$f_{火箭}$设置什么值呢？最雄心勃勃的小行星采样返回任务"奥西里斯王"号探测器也不过计划从贝努小行星表面取回几百克岩石样本而已。贝努的速度增量为5.1 km/h。在最理想的情况下，我们的采矿设备需要处理一整颗1000吨重的小行星，才能带回100吨水进行销售，所以说我们肯定不会将大而笨重的自动采矿航天器发送到任何速度增量大于贝努的近地小行星。这使我们只能接触到2.5%的已知近地小行星。因此$f_{火箭}$设置为2.5%。

工程可实现因子，$f_{工程}$

最后一项是$f_{工程}$。这一部分是把实际要提取的有价值的资源带回家所面临的相关棘手工程问题的集合。这是一个庞大且复杂的领域，这方面的研究才刚刚开始。

尽管我全家都是工程师——我的父亲、兄弟和母亲都在我的家乡英国伯明翰从事工程行业，但我不是工程师。我是家里的叛逆者，一直以来都在物理学的陌生牧场上徘徊。当我宣布自己想成为一名天文学家时，我父亲说："这行当一年最多只能提供一份工作岗位！""但我只想要一个。"我顽皮而天真地回答。他是对的；我是鲁莽的；我没意识到。幸运的是，一切顺利。我认为他最终为自己任性的儿子感到骄傲，即使他认为天文学没有实用价值。遗憾的是，他在94岁时去世了，没有等到我走上"天文工程"的道路。他若知道，一定会非常感兴趣并给予我帮助。所以说，我对工程话题的思考是十分基础的，我希望其他更有资格的人能将$f_{工程}$这个因子再分解为几个独立的因素。作为初始设定，让我们假设每颗小行星都是可开采的，即$f_{工程}=1$。这样的话我们的答案会偏于乐观。

盈亏底线 $N_{矿}$

我们的盈亏底线取决于什么？总共有多少颗适合开采的小行星？我们得到了"埃尔维斯方程"中的所有因子，现在我们可以将它们相乘。于是我们发现了什么？对于贵金属而言，$f_{矿}$ = 0.025%，相当于4000颗近地小行星中只有1颗。对于水资源而言，$f_{矿}$ = 0.09%，即 1/1100。显然，找到一颗好的小行星来开采不是一件容易的事。这需要大量艰苦的勘探工作。

这些数字与地球上的矿区相当。虽然已开始开采的陆地矿的成功率约为1/5，但如果把已勘探的潜在矿区作为分母，成功率则下降到接近1/1000。全世界每年在潜在矿区的勘探上的花费约100亿美元。[14]

以上我们仅仅说了一个比例而已。那含矿小行星的总数 $N_{矿}$ 呢？为了得出这个值，我们首先必须选择一个阈值。要得出一个阈值，我们必须决定期望把它卖掉能获得的矿物价值。考虑到目前在太空做生意的成本，我们不妨将这个门槛设定为10亿美元。对于一个风险投资家来说，任何低于这个数字的项目都不足以使他兴奋到让该项目顺利推进。如果达不到10亿美元，以超模琳达·埃万杰利斯塔（Linda Evangelista）为代表的风险资本家是不为所动的。[15]

对任何类型的矿石而言，小行星中相应的总价值简单计算的话就是小行星中矿石的数量（吨）乘以其每吨价格。矿石的质量，可以通过它的浓度（即每吨中的含量）乘以整个小行星的质量得到。

让我们从水开始。小行星中水的价格不超过每吨1000万美元，相当于我们曾经操作过的将水从地面送入低地球轨道的成本，如果送入高轨道，那么成本上升到每吨2000万美元。虽然"从地球出发"的成本正在下降，但仍允许我们以旧的价格作为乐观的起点。我们只想挖掘那些至少含有10%水的小行星。那么来自一颗富水小行星的未加工原岩价值约每吨100万至200万美元。这意味着，要想获得总计10亿美元收益,我们需要从一颗1000—2000吨的小行星开始。我们需要多大的小行星才能有这么多原材料呢?固体岩石的密度约为每立方米3吨。但是正如我们发现的,小行星不是固体岩石,可能有2/3的空间是空的,这使其密度下降到每立方米1吨左右。因此,10亿美元收益意味着需要1000—2000立方米的小行星。幸运的是,这并不是太大。它仅相当于一颗直径约9米的小行星。几乎所有我们用望远镜能找到的小行星都会比这更大。目前,我们只知道大约20 000颗近地小行星,而我们预计只有大约18颗可开采,但它们很可能都含有价值超过10亿美元的水。

不过贵金属方面的情况令人沮丧。铂金和钯金的市场价格与高轨道上的水相似,而且价格不会下降。这算是好消息。但坏消息是,即使是最富含金属的小行星,每吨含量也只有30克左右。这意味着相较于我们提取1吨水要开采的小行星原材料,想要获得1吨铂族金属的话,我们必须开采10 000倍原材料。因此,价值10亿美元的小行星必须比含水小行星大20倍以上,直径将近200米。"埃尔维斯方程"预测,在2015年的小行星目录中,大约只有10个小行星符合。

不管是水资源还是贵金属资源,这些数字可能都有些令人失望,但从另一个角度来看,即使我们还没有真正开始行动,也已经知道了小行星中是蕴藏着价值数十亿美元矿石的。

有没有办法得到更多的含矿小行星呢?我们可以利用方程,看看哪一个因子可以得到改进。

举个例子,你可能会说:"啊,但是你得告诉我还有多少未被发现的近地小行星呢?也许我们还没有发现很多速度增量比较小的小行星呢!"我们使用的$N_{直径}$不是指总数,而是我们现在知道的小行星总数。幸运的是,我们的调查非常不完整。WISE任务可以很好地估计总共有多少颗近地小行星,至少可以知道有多少直径大于100米的小行星,因为那些才是我们需要的能获得贵金属或足够容纳水的小行星。那么答案是多少呢？20 000左右。[16]到目前为止，我们已知大约一半，因此，一次全面的调查将使我们发现多达20颗含有贵金属矿石的小行星。如果我们能找到所有直径在50米左右的小行星，或许我们还可以找到30颗左右可利用的小行星，那可太好了。在较小的小行星中寻找水还是非常有意义的，因为它们为数众多。据估计，直径超过10米的近地小行星的总量大约为1亿颗，如果1100颗小行星中有1颗富含水，那么含水或含矿小行星的总数为95 000颗。因此，只要我们能有这么多库存，看起来就很有希望。

那么正确类型的含矿小行星因子$f_{类型}$呢？如果我们能利用小行星光谱的细节特征来推断其组成，这一数字可能会有所提升。根据这些光谱特征，我们可以将小行星划分成24个子类，但是这项工作很复杂，因为我们不知道所有这些子类对于小行星的详细组成是何含义。[17]也正因如此，它们的资源及其价值并不明朗。在这方面，寻找那些可能产生陨石的"自杀式"小行星，或许会有所帮助，并且这项工作已经取得了一定进展。ATLAS网络就是为此而建立的。夏威夷大学的约翰·托里（John Tonry）发明了小行星撞击地球终末报警系统（Asteroid Terrestrial-Impact Last Alert System），对即将发生的小行星撞击地球事件发出警告。[18]每天晚上，他和同事们利用位于夏威夷的哈莱阿卡拉和冒纳罗亚山顶上的望远镜扫描整个天空。拥有多个站点意味着它们几乎不可能遭遇所有站点都有云的情况，因此他们由于恶劣的天气而错过近地天体的情况很少发生。ATLAS团队的主要目标是对直径140米的"区域杀手"提前三周发出撞击通知，而更小、更常见的50米直径的"城市杀手"更为暗弱，它们只能在撞击前一周被发现。这个时间对疏散受影响区域来说应该足够了。这当然比完全被吓倒要好得多。但是对更小的小行星仍然只能提前一两天发出警告。出于我们的勘探目的，这个时间可能仍然足够,我们可以获取径直而来的小行星的光谱,然后冲向它们的撞击点收集样本,或者借助飞机在它们燃烧时获取碎片的光谱。将实验室或飞机测量的结果与仍在太空里的小行星光谱进行比较,将填补研究这一类型小行星所含资源的空白。然而,要获得足够的样本来做出可靠的预测,还需假以时日。

我们能改善含矿因子$f_{含矿}$吗?大概吧。已知资源丰富的陨石的例子屈指可数,因此如果我们碰巧看到了资源丰富或是资源贫乏的例子,那么我们据此得出的估计可能会有很大偏差。获得更多陨石样本或许会改变答案。这种不确定性并不利于我们小行星采矿事业的规划。也许我们需要一个相当于人类基因组计划的项目来准确地调查全世界收集到的5万多颗陨石。或者我们可以有所选择。它们中的许多是很久以前掉落到地球上的,因此可能会发生化学变化。这将严重影响对水的估计,但不会改变对贵金属的估计,因为这些元素的化学反应不会那么强烈。如果我们有来自同一颗小行星的多颗陨石,那就更有用啦,因为它们会告诉我们,元素分布是否均匀,从而知道在多大程度上能够依赖一个样本进行准确的分析。

如果我们有更多新坠落的陨石,那会更好,我们可以观察那些几乎没有时间发生化学变化的陨石。不断追求创新的詹尼斯肯斯开创了一种利用天气雷达发现新陨石的方法。事实证明,陨石坠落在雷达数据中显示出一种独特的信号。他在萨特磨坊(Sutter's Mill)取得了惊人的初步成果(该磨坊离他的实验室很近,巧合的是,加利福尼亚州淘金热就是从这里开始的)。[19]他的团队能够在下雨前收集陨石,所以它们几乎是原始的。不幸的是,他的成功反而提醒了气象雷达人员注意到他们数据中的"噪声",他们现在正在试图从图像中筛除这些"噪声"。说真的,我们完全可以让他们把数据送到陨石科学家那里,而不是一刀切地扔掉。

我们所能期望的最大改进是近地小行星的可达性$f_{可达}$。只要将我们能达到的最高速度增量从 5 km/s 增加到 6 km/s，可到达的小行星数量就可能增加约 20 倍。这将使我们拥有多达 200 颗含矿石的金属小行星。即使没有更强大的火箭，环绕月球的"弹弓"轨道也可以为我们提供额外所需的 1 km/s，至少对于某些近地小行星来说就是这样。更好的火箭正在研发，不需要新的物理学，不需要曲速引擎。我们已经有了来自 SpaceX 公司的更强大、更便宜的常规动力火箭，很快还会有来自蓝色起源公司和联合发射联盟的大火箭。如果我们在低地球轨道上建立燃料库，它们就可以实现太空加油，当前至少有两家公司正在开展相关计划。毋庸置疑，一旦小行星采矿真正开始，太空加油一定会让任务的燃料补给变得更为容易。我们可能很快就能把成吨的采矿设备送到一半的近地天体上，而不是仅仅百分之几。

综合所有因素，我们很可能从起初 2013 年清单中仅有 10 颗含有贵重金属矿石的小行星——这也是我首次估计的数字，在 10 年间扩展到几千颗，可能含水的小行星会增加更多。它们中的每一个都将价值 10 亿美元或更多。这听起来像是真金白银。也许关于太空万亿富翁的说法会变得足够可信，并且足以吸引那些风险资本家了？当你可以拍着胸脯斩钉截铁地说"就是那座小山上有金子，其他山上并没有"，那么你就差不多可以走上致富道路了，无论那座小山是在地球上还是在太空中。[20]

现在，我们该如何挑选出少数几个资源最丰富的小行星？这可是相当重要的啊。一旦我们选得不好，就会面临破产。银矿投资商没有盲目开挖落基山脉中的山。相反，他们进行了多次勘探，直到找到了一个好的，例如富含银矿的阿斯彭山。当我们使用天文学方法找到了所需颜色的小行星，我们就需要对这些小行星进行采样，以确定哪些拥有储量丰富的矿藏。这意味我们需要去那里，但那样做成本很高。我们到底该如何去寻找那些稀有的含矿小行星呢？

还是得从天文学入手。为了执行这项计划，天文学的工作方式也需要改变一下。天文学通常被称为第二古老的职业（仅次于会计学），但它即将催生最新的职业之一：工业天文学。[21] 天文学家曾经是香饽饽。他们为航海提供天文历法，而在那之前更久远的年代，他们还为农业提供历法。光谱学的发明改变了这一切。过去的两个世纪对天文学家来说，纯粹是为了快乐——理解整个宇宙，并没有考虑实际应用。结果如何呢？也是显而易见的。我们现在知道，我们居住的宇宙比任何人想象的都要大得多、古老得多、复杂得多。沿着这条纯粹的研究道路前进，还有很多东西有待发现。

也许我们已经习惯了这种纯真。现在，如果要让小行星采矿繁荣起来，就需要一种全新的工业天文学。工业天文学家将运用他们的工具和技能，从我们已知的数千颗可能的小行星中挑选出少数有希望的小行星。正如地质学家大多受雇于采矿业，许多天文学家可能很快就会找到自己在学术界之外的工作。

天体测量、光度测量和光谱学等标准天文技术都是特殊技能，所有这些技术都是小行星的远程勘探所需要的。要达到采矿公司需要的观测精度，就得聘用专业的天文学博士。要获得高质量的观测，还需要大型望远镜和大量的观测。采矿公司将需要数千颗，甚至数万颗，具有高信噪比且校准良好的光谱、光变曲线和精确轨道等数据的小行星。只有拥有大量的数据库，采矿公司才能有数百颗理想的候选小行星，这样他们才可以放心，能够未雨绸缪地准备好在任何时候发射，前往其中的一颗，而不是等上几个月，守候一颗满足条件的小行星自己出现。这样才能降低成本，让投资者放心，相信小行星采矿并不是一锤子买卖。

今天的一些大型望远镜未来将退出其观测宇宙的预定计划，因为新一代更大的巨型望远镜即将在21世纪20年代建成。这些退役的望远镜功能仍然很强大,它们需要找到新的用途。哪怕有一个可以用于工业天文学,或许也将彻底改变我们对空间资源的认识。我们甚至可以使用更小的望远镜,使用计算机集群式的工作方法,将许多运动物体的图像叠加在一起,或许能够很好地工作,至少在天体测量中是这样。这种方法由喷气推进实验室的迈克·邵(Mike Shao)发明,被称为"综合追踪",由B612基金会等机构推动。[22] 如果太空任务变得更便宜,那么在太空工作的工业望远镜将是另一个伟大的工具,它可以用来寻找水,因为红外线中存在着水的信号,但是该信号恰好位于一个不太合适的波长,无法从地面探测到。

所有这些都暗示着数据生产力将达到工业规模,甚至足以让许多天文学家发现外星人,但不是所有天文学家。有几个大型天文巡天项目,需要处理数百万条光谱以及拍摄到的数十亿恒星和星系的图像。从事这些巡天的天文学家可能对小行星知之甚少,但他们拥有采矿公司开展大型望远镜项目所需的技能。具有讽刺意味的是,低地球轨道上的新活动将可能从小行星资源获益,但会反过来威胁到山顶天文台发现这些资源的能力。由数千颗通信卫星组成的卫星"超级星座"将降低暗淡小行星的图像质量。这将成为一个巨大的打击。[23]

对于小行星采矿公司来说,选聘一位大数据天文学家可能比一位了解所有小行星类型的天文学家更重要。我们对小行星和陨石的理论认识也并不是太成熟,无法成为可靠的勘探指南。举几个例子,为什么金属陨石的丰度变化如此之大?公式中的因子是可预测的吗?为了更好地利用数据,现在比以往任何时候都更需要对太阳系起源和历史进行纯粹的研究。为此,公司仍然需要真正的小行星科学专家。

随着工业天文学和相应标准技术的发展,硕士学位级别的专业学习很可能就已经能够满足小行星采矿公司的大部分技能需求了。只有少数工业天文学家需要获得多年博士课程提供的培训。这一新需求为那些具有前瞻性的大学提供了机会。位于戈尔登的科罗拉多矿业学院已经有了一个授予硕士学位和博士学位的空间资源项目。[24] 位于瑞典基律纳的吕勒奥理工大学成立了一个机载空间系统团队，教授小行星工程学。中佛罗里达大学的佛罗里达空间研究所也在加大空间资源方面的投入。这些课程不仅包括小行星采矿涉及的天文学，还包括矿石提取方面的内容，我们将在下一节中讨论。规模较大的大学尚未接受这一挑战，但我预计其中一些会很快跟进的。

工业天文学家必须适应的一个变化是：他们的工作成果的知识产权（IP）将归他们工作的公司所有。为石油公司工作的地质学家早已习惯了这一点。但是来自学术界的初来乍到的工业天文学家们，将不得不接受一个现实：他们不再像过去那样在会议上展示自己的最新成果。这对他们来说将是一次相当大的文化冲击。

天文学可以提供精确的小行星轨道、大小、旋转速度及其表面矿物的情况，然后他的工作就完成了。要想走得更远，就需要近距离亲自造访那些看起来很有希望的小行星。我们可以称之为近距离勘探。

一艘探测飞船在几年内可以飞越6颗小行星，这将是成本效益很高的一次任务，只花费一次任务的代价，就能收集到多颗小行星的详细信息。不过，它可能仅仅在距离每颗小行星数百或数千千米处经过。摄像机会给出小行星的大小和形状，以及它旋转的方向。如果小行星表面的成分不尽相同，那么相机足可以绘制出小行星表面的矿物分布。雷达可以测量小行星的距离，并了解其表面的粗糙度和射电波反射率。可做的事情很多，但是无法确切地告诉我们小行星的资源有多丰富。

为了获得更详细的信息，我们需要让探测飞船在一颗小行星上停留数月。进入环绕小行星的轨道是不可行的，因为它们的引力太弱了。但是，"隼鸟"1号和2号以及"奥西里斯王"号任务已经向我们证明，与小行星共轨是可行的。随着时间的延长，会有更多可用的工具。来自小行星的一些有价值的辐射可能极其微弱,然而只要有足够的时间接触这些信号,它们就能提供有说服力的信息。如果这颗小行星看起来很有希望,那么一切等待都是值得的。

我最喜欢的工具之一是利用太阳周围温度极高的日冕产生的X射线。(X射线只是波长非常短的光罢了,波长只有可见光波长的千分之一。)落在小行星上的这些X射线促使单个元素以特定波长发光,就像基尔霍夫在普通的可见光中发现气体一样,X射线探测器可以在每个波长下拍摄小行星的图像,给我们一张表面元素的分布图。很长一段时间以来,人们一直认为小行星的组成是均匀的,但至少现在看来有些小行星的组成差异很大。贝努小行星就是一个例子。在其表面浅色背景岩石上,散布着深色的巨石(见图1)。"奥西里斯王"号上的由学生自主研发的小型X射线成像仪REXIS将为我们提供第一个答案。[25]这或许只是诸多答案中的第一个。

逐步接近小行星直到大约1千米处,航天器可以自由落体到小行星上,这样,根据航天器加速到小行星的末端速度可以测得小行星的重力强度。为了检测这种加速度,我们可以利用激光雷达提供精确的距离测量。激光雷达利用激光脉冲及其往返的时间计算被照射目标的距离。["激光雷达"的英文lidar是从light detection and ranging组合而来,字面意思就是"用光探测和测距",就像是"雷达"(radar)一词来自"无线电探测和测距"(radio detection and ranging)。]"奥西里斯王"号搭载了一个激光雷达高度计OLA(OSIRIS-REx laser altimeter),由加拿大航天局提供,目的就是进行测距。[26]小行星的内部结构也可以用低频(长波)测地雷达进行探测。

如果可以更加接近,但同时又不与小行星表面接触,那么可以向其表面的某一点上发射一束激光,蒸发(术语为"烧蚀")表面的某些物质,然后使用光谱仪观察蒸汽是由什么组成的。这项技术被称为激光烧蚀光谱学,是非常管用的,但是对于小型探测器来说,发射激光可能占用过多功率。

一个最新的、多少有点疯狂的建议,是由哈佛大学的布兰登·艾伦(Branden Allen)提出的μ子成像方法。μ子是由宇宙射线与大气相互作用产生的亚原子粒子。这些粒子能够穿过大量固体岩石,但是它们不会像它们"幽灵"般的近亲中微子那样穿越整个地球而不被吸收。相反,μ子会被地下几米深的岩石显著地吸收。这一特性使得μ子可以被用来观察火山内部的中空熔岩喷口,以及金字塔内部的隐藏通道。[27]宇宙射线撞击小行星表面时产生的μ子也有可能被用来观察小行星内部,从而暴露出小行星内部的空隙,帮助我们对小行星进行准确的分析。

最后的挑战将是如何降落在小行星上,并获得一个核心样本,以证明小行星表面成分并没有骗我们。这需要在表面上停留的时间比"隼鸟"2号和"奥西里斯王"号长得多。待就位后,如何将取样钻头钻入小行星深处,获取矿物证明? 这并不简单。"洞察"号火星任务中的"热流和物理特性探测仪"(俗称为"鼹鼠")在挖掘表面时遇到了很多困难,虽然1/3地球重力的环境对它已算是比较友好了。[28]由于小行星上基本没有重力,所以在小行星上钻取样本将遇到更大的挑战。

谁将成为星际采矿者? 机器人。"49人"(49ers)* 是加利福尼亚淘金热的第一批采矿者,那时候他们都是轻装上阵。小行星采矿者也必须这样做。即使工业天文学家找到了最好的候选者,采矿公司仍可能需要近距离探测大约10颗最有希望的小行星,确保这颗小行星有90%的概率真的含有矿石。这意味着他们不得不派出小行星探测飞船进入

---

* 1849年,随着金矿被发现,大批淘金者涌入加利福尼亚州,他们被称为"49人"。——译者

太空。由于我们需要大量的小行星作为基数,才能建立起一份有价值的小行星清单,因此小行星探测航天器需要比 NASA 大型行星任务动辄数亿美元的成本便宜得多。不可调和的火箭方程告诉我们,它们必须是轻量化的。所有这些均排除了人类进行现场勘探的可能性。行星资源(Planetary Resources)公司专为小行星勘探开发的"阿基德"(Arkyd)迷你卫星便遵循了这一要求。它们只有鞋盒大小,一个人就可以将其轻松举起。[29]

制造体形小巧但功能强大的星际航天器将面临三大挑战:推进、通信和导航。推进是指要有足够好的火箭以到达小行星。通信意味着能够发回足够的信息。导航则是能够找到通往小行星的路。传统的行星航天器依靠体积庞大、燃料充足的火箭,以及 NASA 的深空网(Deep Space Network)的巨型射电天线及其等效设备,准确定位飞行在深空的航天器并将其数据传回。[30]但这些技术都不适用于即将构成商业勘探平台的大量小型航天器。幸运的是,有一些前景光明的技术正在迅速发展,可以有针对性地解决每一个问题,这些技术包括:太阳能电力推进系统、光通信和X射线导航。

关于推进的问题是:在保持火箭轻量化的同时,将足够的动力及燃料装入火箭。这很难。事实上,用传统的化学火箭是做不到的。为什么我们不能顺手推一推探矿航天器,让它一直滑行到小行星?毕竟,在太空中没有什么能让它慢下来。发射的火箭确实可以让飞船进入前往小行星的飞行途中,但是它要做的不仅仅是在飞越时拍几张照片那么简单,它还必须减速才能进入与小行星相同的轨道。这需要相当多的速度增量,而解决办法是回收火箭的动量。质量和速度的乘积就是动量。你可以通过缓慢地扔出一个很重的东西或者以10倍的速度扔出质量为1/10的东西来获得相同的速度增量。燃烧火箭燃料就是利用化学反应加热气体并将其从火箭喷嘴中排出来获得动量。化学火箭可以产生很大的推力,但气体的移动速度是有限的。

另一个选择是离子发动机。[31] 离子发动机喷出推进剂的速度是化学火箭的10倍。这项技术的关键是产生一种带电荷的气体,然后对其施加高电压,使气体提高到这样的速度。现在,你只需要1/10的推进剂就能产生同样的动量。这使得整个宇宙飞船更轻,于是你可以带回的矿石量也增加了。离子发动机的推力很弱,但它们可以持续推进很长时间,久而久之,可以使delta-v产生巨大变化。带电气体被电离,电离的原子称为离子;这就是为什么这种火箭被称为离子发动机。它的另一个名字是电力推进发动机,因为它需要高电压,这是现在使用最多的术语。提供高电压的电力来自太阳能电池,因此另一个术语"太阳能电力推进"(SEP)就成了标准说法。原则上,电力可以通过其他方式供应,核能是最受欢迎的方式,这就是核能电力推进(NEP)。虽然它在外太阳系(太阳光线较弱的木星轨道以外的地方)很有用,但它也存在技术上的困难(建造一个小型的核反应堆),还有核能电力推进所面临的明显的安全问题。相反,SEP技术进展很快。

一种叫"霍尔"的电推发动机设计克服了早期推进气流腐蚀高压电极的问题,采用的方法是产生带电等离子体来吸引离子,因此不存在可腐蚀的固体阴极。大多数通信卫星现在使用SEP发动机到达并维持其地球静止轨道。由于使用了SEP,NASA的"黎明"号飞船才得以在2011年和2015年接连访问太阳系两颗最大的主带小行星灶神星和谷神星。为小行星重定向任务(现已取消)开发的更强大的离子电推发动机,还将用于"飞镖"任务。我们目前所处的阶段仍然是由SEP火箭为探矿航天器提供动力,以探测近地小行星。

通信也至关重要,因为我们需要发送的信息远远比费伯表示"赞成/反对"所使用的1位二进制码多得多。我们需要自行评估。将探矿航天器上摄像机及其他仪器的数据传回地球,很明显要选择无线电的方式。星际探测器一直以来都是这样做的。然而对于一个小型航天器来说,当飞行距离达到1天文单位以上时,就需要一个巨大的天线和大量的功率。激光或许是一个有希望的答案。无线电有着一个基本原理:更高的频率可以携带更多的信息。我们都知道,光和无线电一样都是电磁波,但光的频率是无线电的10万倍。功率相同的情况下,可见光可以携带更多信息,或者承载相同的信息时,所需要的功率更低。激光还提供了我们所需的明亮而又紧凑的光束,以避免光溢出地球,造成电力的浪费。

NASA在其"月球大气和尘埃环境探测器"(LADEE)任务中测试了这种从月球到地球的光通信技术。信号接收器是一个直径为1—2米的普通中等尺寸天文望远镜。它配备了特别灵敏的探测器,可以跟踪激光强度进行快速调制,对所有传回的信息进行编码。由于云层会阻挡激光,因此明智的做法是在不同的地点设置多个接收点,这样就算受天气影响也至少会有一个能起作用。地球上一些万里无云的地方已经建起了天文观测台,所以它们可能成为空间探险器的地面站。光通信非常有前途,有一些初创公司,如马萨诸塞州坎布里奇的解析空间公司(Analytical Space),希望建立超快速、廉价的光通信网络,在全球范围内提供更高带宽的互联网。因此,这项技术有望解决小行星勘探飞船的数据传输问题。

最后一个问题是导航:必须知道你在哪里。NASA的深空网被用于该机构目前的所有星际探测任务。但它一次只能支持几个航天器,而且运行成本很高,每项任务每年开支超过100万美元。[32] 对于一家想同时运营十几艘或更多小型勘探航天器的商业公司来说,这就超标了。理想的情况是每个航天器都能自行导航,不需要昂贵的任务控制。实现自动驾驶航天器应该比自动驾驶汽车容易得多,因为没有天气、标志、行人或其他交通状况需要担心。问题不在于计算,而在于获取计算位置所需的信息。是否可以像船上的水手一样，用星星来导航呢？但当你不是在海洋上，不是在一个近乎球形且稳定旋转的地球上飞行，而是在太空中飞行时，看到星星只能告诉你航行的方向，而不会告诉你身处何方。恒星距离如此之远，从太阳系的任何地方看，它们的位置实际上都是相同的。你可以利用行星和太阳的位置，这就非常有帮助了。观测到木星和地球这两颗行星，再加上太阳，就足以在黄道面（地球绕太阳运行的轨道面）的任何位置定位航天器。每隔一段时间重复测量还可以得知你在黄道面上的移动速度。这只需要飞船上的一个小型可见光望远镜来测量它们的位置。然而，近地小行星并不老实待在黄道面上，而是有一个与黄道面倾斜的轨道。我们可能会先挖掘那些在黄道面附近运行的小行星，因为它们的速度增量大多较低。即使这样，我们也需要知道我们的探矿航天器在黄道面上方或下方多远的位置上，因为保证我们成功到达太空中一颗小行星所需的精度非常高。倾角即使相差1度，与黄道面的距离也将达到250万千米以上。

　　一种名为X射线导航（XNAV）的新技术可以解决深空导航问题，目前正在国际空间站进行首次试验。它使用了一项X射线天文学的新发现，也就是我最初的研究领域。事实证明，宇宙中存在着十分精准的时钟，可以发出精确准时的X射线脉冲。如果我们使用X射线望远镜来收集它们，就可以利用这些脉冲的相位来获得我们的位置，并利用它们的多普勒频移（这会稍微改变它们的频率）获得我们的速度和运动方向。[33] 这种目标就是"毫秒脉冲星"，我们至少需要三颗，最好是四颗，才能对我们的计算进行检查，从而获得这些信息。如果一切正常，在我们的探矿航天器上安装一台X射线望远镜，便可以将其位置精确到几十千米。在国际空间站上进行的一次NICER实验表明，这项技术效果良好，定位精度可达10千米左右。[34]（NICER是"中子星内部组成探测器"的缩写，这是它的另一项工作。）适合在小型探矿航天器上使用的紧凑型、轻便型 X 射线望远镜也在研发中。由于 X 射线望远镜在航天器到达小行星后也能很好地进行探测,所以它们赋予了我们双重机会,并很可能成为探矿者和科学家的标准装备。所以,导航问题也几乎已经解决。我们可以出发了。

　　一旦探矿航天器告诉我们有足够多让我们感兴趣的资源,接下来就可以问下一个问题了:"矿石容易开采吗?"这就是我们如何确定工程可实现因子 $f_{工程}$ 的方法。我在前文很爽快地将其设置为1。然而,为了得到这个答案,我们需要回答很多问题,而这些问题是地面上的矿工永远不必面对的。就算简单地把我们的采矿工具带到小行星上,也是一项很有挑战性的工作。我们的小行星旋转有多快? 还是在翻滚? 我们希望小行星只是旋转,因为这样的小行星更容易着陆——你把航天器飞到其两极之一,然后让它开始以与小行星相同的速度旋转。从航天器的角度来看,小行星现在看起来就是静止的,因此它可以安全地降落到表面。但如果小行星正在翻滚,那么就没有一个稳定的极点。航天器将不得不跟随其翻滚,选择合适的着陆点。由于小行星会在飞船下方不规则地移动,所以飞船不得不自始至终喷出宝贵的推进剂。对小行星光变曲线进行远程观测可以给我们一个很好的初步认识。接下来的近距离勘探将更好地告诉我们它是如何旋转的。

　　即使是一颗简单旋转的小行星也不太容易锚定。宇航员曾经试图与失控的卫星或火箭上面级进行对接,或者至少抓住它们,那可是一段相当不幸的历史。NASA 称它们为"不合作的目标"。[35] 在任何情况下,精心排练的 A 计划都不起作用。宇航员经常只能即兴发挥。当你在一个铝罐里,任何一个破洞都会夺走你呼吸的空气时,即兴发挥可不是首选的行动方式。一颗失控的卫星可以轻易地撕开你那薄薄的保护舱体。如果对接尝试最终成功,那将是对宇航员在压力下所迸发的创造力的赞扬。当你不合作的目标是一块巨大的、形状不规则的、旋转的甚至翻滚的岩石时，相同的尝试会令人感到畏惧。此外，由于太空中存在对人体的辐射危害，在小行星轨道的采矿行动必须完全自动化。[36] 但在未来很长一段时间内，自主运行的远程机器人航天器还做不到像人类那样灵活和勇于创新。

为了应对这些新情况，我们需要坚固的采矿航天器。这是一个新问题，因为"**坚固**"通常并不是一个与航天器联系在一起的形容词。空间采矿对截然不同的两类工程师提出了独特的挑战。小行星采矿将使空间工程师的精致、极简主义设计与采矿工程师的强硬方法进行权衡。不过调和他们相互竞争的需求并非易事。两者的文化冲突是可以预料的。

航天飞机以每小时117米的速度与国际空间站对接，这只有海龟速度的一半，其目的是避免损坏。[37] 这是一个合理的设计，允许对接航天器和国际空间站尽可能轻，这是火箭方程告诉我们的。太空工程师们学的就是如何设计出足够坚固的飞船，但不能再重，以免浪费质量。这也是为什么他们要尽可能少地使用能量。更大的功率意味着需要更大的太阳能电池板来收集能量，这也意味着更多的质量。事实上每一个公差都经过仔细计算，比大多数工程师所能接受的更小。为了寻找节省哪怕是一千克甚至更少的方法，设计方案也会被多次修改。

由于小行星的不可预测性，及其乏善可陈的环境，空间工程师手里经过高度优化的方法将起不到作用。举个例子，为应对岩石中不可预知的突然出现的硬块或缺口，采矿工程师必须建造超级坚固的设备，但是这种设备往往不太好用、很不友好。任何试图开采小行星的机器都必须像地球上的采矿机器一样坚固。我们知道大多数小行星都是不规则的，内部有许多不可预测的空洞。在小行星工作的机器必须准备好应对各个方向阻力的突然变化，因为缝隙随时可能被打开。水上飞机也面临类似的困境,它们既要坚固又要轻便。飞机使用的浮筒不是轮子但必须坚固,才能在水中生存,因为飞机起飞时会在波浪上反弹;它们也必须是轻量化的,这样飞机才能携带有用的货物顺利起飞。这就是水上飞机会成为一个利基市场*的原因之一,何况世界上还有大约40%的人口居住在海岸线附近。[38]

我们还将面临一些以前从未出现过的工程上的新挑战。例如尘埃。从小行星岩石中提取有价值的矿石的过程称为"选矿"。必须将岩石破碎成可处理的小块,可能还要进一步研磨成砾石或沙子。这就会产生大量尘埃。在微重力条件下,尘埃将大量悬浮,会非常缓慢地降下。如果小行星尘埃与月球尘埃类似的话,那么它可能具有破坏性。2011年NASA的一份报告称:"月球土壤非常细,像高度研磨过的,类似喷砂材料。"[39]防止这些灰尘进入到机器中,是非常重要的。

在地球上,我们使用水和空气来浇灌或吹走尘埃,而地球重力能让它们落下。然而这些方法都不适用于小行星。我们必须发明一种新的方法来控制尘埃。在失重、真空和寒冷的太空中实现这点并不容易。采矿现场或许不得不保持封闭。如果小行星不是太大,那么把它整个放在一个密封的袋子里可能是最好的选择。这一切都必须先在空间站进行小规模的实践,然后再在捕获的小行星上进行大规模的实践。

任何从小行星逃逸的尘埃都将逐渐围绕其轨道扩散。考虑到第一颗被挖掘的小行星将是近地小行星,若其轨道与地球轨道相交,这些碎片将产生美丽的新流星雨供我们欣赏。然而,那些更大的、鹅卵石大小的碎片会对绕地球轨道运行的卫星造成新的危害。小行星采矿者可能必须为击毁一颗非常昂贵的通信卫星投保责任险。

我们应该在哪里做这种"选矿"工作呢?把原始岩石带回地球轨道

---

* 指在市场中可能被一些巨头企业忽视的细分市场。——译者

上的大型加工厂,应该会比较好。然后我们可以让大型加工厂及其人员来监督机器,在机器损坏时进行修理。在地球轨道上,可以建立起一个良好的供应链,以便有效地使用我们昂贵的设备。这种方法还省去了将昂贵的自动采矿设备移动到小行星轨道的费用,而且那样做还很可能会将设备丢弃在那儿。另一个建议是让小行星撞击月球并在那里进行提取。然而,这种方法等于丢弃了小行星仅有微弱引力的优势,会造成能量的浪费。

另一方面,火箭运动方程告诉我们在太阳系移动质量是非常困难的。如此多的燃料实际上只用于移动燃料本身,而非矿石。即使有的小行星拥有像水这样的丰富资源,但多达90%也是无价值的岩石。对于贵金属而言,小行星上99.999%的质量是没有价值的,至少在第一轮开采中是如此。由此得出了一个简单的结论:必须在小行星的原生轨道上获得大部分的收益,这样进入市场的燃料成本要少许多。火箭方程还迫使我们要做到机器人采矿设备的质量远小于被带回的矿石的质量,也远小于小行星的质量。如果我们能为返回小行星的火箭加油,那么就可以带回更多的矿石。

如果你能阻止小行星的自转,那就更容易处理了。但要做到这一点,你需要牢牢抓住它。对于一堆碎石来说,这并不容易,而大多数小行星看起来都是碎石。你抓住的只是一块巨石,而不是整个小行星。如果它松动了——看起来很有可能发生这种情况——那么你本质上没有阻止小行星自转。有一个建议是把整个小行星装入一个袋子里。如果你能做到这一点,把袋子紧紧地绑在小行星周围,同时从四面八方压紧,那么你就有足够的力量抓住整个天体。然后你可以发射一些火箭来阻止旋转。NASA小行星重定向任务研究计算出,只需要少量的火箭推进剂就可以实现,这点让我感到惊讶。所以这并不是一个极其疯狂的想法。袋子必须很难撕破,因为小行星表面是不规则的,可能会被锋利的岩石覆盖。幸运的是,由于小行星重力很小,我们不需要像在地球上用网兜举起房子那样大的力。

下一步就是挖掘小行星,为你的精炼设备开采岩石。所有小行星的引力都很弱,因为它们与地球相比质量非常小。通常,它们的重力是地球重力的百万分之一,所以我们称之为微重力。(就像微米为百万分之一米。)这种微重力是我们想率先挖掘小行星而不是挖掘月球或火星的主要原因。如果从地面起飞并不需要一个大火箭,而更像是一次强有力的跳跃,那么这对我们火箭技术的要求就更低了。但微重力并不都是有利的。你要抓得多牢才能在小行星上挖掘? 问题的核心是动量守恒。既然是挖掘,我们就必须用力向下推岩石,这意味着我们的挖掘工具也会被推回。那么在这种低重力下,它很可能会漂浮到太空中。

更糟糕的是,小行星的密度很低,表明它们不是固体岩石。你想要的含矿的小行星很可能是一堆碎石。所以,你不能仅仅附着在一块岩石上,却假设你已经抓住了整个小行星。它很可能会在你的(机器人)手中消失。即便你抓住一个,再去抓另一个,它们也会消失。事实上,很可能你一路走,到最后什么也不剩了。或许也不是不行——你可以一次抓住一块巨石,把它投进矿石取样机,任凭小行星在你下面旋转。不过,如果你能将采矿机械连接到小行星上,那会简单许多。

之所以存在瓦砾堆积的小行星,是因为它们形成的背景是太阳系早期的混乱历史。[40] 天体间的碰撞不仅粉碎了星子,还粉碎了第一次碰撞产生的碎片。大部分碎片经历了多次碰撞。如果撞击速度快到足以使大碎片破碎成更小的碎片,却又不足以将整堆碎片炸开,那么这些较小的碎片会慢慢地落回一起,形成一堆岩石。碎石堆积的小行星只有在非常弱的重力环境和一些类似的较弱的化学力作用下才能聚集在一起。碎石堆(rubble pile)属于一种颗粒材料(granular material)。[41]

颗粒材料包括沙堆、谷物升降机中的谷物或自助早餐机中的谷物。

颗粒材料的行为是一个相当新的研究领域,称为颗粒物理学(granular physics)。我承认,我直到2011年才听说过颗粒物理学(我们天文学家过着与世隔绝的生活)。那是在阿斯彭物理中心的一个研讨会上听说的,我感到很幸运。从多个方面来看,那都是一个别具一格的地方。首先,阿斯彭是一个非常美丽的地方,坐落在绿意盎然的罗灵福克山谷,四周环绕着落基山脉的多个山峰。它还为每年冬天来到这里的有钱人提供了很棒的餐厅。物理学家能够负担得起去那里开会,仅仅是因为我们享有特殊的淡季价格。我们也很受房东的欢迎,因为我们不太会损坏他们漂亮的公寓。无趣偶尔也有些用处。

阿斯彭物理中心有一种"拉郎配"的方法,就是让你和一个研究完全不同东西的人共用一个办公室。我就是这样认识卡伦·丹尼尔斯的。卡伦和我的一位天体物理学家朋友安德鲁·金(Andrew King)共用一间办公室。一天,我在安德鲁·金的办公室里和他谈论我对小行星采矿的新热情。当我向他解释大多数小行星都是碎石堆时,他的办公室"室友"开始振作起来,注意我们的对话。我承认,那时我也才真正注意到她。最后她打断了我们,问了很多问题,而且越来越多。很快,她开始向我们解释颗粒物理学,我们对此一无所知。事实证明,她是颗粒物理学领域的顶尖研究者,不过她也没有听说大多数小行星都属于她所喜欢的那种石头。在接下来的几天里,我们互相学到了很多。

在诸多捕获小行星的方法中还包括一种类似使用"鱼叉"的方法。卡伦解释说,或许这并不是一个好办法。碎石比你想象的更能抵抗"鱼叉"的穿透力,因为碎石堆之间会倾向于"锁定"。也就是说,它们倾向于形成拱形,阻止岩石移动。当有一股强大的力量压在碎石上时,就会形成锁死。这就是谷物能被困于自助早餐机中的原因(图7)。这也是为什么"掩体炸弹"在摧毁地下掩体方面没有想象的那么有效。炸弹的爆炸力压缩了下方的岩石,使其形成锁死状态,从而保护了更下方的岩

图7 这种早餐谷物分配器说明了颗粒材料的一种特性,即锁定。由碎石构成的小行星在受到撞击时可能会表现出相同的行为

石免受爆炸。这种情况可能也会在太空中发生。不管谁想要推动小行星,防止它撞击地球,都必须用相当强大的力量推动它。你会想知道这样做的后果会是什么。在碎石堆上,这种效果可能与你预期的非常不同。

你的"鱼叉"越锋利,它穿过行星表面时,需要移动的岩石就越少,因此也越容易穿透表面。有鉴于此,由东京大学渡边武夫(Takeo Watanabe)领导的一个日本小组正在学习武士刀。[42]一些关于这些剑如何切割金属和石头的传说,听起来好像和小行星的事情差不多。他们的秘密在于1000年前由日本铸剑者开发的特殊的玉钢(tama-hagane)。正常情况下,不锈钢刀片在非常坚硬的表面上会变形,而日本研究人员希望玉钢不会弯曲。对这种钢的科学研究还不多。据推测,历史悠久的武士刀的所有者不愿意对他们的宝贝进行任何可能会使其断裂的测试,然而获得新的玉钢是非常昂贵的。渡边有一小片样本,希望很快进行测试。准晶体的一个潜在用途也是制造非常坚固的刀片,也许它们会给武士刀钢带来一些竞争!

卡伦想出了一种完全不同的方法在一颗红宝石小行星上打锚,比使用"鱼叉"固定要巧妙得多。她想将整个系统深入碎石中"扎根"。它们看上去就像花园里杂草的根,即使杂草生长的土壤不是一整块连在一起的泥土,你也很难把它们拔出来。这听起来就是(我们想要的)固定在小行星上的东西。

在地球上能够验证卡伦想法的地方屈指可数。有几个能提供短短几秒钟微重力的落塔可以做这种试验,其中不来梅大学有一个110米高的塔,只能提供4.5秒的自由落体。抛物线飞行的飞机(操作人员会乞求你不要叫它"呕吐彗星")会产生数次30秒的微重力,而亚轨道火箭[如蓝色起源公司的"新谢泼德"(New Shepard)号]会产生大约5分钟的微重力,时间足有前者10倍之多。卡伦已经在佛罗里达州进行了一系列零重力抛物线飞机飞行,以验证她的想法。如果需要做更长时间的实验,则必须在地球轨道上进行。在小行星碎石中扎根,本来就是很缓慢的。使用国际空间站进行第一次小规模试验似乎很合乎情理。

颗粒材料的另一个奇怪特性可能变得非常重要——传播速度在它们内部变得非常小,也就是说只要轻微的撞击就足以产生冲击波。由于只有几个颗粒承受压力,所以冲击可能会使整个小行星不稳定,很快使其改变形状。如果小行星正在旋转,这种形状的变化可能会导致它严重摇晃,这对你的采矿设备来说不太可能是好消息。在最坏的情况下,小行星可能像牛顿摆中的一排钢球:第一个球的撞击不会让中间的球移动,但最后一个会飞离。这可不是我们想要的效果。

小行星采矿和行星防御的出现,意味着这些相当深奥的关于颗粒材料在微重力中的行为的研究课题即将成为实际问题。"需要更多的研究。"我们科学家总是这么说。这不仅是句大实话,而且相当紧迫,因为这些研究往往需要好几年的时间。

我们的采矿设备一旦就位，便可对资源进行实际开采，就可以有收益了。在困难的深空环境中，我们如何从原材料中提炼水或贵金属？在这个真正基本的问题上，目前还没有多少工作可做。我们需要找到不依赖重力在高真空中工作的方法，并能对付极端寒冷环境。约翰·S. 刘易斯写了一本开创性的《挖掘天空》来倡导空间采矿，他列出了几种可以在太空中实施的方法。[43] 然而，它们都没有在零重力环境下试验过，更不用说在小行星上了。一大限制是功率。在地球上，大多数采矿始于将岩石破碎成小块，这需要很多能量，而空间任务必须尽可能少地消耗能量。钱德拉 X 射线天文台是 NASA 最伟大的天文台之一，它的功率只不过大致相当于一个吹风机。[44] 这种限制是因为太阳能电池板太重，我们无法发射更大面积的太阳能电池板。所以这是一个挑战。塞塞尔位于洛杉矶地区的跨越宇航（TransAstra）公司正致力于利用阳光直接加热含水岩石，将水"蒸发"并收集起来。该公司使用太阳能炉和精巧的新型"非成像"镜子来达到所需的非常高的温度，而不是光伏。TransAstra 公司称其版本为"光学挖掘"（optical mining™）。

有许多技术可以分离铁、贵金属等高密度矿石。它们有一些很厉害的名字：振动台、螺旋选矿机和高密度水介质旋流器。[45] 大多数方法都是基于重力的，但幸运的是，并非所有方法都是这样。相反，还有一些是使用离心力来实现，淘金就是这样的，它们应该能够在零重力条件下工作。其他基于热学或化学的技术在提取矿石方面可能比简单的破碎方法更好。在地球上，铂金的筛选使用到一些相当重的设备。铂的羰基镍方法可能也会起到作用，这也是我们可以在地面开始测试的另一种方法。[46] 这种方法可以分离所有的镍和铁，留下钴、铂族金属和金。这也是一个循环反应——最后，你会得到与开始时相同的化学物质。这对于空间采矿来说是一个巨大的优势,因为它减少了需要在太阳系中移动的质量。如"树根"扎入碎石堆一样,这些方法需要比亚轨道飞行更长的时间,所以在轨测试是必要的。大多数实验室规模和基于台架的冶金测试只使用千克量级的样品,这对国际空间来说也是很合适的尺寸。

还有一些更具创造性的想法。一个是对小行星进行生物采矿。2016年,一组日本科学家发现了一些自然进化的细菌,它们可以吃塑料。[47]事实证明,细菌可以被繁殖来食用各种各样的物质。地球上的生物采矿是解决废物回收问题的一种新方法,特别是对于废弃电子产品等比较麻烦的物品。当时在加利福尼亚大学圣克鲁斯分校的杰西卡·厄比娜(Jesica Urbina)与她的博士生导师、NASA埃姆斯研究中心的林恩·罗思柴尔德(Lynn Rothschild)一起在这方面做了研究。罗思柴尔德对外来生物学很感兴趣,因此她研究了能够在极端条件下存活的细菌,称之为"极端微生物"。她希望找到生命可以应对的最高温度,以此作为系外行星是否可以允许生命存在的指针。小行星的生物采矿是她工作的一个可能的副产品。甚至在发现吃塑料的虫子之前,悉尼新南威尔士大学的迈克尔·克拉斯(Michael Klas)领导的一个小组就提出了生物开采碳质小行星以制造甲烷的建议。研究人员建议使用自然界中产生甲烷的古细菌。然后,产生的这些气体可以用作火箭燃料。对于小行星采矿者来说,生物采矿最吸引人的一点是:这是一种打破火箭方程的方法。虫子从小行星的材料中生长出来,以指数级繁殖。所以,就像克拉斯所说的那样,你不需要一台巨大的采矿机,而只需要携带一小部分原料就可以给小行星"接种"。[48]也许称之为"传染"更准确?一颗固体镍铁小行星可能没有足够的营养物质来培养细菌,而普通硅酸盐岩石可以培养一些细菌。石质小行星中含有铁,只是比金属小行星中的铁少得多。毕竟,生物采矿可能使它们成为开启小行星采矿的好地方,这可能将使寻找含矿的小行星变得容易得多。罗思柴尔德还是某个团队的成员,该团队正在研究哪些细菌适合被投放到月球或火星上,并能带来丰厚的回报。[49]到目前为止,他们研究的四种微生物之一——希瓦氏菌(*Shewanella oneidensis*)——看起来很有前景。

生物采矿的起步,可以从在地球实验室的模拟碳质小行星材料上测试不同的细菌开始。我们收集的碳质陨石很少,所以我们只能在模拟陨石上练习。收藏真陨石的馆长们肯定会认为它们太珍贵了,不能用于看上去有些牵强的实验。他们的不情愿是可以理解的,即使获得一克的样本可能也需要等待几个月。但生物采矿实验需要更多。生命可以在异常艰苦的条件下生存。越来越多的极端微生物细菌被发现。然而,小行星的环境甚至超出了这些生物所能应对的范围,是不是有可能迫使细菌向适应那样更严酷的环境进化? 或者,克拉斯和他的同事们建议,我们可能不得不放宽条件,在小行星表面提供某种环境比较温和的水箱,让细菌在那里发挥作用。

再仔细想一想,生物反应器罐是一条更安全的路线。如果这些细菌能够吃掉构成碳质小行星的各种有机化合物,那么它们可能会吃得更多,例如航天服或人。你一定想让这种虫子远离一切不该吃的东西,除非你在写一部太空恐怖电影剧本。我们将把它们放在一个安全的环境中,不让它们在小行星上自由游荡,到处吃东西。

在提取出有价值的10%的水或0.001%的贵金属后,我们将留下大量低价值的材料。如何处理这些数量庞大的尾矿呢? 有一种经济激励方法,使它们捆绑在一起。太空中数千吨乃至数百万吨的岩石或铁本身就是一种宝贵的资源,价值远远超出了我们从地球发射的成本。我们只需要把它们带到有人可以使用的地方,就可以把它们卖掉,在这之前,比较合理的方式是找一块地方存放我们的新资产。这有点像"土地银行"——例如,拥有一处房产,在它变得更有价值之前不对其进行任何开发。有以下几个选项。我们可以将尾矿分成不同的矿物类型,并将其储存在小行星的原始轨道中,以便未来将他们分散使用。或者,我们可以使用挥发物将其填充入基质中,形成"人造小行星"。不过,这个过程可能需要水,这就会侵蚀到我们的主要利润项。还有,我们可以用太阳能炉,将矿石烧结成块状。或者我们可以把松散的尾矿装在一个大袋子里。谁知道呢? 也许有一天它们会有用。

如果我们不能把一堆珍贵的矿石运到我们可以出售的地方,那就没有用了。就目前而言,要么回到地球,要么靠近地球。我们怎么才能把这些矿石都带回家呢? 分为两步:一、将我们的矿石推进到近地空间;二、将它们送回地面,避免在大气层中烧毁。我们需要带回足够多的矿石,才能获得巨额利润,使整个企业有立足之地。我们拥有 20 吨小行星矿产,以每吨售价 5000 万美元计算,我们将实现 10 亿美元的销售额。20 吨的质量是迄今为止从小行星返回地球的任何探测任务试图携带最大质量的 2000 倍!

如果我们有更好的火箭,那么就可以在太阳系内运送更大的质量。有好几个办法正在酝酿中,可以让我们造出更好的火箭。火箭科学究竟发生了什么?

其中一种是继续将太阳能电力推进(SEP)引擎做大,让火箭拥有更大的动力。为小行星重定向任务开发的 SEP 引擎现在可以从加利福尼亚州的航空喷气-洛克达因(Aerojet Rocketdyne)公司购买。[50] 如果我们要开始回收数十吨或数百吨的矿石,就需要提升火箭的动力,或许仅仅通过一种简单的方式——给它们增加额外的燃料箱——就可以。

另一种方法是用小行星能提供的东西给我们的火箭加油。对于贵金属的开采,这一计划不会起到很好的作用。贵金属主要集中在水和有机物质很少的小行星中。相反,这种方法应该适用于我们为水或甲烷而开采碳质小行星,随便哪个都可以用来给我们的火箭加油。我们只需要确保我们不会需要过多的水或甲烷,以免侵占利润。然而将水转化为燃料是相当复杂的。水需要净化,分离成氢气和氧气,然后这两种气体都必须经过液化。只有这样,你才能往火箭的油箱里加油。我们在近地轨道上都还做不到,更别提在遥远的小行星上了。液态水会更容易处理。摩门塔斯(Momentus)是一家制造新型水燃料火箭的公司。[51]塞塞尔——我们刚刚在"光学挖掘"中提到过他,他也是摩门塔斯公司的首席技术顾问。他称这项技术为"无电极等离子体推进"技术,这是他在20世纪90年代初攻读加州理工学院博士学位时设计的。这项技术的前期销售情况良好。

我们可以重新利用核能来推进航天器。我们知道核裂变反应堆是如何工作的,它们提供了大量的能源。很多人对在太空使用核技术感到紧张。从另一方面说,太空已经充满了危险的辐射,一堆核火箭不会显著增加辐射。尽管1967年《外层空间条约》禁止在太空使用核武器,但核反应堆并未被列在禁止行列。苏联过去经常发射核弹,但在1978年后它们不再受欢迎。当时携带反应堆的"宇宙954号"卫星在加拿大坠毁。加拿大向苏联递送了1500万美元的清理费发票,苏联付了款,但只付了一半。[52]

用于太空的轻型反应堆大概可以在10年内问世,这点还是比较合理的。裂变反应堆分解重原子,如铀-235,在这个过程中释放出大量能量。在很多年里,NASA对这一话题保持沉默。2015年NASA重新启动了其所谓的"千瓦动力"(kilopower)计划,打算在10年或更长时间内,建造一个能在太空中使用、能够产生10千瓦或更多功率的飞行反应堆。该机构计划使用洛斯阿拉莫斯国家实验室的戴维·波斯顿(David Poston)设计的反应堆。他的设计非常紧凑,也不会发生堆芯熔毁。该试验反应堆有个很棒的名字KRUSTY——基于斯特林发动机技术的千瓦动力反应堆（kilopower reactor using Stirling technology）——成本仅为2000万美元，这对NASA的任务来说简直就是小菜一碟，它于2018年通过了测试。波斯顿说，KRUSTY的设计可以将功率放大到兆瓦级。[53] 这是先进的SEP所能提供功率的10倍，同样，它也不需要巨大的太阳能电池板。不过仍然需要较大的冷却系统来消散反应堆的多余热量。NASA欢迎使用这些反应堆为月球或火星上的基地供电的想法。它们还可以为火星以外、从主带小行星开始的外太阳系的任务提供动力。NASA和洛斯阿拉莫斯国家实验室现在希望继续建造一个反应堆，用于实际的太空飞行。

还有关于核聚变火箭的想法。聚变反应堆将轻元素结合成重元素。这些反应释放的能量甚至比裂变反应更多。太阳的核心进行的就是将氢转化为氦的聚变反应。几十年来人们一直试图在地球上建造核聚变反应堆，但至今没有成功。由于缺乏进展，普林斯顿等离子体物理实验室的一些科学家开始思考他们可以做些什么来迅速取得一些成果。他们发现，如果选择正确的反应，一端开口的反应堆更容易建造，而那不就是火箭吗？他们称其设计为直接聚变驱动。他们与普林斯顿卫星系统（Princeton Satellite Systems）公司合作，该公司将设计反应堆周围的所有其他设备，这些设备是制造完全运行的核聚变火箭所需的。[54] 普林斯顿等离子体物理实验室将开发该反应堆。研究人员声称，只要花费7000万美元，他们就可以在10年内拥有一个工作原型机。如果他们能做到这一点，那么他们的发动机将彻底改变太阳系内的运输，包括从小行星取回巨大的质量。

在电影中，押注于核聚变反应堆等突破性技术总是很有用——而且很快见效。然而，聚变的研发历史表明，我们不应该只把希望寄托在这一个想法上。由于"广告"中的价格低于NASA的一次"小型探险者"级别的任务，这似乎是一个很好的附带赌注。[55] 事实上，NASA已经向该团队提供了一些资金支持。让我们拭目以待。

最后是轨道力学问题，关于如何在太空中"往返"的研究。轨道力学是关于如何设计轨道，将太阳系中20吨重的小行星从其原始轨道移动到地球周围的轨道，或向下移动到地球表面。现在，我们只能把一艘2吨重的飞船送到最容易到达的小行星上去。返回并不是走"下坡路"。到达低轨或地球表面所需要的速度增量与离开时是一样的。我们可不想直接摔在地面，所以必须减速。不过，我们并不一定要一直回到地球，也就是"引力阱"的底部。20吨重量似乎很有挑战性，但也并没有超出范围。小行星重定向任务计划把大约5吨重的能量带回到高轨道，这需要的能量更少。来自小行星的水的价值，如果放在高轨道上，价格是在低轨道上的水的两倍，因此只要有人愿意在那里购买，我们当然更愿意在那里出售。但是第一个市场很可能还是会出现在低轨。那么我们怎么才能把大质量物体移动过去呢？现在有一些好办法。

获取更多能量的直接方法是从其他地方获取能量。利用月球引力和地球大气层是两种公认的可选途径。通过飞越可以利用月球的引力来让带回的矿石减速。这可以带给我们约 1 km/s 的速度增量，如果绕过地球再次经过月球，这样可以获得 2 km/s 的速度增量。[56] 与我们的矿石返回时的速度 12 km/s 相比，这并不多，但它是免费的，所以不应该被忽视。我们还可以通过掠过地球大气层来减缓矿石运输速度。这被称为空气制动，难度很大，它意味着要以很高的速度到达距地球表面100千米高度范围内。政府在批准采矿公司进行此类尝试之前恐怕就会紧急叫停，因为一个小小的错误就可能使空气制动轻易演变成"岩石制动"（lithobraking）——在高度为零的时候受岩石阻挡而制动。利用月球引力来减速，则不必有此担忧。你看直到目前还没有人撞上月球。

引发对小行星重定向任务研究的意大利企业家坦塔尔迪尼提出了一个非常轻松的回程方法。他建议使用一些称为"不变流形"的特殊低能轨道从小行星返回。这条轨道可以让我们带回更多的矿石,但需要更长的时间才能将有效载荷送回家。小行星重定向任务的航天器将花费两年时间,使用40千瓦的太阳能电推发动机让一个5吨重的巨石返回月球轨道。而5吨矿石估计价值2.5亿美元,处于最低利润水平。

寻找一条将矿石运回地球的最佳轨道,不仅仅是轨道力学的问题,经济问题也很重要。毕竟,时间就是金钱,所以能量成本高的快速路线(较大的速度增量)可能是比时间久但速度增量小的路径更好的选择。这些公司将面临一些棘手的计算:是现在赚一些钱,还是等以后赚更多? 当然,我们必须带回比所发射的采矿航天器更多的质量,这样才能获得可观的利润。也许,第一批价值最高的矿石将通过快速路线返回,好偿还企业家的银行贷款,而后续更多的矿石则将花费更多的时间运输,但最终仍将使投资者非常富有。

我们并不会老想着将矿石带回地面,因为如果我们这样做,就意味着必须找到一种安全通过大气层的方法。穿过地球大气层通常被称为"再入",这对于从地球发射的航天器来说是正确的。但小行星矿石从未离开过地球,所以从技术上讲,它只是"进入"——我猜测这个说法会流行起来。将矿石从太空运到地球表面会带来一系列问题。矿石将以每秒12千米(相当于每小时43 200千米)的速度返回地球。从另一个视角看,地球的周长就是40 000千米。当我们的矿石在大气中快速移动时,速度会降低下来,随之它会加热到极高的温度。我们真的不想让我们的珍贵矿石在长途旅行的最后,在一段极为短暂的旅程中蒸发掉,就像(剧透警报)电影《碧血金沙》(*The Treasure of Sierra Madre*)中一样。一个简单的处理方法是带上一些毫无价值的石头作为隔热罩,在穿越大气层的短暂旅程中,它们会被烧掉,所以它们可被称为烧蚀盾牌。但是,如果我们在这个防护罩上消耗了太多的有效载荷,就会耗尽我们的利润。另一种方法是在大气密度较低的高空进行减速,使航天器保持相对凉爽。但稀薄的大气又意味着航天器需要向空气借用更大的区域以实现减速。布加勒斯特理工大学的拉杜·丹·鲁杰斯库(Radu Dan Rugescu)和其他人提出,这个方法可以通过一个充气的气球,或在矿石后面拖曳一个气球式降落伞来实现。[57]

我们还需要小心翼翼地控制我们的飞船在大气层中下降,以免丢失在海洋中,也避免对大气层以下的人员造成伤害。这可能要求从小行星上取回的矿物形状不要太不规则,要不然,当大气压力在它们前方积聚时,它们可能会翻滚,使着陆点无法确定,同时又会使矿石暴露在极端高温下。在矿工(航天器)启程返回时,还不得不小心地打包自己的资产。如果获取的矿产是液体,或许可以利用零重力环境自然地将它们变成球形。

事实上,大质量物体受控进入大气的试验已经进行过多次了。航天飞机重约100吨,安全返回地面100多次。只有一次灾难性的失败:2003年2月,"哥伦比亚"号航天飞机在返回时解体,原因是它的隔热板出现了一个缺口,7名船员因此丧生。即便如此,得克萨斯州上空的碎片雨也没有伤及任何人,只造成了轻微的财产损失。[58]因此,也许将大量的贵金属带入大气层中,并不像听起来那么可怕。我们所需的有效载荷确实将比航天飞机更快,但如果我们将矿石质量保持在10吨左右,那么它们的能量将低于航天飞机。这或许可被完全接受,我们可以选择在人口密度低于得克萨斯州的众多地区之一着陆,以进一步降低风险。尽管如此,采矿公司必须证明自己能够可靠地瞄准这些地区,并制定后备计划,以防发生突发问题。

综上所述,我们已经看到,将小行星采矿转变为一个真正的、有利可图的行业,所需的手段还是有一定可行性的。在某些方面,有很多想法正在争相消除相关障碍;而在另一些方面,办法可能只有一个。但我们现在看到的是,几乎所有的障碍都并非无法逾越,除了一个关键的例外:我们真的能够通过出售从小行星上开采的资源来赚钱吗? 现在,无人知晓。但新的技术发展正在汇聚,将小行星采矿这一曾经的幻想转变为新的机遇。**机遇**,便是我们接下来要讨论的。

第四篇

机　遇

◇ 第八章

离开地面拥有太空

现在我们知道，小行星对我们的三种动机可能意味着什么：我们对宇宙的好奇，我们对它们的恐惧，以及它们如何让我们变得富有。那么我们将如何真正满足这些渴望呢？现在是开始朝着所有这些目标努力的好时机。太空非常开阔。航天事业正在发生一系列变化，这可能为我们开展小行星采矿提供机会。发生变化的领域从新的技术到新的经营方式，再到轨道上的新产业。综合这些，新太空时代让我们描绘出一条从目前到未来充分利用空间资源的全方位产业的可行路径。我们需要从太空中获取利润，才能实现我们的目标。

太空已经产生了相当大的经济影响。根据布赖斯空间与技术（Bryce Space and Technology）公司的《年度全球太空经济报告》（*Global Space Economy Report*），2018年全球范围内太空行业的年产值为3600亿美元。[1] 该公司的首席执行官是卡里萨·克里斯滕森（Carissa Christensen）。听上去似乎很不错，然而这只不过占世界经济的0.5%而已，还不及大型零售商沃尔玛的收入。大约1/3的太空产业来自所谓"公共物品"，这些物品由政府提供，但现在被企业加以利用。在高质量气象卫星层出不穷之前，天气预测是时好时坏的。现在，提前多天的天气预报都能得到信任。这是气象卫星提供给我们的更好数据与更强的计算能力相结合的结果。天气数据是免费提供的，并且政府将其处理成预报产品。这个系统工作很正常,通过准确的飓风追踪等手段拯救了大量生命,我们围绕恶劣天气制定计划,极大地推动了经济发展。全球定位系统(GPS)也是一种公共产品。GPS最初是一种军事工具,现在则无处不在、必不可少且对公众免费。基于GPS的卫星导航与智能手机相结合,为我们提供了Uber、Waze和其他数十种应用。它的精确时钟被银行用来作为交易的时间戳。GPS和它的同类产品如此之庞大,以至于1/4的太空经济依赖于全球定位系统芯片的制造。这不是我们通常认为的太空活动,但实际上它的确是其中一种。其余的太空活动都是真正盈利的商业。其中最大的部分由通信卫星组成,主要提供广播电视,占太空经济的近1/4。最明显的太空业务是制造火箭和卫星,但只占总数的1/10左右。我们的问题是,太空中还没有任何商业建筑,太空中实际上也没有工业。这限制了小行星供应材料的客户基础。

太空商业增长的前景如何?现在出现了新的天基产业,从每天甚至每小时对地球拍照的小型卫星,到全球高速互联网接入。太空旅游、空间研究,甚至制造业都已崭露头角。人类太空活动的急剧扩张可能会产生对太空衍生资源的需求。这一切将如何开始?

发射是去往太空的必由途径,如果你无法进入轨道,其他什么都无从谈起。发射的一个大问题就是进入轨道的成本太高。成本高的原因之一是:直到最近制造的所有火箭(行话叫"运载工具")都是"一次性使用后丢弃"。当你谈论纸巾或订书钉时,丢弃确实是它们的一个好归宿。但当你的产品是价值数亿美元的高科技产品时,这一招就真的很愚蠢。通常的一种比较方法是,想象你和300个朋友从纽约乘坐价值3亿美元的波音787到新加坡,到了那儿就把飞机给扔了。100万美元一张的单程机票价格,让今天15 000美元左右的头等舱(乘坐私人远程喷气式客机可能会花费类似金额)看起来就像是白菜价。[2]太空本身并不那么昂贵。据SpaceX公司创始人埃隆·马斯克(Elon Musk)称,SpaceX的每一枚"猎鹰9号"火箭的燃料成本仅为20万美元。[3]这不到整个火箭价格的0.5%。发射成本可能要降低至原来的1/50,才能达到如目前航空公司燃油成本与机票成本之间的比例关系。

飞向轨道的费用到底有多高? 20世纪60年代"阿波罗"计划中的"土星五号"火箭将货物送入轨道的成本,以今天的美元计算,约为每千克10 000美元。[4]对于平均体重的人来说,这是一张约200万美元的往返票。事实上,如果你再携带足够的用来维持生命的设备(这可是明智之举),这个价格更将达到400万美元。经过50年的太空任务,2010年使用航天飞机发射到近地轨道的成本已经远远超过每千克10 000美元。[5]这一巨大的成本使航天工业一直保持较小规模。你很难找到运输成本如此之高的行业。这就解释了为什么真实的2001年与电影《2001太空漫游》完全不同。电影中在巨大的旋转式空间站里建有希尔顿酒店,常旅客可以乘坐泛美航空公司(现已停业)航班进入轨道。这实在是没有人能负担得起。幸运的是,这一切都在悄然改变。

我们可以对发射成本的下降持乐观态度,因为已经在下降了。SpaceX公司将货物送入太空的成本降低至原来的1/7。[6]的确,它在关键阶段得到了政府资助。SpaceX公司并不孤单。亚马逊创始人杰夫·贝索斯(Jeff Bezos)的火箭公司蓝色起源也在做着同样的事情。"老而复兴"的航空航天常客——联合发射联盟和阿丽亚娜航天(Arianespace)公司已经意识到自己也必须接受可重复使用的火箭,否则终将被淘汰。它们在SpaceX"猎鹰9号"火箭芯一级首次着陆前几个月宣布了各自的可复用计划,这肯定不是巧合。竞争使人增进共识。

让我们考虑一下前往轨道的船票价格。乘坐俄罗斯"联盟"号载人飞船飞行的成本越来越高,从2010年的3000万美元上涨到2019年的9000万美元。[7]这并不便宜,但一些个人已经按照之前的折扣率支付了近似的价格。即使是SpaceX公司的"龙"(Dragon)飞船和波音公司的"星际客船"(Starliner)的早期航班也将花费类似的费用。并不是每个人都觉得昂贵。轰动一时的动作片可以耗资3亿美元,而参演的明星可以狂赚1000万美元。[8]电影明星汤姆·克鲁斯(Tom Cruise)成为第一个乘坐"龙"飞船前往国际空间站拍摄电影的演员,我们不必对此感到惊讶。

对于大多数其他潜在客户来说,这仍然是相当昂贵的。但成本可以降低,特别是在开发成本付清后。SpaceX公司有一个"私人乘员计划",并与迪亚曼迪斯的太空探险(Space Adventures)公司合作推广。[9]但是他们不公开票价。波音公司也不甘示弱,与公理太空(Axiom Space)公司签署协议,用"星际客船"为其往国际空间站运送乘员。[10]"猎鹰9号"顶端的载人"龙"飞船计划搭载7人进入轨道,所以发射成本约为每人1000万美元。这不仅仅是船票成本,因为还有"龙"飞船的成本,加上所有发射设施的费用,以及运营商的利润,但这表明价格有很大可能会打折。

由于大部分火箭和"龙"飞船都被重复使用,所以新的航班成本仅为燃料、整修成本和不回收的上级火箭,再加上发射人员的成本。按照SpaceX公司的计划,将火箭和航天器重复使用10次,就可以将票价降低到数百万美元。这完全不便宜,但只不过是数百人为了体验维珍银河(Virgin Galactic)公司和蓝色起源公司的5分钟失重旅途而预付订金的几倍而已。[11]对于想要太空计划但被高成本准入门槛排除在外的小国来说,这也是一个合理的价格。大公司还有研究预算,可以负担几百万美元的太空船票,只要这些船票能够引向未来的潜在收益。这似乎是一个合适的价格,它为更多的客户打开了太空,而且能与其他供应商相抗衡。(顺便说一句,当你购买太空船票时,最好仔细阅读小字。你要确保价格里包括三明治和氧气!更要确保包含回程。)

SpaceX火箭系统最引人关注的部分是"猎鹰"火箭的芯一级的受控垂直着陆。可复用性并不是他们与NASA的合同中所要求的,而是被SpaceX公司视为一项战略举措用于自筹资金的。"猎鹰9号"巨大的芯一级火箭能够返回发射场或在无人远洋驳船上降落。处在大西洋待命的驳船被称为"当然我仍然爱你"(Of Course I Still Love You)。这个奇怪的名字是为了向伊恩·班克斯(Iain M. Banks)的科幻小说《游戏玩家》(*The Player of Games*)致敬。它有一艘位于太平洋的孪生兄弟,被称为"阅读说明"(Just Read the Instructions),来自同一本小说。2015年12月16日,"猎鹰9号"的芯一级在卡纳维拉尔角首次成功着陆。几个月后的2016年4月8日,它第一次海上着陆成功。现在,"猎鹰9号"已经进行了数十次芯一级火箭返回着陆。2018年2月6日,"猎鹰"重型火箭试射,一个壮观场面出现了:两个芯一级火箭在卡纳维拉尔角并排着同时着陆。[12] 当时那一幕看起来很科幻。但正如行星资源公司前首席执行官莱维茨基所说:"一切事物直到成为科学事实前都是科幻。"[13]火箭可重复使用现已成为常态。

平心而论,2015年11月,蓝色起源公司抢在SpaceX之前一个月,使其完全自筹资金研发的"新谢泼德"火箭成功着陆,[14]这是一个戏剧性的、同样令人印象深刻的成就。蓝色起源公司的火箭并不打算进入空间轨道,只是以抛物线"跳跃"的方式快速进入太空。这意味着涉及的能量和速度要少得多。当时看来,蓝色起源公司选择了更容易解决的思路也是明智的。毕竟,SpaceX的着陆尝试在3年内经历了9次失败。但是,当SpaceX取得成功时,它标志着发射卫星的经济性发生了翻天覆地的变化。

专注于仅回收芯一级火箭是有道理的。SpaceX公司表示,"猎鹰9号"的80%成本在芯一级。这主要是因为"猎鹰9号"上有10台"梅林"发动机,其中有9台(以及"猎鹰"重型火箭上28台发动机中的27台)位于第一级。由于发动机是火箭最复杂和最昂贵的部件,回收90%的发动机("猎鹰"重型火箭发动机的回收率约为96%)可以节省大量资金。这确实意味着发动机和火箭必须从一开始就要为重复使用而设计。这是它们没有达到最高性能的原因之一。保持它们的结构健全成为更重要的选择,这样它们才能被送回来执行未来的任务。

重复使用还将带来可靠性的提升。在飞行后对火箭发动机进行例行检查能更容易发现和确定可能存在的任何故障。火箭发动机和喷气式飞机的发动机都必须如此。这一定是SpaceX公司确信其"猎鹰9号"block 5型火箭的一级发动机可以重复使用10次的原因。它有许多早期的型号(设计)被用来检验和学习。在撰写本书时,SpaceX公司对一级火箭发动机的重复使用已经多达7次。[15]哈勃望远镜的维修就是一个例子,它说明将硬件收回有助于诊断问题,假如它能带着一台损坏的陀螺仪返回到地面,我们就可以发现陀螺仪故障的原因。当然事实上"哈勃"无法做到这点。没人能掌握火箭设计的弱点,除非从"非计划快速拆卸"过程中收集到碎片。("非计划快速拆卸"简称RUD,是行业中对"火箭爆炸"的术语。是的,这其实是开玩笑的。即使是书呆子也会开玩笑。)

如果你能像SpaceX公司所宣称的那样,将火箭和航天器重复使用100次,那么上述简单的成本计算换算成票价的话大概只有10万美元。这可能并不是幻想。SpaceX声称,新的"星舰"与"超重鹰"火箭的组合可以将100人送上轨道(或地球上的任何地方),而SpaceX的成本仅为200万美元。每位乘客只需20 000美元,与今天长途航班头等舱机票价格相当。[16]毫无疑问,SpaceX将在此基础上增加巨大的利润空间,但它仍将改变"游戏规则"。

从使用10次到使用100次,这是一项艰巨的工程挑战。然而,与制造第一个可重复使用的火箭和航天器相比,也许挑战性更弱一些,因为它不必再打破一个范式，只不过是将其延展而已。20世纪60年代初，喷气式飞机首次从纽约飞到洛杉矶，这是一件大事，因为与平均收入相比，一张机票的价格是今天同一张机票价格的5倍或更多。而且那时候是有风险的，因为当时飞机坠毁是常见的。[17] 在机场设立旅客临时购买保险的销售亭是再正常不过的，虽然看上去会让人感到不安。我父亲在20世纪60年代开始每年跨大西洋旅行，每次他离开时都会道别，好像那可能是我们最后一次见面。然而，他还是去了。（他没事。）前往太空的乘客也会做出类似的判断。20世纪60年代的飞机使用的喷气发动机技术与今天飞机使用的基本相同。在竞争的推动下，对这项技术的逐步改进使得价格降低到了人们日常负担能力范围。经过几十年的改进，喷气发动机现在已成为世界上最可靠的机器之一。将火箭推向飞机的标准并使其飞行100次甚至更多似乎不再是幻想。最重要的是，SpaceX公司有竞争对手。蓝色起源公司有自己的部分可重复使用的轨道火箭"新格伦"，正在开发中；ULA和空中客车（Airbus）/阿丽亚娜航天公司都有即将发射的新火箭。它们都强调低成本和客户服务。[18] 竞争总能压低消费者的价格。"超重鹰"火箭及其搭载乘客的"星舰"飞船上面级将完全可重复使用，这是SpaceX公司认为票价可以大幅下降的一大原因。

如果我们能以更便宜的价格进入太空，那么我们的航天器、采矿机械和空间望远镜（我个人的爱好）就可以造得不那么像灰狗而更像公牛；不那么像精密的机械手表，而更像卡车。这样我们可以使它们更便宜。如果追求更便宜，它们就不必那么完美，因为我们可以用一颗新的卫星替换一颗失效的卫星。（不过，这条并不适用于载人飞船！）完美总是昂贵的。放弃这一理想追求将催生成本呈螺旋式下降的良性循环。如何让这个循环继续下去一直是个问题。

多亏了NASA内部有创新者，他们在降低发射成本方面发挥了重要作用。[19] 2005年，NASA局长格里芬说服小布什政府每年拨出5亿美元，让私营公司采购国际空间站的运输服务。[20] NASA在休斯敦约翰逊航天中心设立了一个办公室。有趣的是，它被称为C3PO，即商业乘员货物项目办公室（the Commercial Crew & Cargo Program Office），这显然是对《星球大战》中机器人的致敬。2009年，NASA新任局长查尔斯·博尔登（Charles Bolden）和副局长洛里·加弗（Lori Garver）都对保持该计划的进行充满热情。他们努力将这种新的商业性太空飞行方式带到NASA。然而这个倡议并不是很受欢迎。阿什利·万斯（Ashlee Vance）在其埃隆·马斯克的传记中引用加弗的话说，反对的声音十分激烈，以至于她收到了"死亡威胁，还收到了寄来的假炭疽"！[21]

事实上，这显然不是一个好主意。NASA有一个舒适的系统，改变它可能是一个巨大的错误。不可否认，一段时间以来，美国国会一直在敦促NASA采取更商业的做法。尽管如此，这对任何人来说都是一场巨大的赌博，尤其是政府官员。必须拿出有力的论据。此举在一定程度上是对2003年宣布的航天飞机退役的回应，实际上航天飞机的退役发生在2011年，它意味着NASA将无法向国际空间站提供补给或运送宇航员乘组。由于可用预算有限，旧的方法又无法产生后续运力。比尔·格斯登美尔（Bill Gerstenmaier）当时是NASA负责载人探索和运行的副局长，他解释说，由于这些预算问题，NASA采用了一种新方法。从某种意义上说，没有什么好的选择。然而，这是一个勇敢的行动。

这种革命性的方法听起来有点乏味，涉及一系列合同。然而，这可能是自决定建造国际空间站以来最重要的政府太空行动。其想法是利用《太空行动协议》（Space Act Agreements），这是NASA长期以来授权使用的一种合同，但尚未尝试过。通常情况下，NASA是根据联邦采购条例（FARs）购买服务的，该条例允许该机构准确地告诉公司建造什么、如何建造以及何时建造。《太空行动协议》更加灵活。[22] 这更像是你在商店里的正常采购。NASA同意为特定服务支付一定金额。然后，该公司将承担可能造成无法盈利的所有风险。旧的FAR系统是"成本加成"的。这些合同保证了超过成本的利润，因此如果公司的开发成本增长过大，NASA就承担了风险。在太空计划的早期，"成本加成"的FARs很有意义，因为没有人知道如何制造火箭。让政府承担风险是从零开始创建太空工业的一个好方法。但50年后，是时候接受游戏方式的改变了。这些新格局的总称是公私合作关系（PPP）。

NASA的第一个大型PPP被授予国际空间站货物补给服务。2006年，SpaceX和基斯特勒（RpK）公司获得了第一轮竞争的优胜，但最终只有SpaceX幸存下来。2008年，NASA在第二轮竞争中加入了轨道科学公司（Orbital Sciences，现为诺斯罗普·格鲁曼太空系统公司）。SpaceX将建造和发射一个可重复使用的航天器"龙"飞船，而轨道科学公司将建造一个消耗性模块"天鹅座"（Cygnus）飞船。NASA特意选择了两个供应商，使用两种不同的火箭发射，以鼓励竞争，并避免依赖单一方式到达国际空间站，防止因其中一个失败影响了任务。这是一个明智的举动。2014年10月，第四艘"天鹅座"飞船意外爆炸，但国际空间站仍保留了一个运输系统。[23] 9个月后，即2015年6月，第7艘"龙"飞船执行国际空间站任务失败，看来即使有两个供应商也存在风险。[24] "天鹅座"在一年多后恢复了业务，而"龙"只花了不到一年的时间，所以时间缺口很小。[25]

商业货运计划取得了巨大成功。2014年，NASA将内华达山脉公司（SNC）的"追梦者"（Dream Chaser）号飞船加入首轮两个竞争者中。[26] "追梦者"看起来像航天飞机的缩小版。它的机翼使它具有独特能力，可以将货物从国际空间站运回地球，不会因为快速减速而承受强大的重力。这是运送诸如生物材料等精细产品时需要重点考虑的因素。

公私合作关系的下一目标就是让宇航员进入轨道。商业货运的成功促使NASA在2010年开始了商业化宇航员乘组PPP项目。到2014年，在向更多公司提供三轮资金后，NASA选择SpaceX建造"龙2"飞船，让波音公司建造"CST-100星际客船"。2020年5月30日，SpaceX的飞船首次运送宇航员飞往国际空间站。[27]

正如你所预料的那样，考虑到马斯克的另一家大公司生产的特斯拉汽车的外观，"龙2"飞船的内部看起来就像一个科幻电影的创意，表面光滑，触摸屏仪表显示。"星际客船"的外观则更为传统，有许多类似20世纪60年代的开关，由金属保护环保护。当我在大型航天展上与波音公司的一位员工开玩笑时，他很快纠正了我。他说，这不是波音公司不愿意改变，而是一个深思熟虑后的设计决定。想象一下，火箭在上升时，您试图选择正确的命令。但这是一个非常颠簸的旅程。您确定要触摸屏吗？你真的能用剧烈颤抖的手指头得到正确的命令吗？在高速公路上开车时，要做到这一点已经够难的了。这是一个清晰的现实主义操作，不过第一批"龙"飞船上的宇航员似乎没有这个问题。

第一次公私合作关系非常成功，NASA将同样的方法推广到了登月计划。[28]有许多项目可以进一步扩大公私合作关系：商业空间站取代老化的国际空间站；为去往火星或外太阳系建设加油站，以运送更大的有效载荷；从低地球轨道到月球的运输，以保持人类太空探索基地的运行。利用资本推进国家目标是美国由来已久的做法。

如何开始真正的太空经济？如果进入轨道变得（相对）便宜，并且继而变得更加便宜，那么太空的新可能性就会出现。从哪里开始呢？什么东西会推动太空经济呢？不会从一开始就进行小行星采矿的，因为在太空销售水也是需要客户的。但现在还没有。这是一个先有鸡还是先有蛋的问题。如果太空衍生资源不可用，就没有人会计划使用这些资源。如果没有客户，没有人会做出巨大的投资来提供太空资源。有出路吗？我认为有。

首先,不久之后将有更多人进入太空。第一波将以维珍银河或蓝色起源公司亚轨道跳跃的方式进行。这些飞船将提供绝佳视野,以及5分钟左右的失重体验,它们将穿过80千米高度的卡门-麦克道尔线——这条线新定义了太空边缘。[29] 这将使所有乘客都有资格成为宇航员。其次,乘客将进入轨道,进行研究、探险、旅游,在太空制造产品。SpaceX和波音公司的航天器可以同时搭载多达7人进入轨道,比"联盟"号多4人,其他公司的飞船看来可能会紧随其后。

ULA设想未来25年有1000人在太空工作。该公司称之为"地月1000愿景"。[其中"地月"(Cis-lunar)是地球-月球系统内的任何地球外活动的时髦术语。]ULA将围绕其"半人马座"(Centaur)上面级发展更高级版本,称为ACES(先进低温渐进型上面级)。ACES计划在21世纪20年代中期投入使用,届时它可以用新的"火神"(Vulcan)火箭发射。它被设计为能够使用从月球上提取的推进剂进行燃料补给。据推测,小行星产生的推进剂也能满足这一要求。时任ULA高级项目副总裁的乔治·索尔斯(George Sowers)表示:"我想在太空购买推进剂。一旦我有了一个可重复使用的火箭级,并且我可以买到燃料,那么我就有可能大幅降低前往其他地方的成本。"[30] "地月1000愿景"的公告中有一部分是ULA声明,它承诺将以每千克3000美元的价格在低地球轨道购买推进剂。通过建立一个太空燃料市场,ULA可以成为启动太空采矿业的公司。ULA还计划建造一辆基于ACES开发的名为XEUS的月球燃料卡车。XEUS将水平降落在月球上的一个水矿作业区,然后将燃料运回低地球轨道,在那里它可以将从地球表面新送抵的燃料箱重新填充。一个ACES燃料箱需要68吨燃料。这一切都很棒。ULA正在考虑为太空发展创造一个完整的系统,一个真正的基础设施。

我发现"地月1000愿景"中缺少一些东西:这些人将去做什么?谁会付钱给他们?就目前而言,我们要做的只是假设,假设ULA有一个商业计划,该计划为其高回报的投资提供了良好的机会。

他们可能正在做的事情之一就是去月球。自1976年苏联最后一次无人探测任务"月球24号"以来,直到2013年中国的"嫦娥3号"到达月球,其间都没有什么(航天器)再登陆过月球。这种无动于衷的情况现在已经完全改变了。越来越多的证据表明月球南极存在大量的冰,这引起了人们的极大兴趣。[31] 目前的计划要求在未来几年内,大约有10台无人探测器登陆月球。有2台探测器已经尝试过了,但都失败了:以色列的"创世纪"(Beeresheet)号和印度的"维克拉姆"(Vikram)号着陆器*,在各自的着陆火箭提前停止工作之前都已经非常接近月面。它们是令人不悦的失败案例。在即将到来的月球着陆器中,包含几项商业性的探测任务,其中两项来自美国,一项来自日本,另一项来自欧洲。NASA正在鼓励这一趋势。它取消了自己的"月球探勘者"任务,转而使用商业货物PPP的方法从商业公司购买服务。也许所有这些登月任务都会带来更为雄心勃勃的活动,从而提供"地月1000愿景"项目所需的客户?

随着新的太空活动的想法不断涌现,其中有哪个计划看起来会为小行星可能提供的大量太空水创造出市场吗?对,有几个。不过,没有一个是可以保证成功的,但我们可能只需要一个就可以开花结果,让小行星采矿事业得以开展。

卫星服务可能即将成为一个繁盛的行业。空间咨询和分析公司北方天空研究(Northern Sky Research)在2018年的一份报告中估计,在未来10年内,卫星服务将带来30亿美元的收入。[32] 这将成为很可观的一笔钱。诺思罗普·格鲁曼任务扩展飞行器的开发计划是建造一个母船携带10个扩展包或任务扩展舱。这是一个更为复杂的操作,需要使用机

---

* 2023年又增加了一个失败案例:日本首个私人月球探测器"白兔-R"(Hakuto-R)。——译者

械臂,但一个航天器修复10颗卫星很可能是更吸引人的商业案例。为航天飞机和国际空间站制造机械臂的加拿大MDA公司计划开发一种"空间基础设施服务"飞行器,与任务扩展飞行器不同,该飞行器将真正为通信卫星的油箱加油。其他公司,包括以色列特拉维夫的天文尺度公司(Astroscale,计划进行离子引擎的第三次尝试),也在销售自己的卫星服务解决方案。天文尺度公司已经筹集了1.91亿美元,并希望在2021年发射。[33]虽然这些公司都没有使用氢和氧作为燃料,因此无法立即从小行星取水任务中受益,但它们将改变通信公司对其卫星价值的看法,并可能在以后为太空供给燃料打开市场。

使用小行星水也有些近期前景。一些公司开始制造以水为推进剂的火箭发动机。如果没有分离氢气和氧气,然后极度冷却的复杂情况,这些发动机可能正是小行星采矿者需要的市场。小行星采矿公司Deep Space Industries被"绿色火箭"公司布拉德福德太空(Bradford Space)收购,因为它拥有这项技术。我们已经听说了塞塞尔的Momentus公司,它开发了一个精巧的新版本。与此同时,蜜蜂机器人(Honeybee Robotics)公司正在与中佛罗里达大学的太空采矿专家菲尔·梅茨格(Phil Metzger)合作设计一个名为"世界不够"(The World Is Not Enough)的"蒸汽火箭",缩写为WINE("葡萄酒")。[34]WINE将从一颗小行星中提取水,并用一些水重新填充推进剂罐,让它继续移动到下一颗小行星。也许同样的火箭也可以用于卫星翻新。

如果从一开始就在卫星设计中考虑补充燃料,那么卫星会变得更便宜、更可靠、维护更简单。费伯的轨道工厂(Orbit Fab)公司正在制订燃料阀的标准,让它们可以安全地安装在卫星上。

妨碍这些卫星延长寿命的一个原因是市场——地球静止轨道通信卫星的订单显著下降。[35]目前尚不清楚发生这种情况的确切原因。可能是电信公司在观望,想看看位于低地球轨道运行的庞大新互联网通信卫星星座是否会将传统的地球静止轨道通信卫星淘汰。如果这种市场需求继续下降,将对地球静止轨道通信服务极为不利。但与此同时,另一个市场也将出现。那些驻留在低地球轨道上的数千颗互联网中继卫星,并非都会一直处于控制之下。那些死亡的或失效的卫星将需要脱离轨道服务。"轨道垃圾车"有了用武之地,它们可以从在轨加油中获得经济收益,从而为推进剂创造空间市场。

有一个全新的发展方向,那就是商业空间站的出现。已经有三家态度认真的公司计划将自己的私人空间站出租给任何想利用这一资源的人。它们的客户不仅是那些大型航天机构,还包括其他希望以更便宜的方式进入太空的国家,以及大公司、基金会、大学和研究机构等。它们能够做到这一点,因为这几个公司都可以向乘客提供我们刚讨论过的穿梭太空的服务。这意味着在未来任何时候都会有更多的人在太空,他们需要更多的补给。这可能为小行星水和其他有用的材料打开市场。

这三家公司都有自己的特殊方法。毕格罗航天(Bigelow Aerospace)公司是其中历史最悠久的公司。[26] 2006 年,它首次展示了一个小型试验"空间站",即"创世纪 1 号"(Genesis Ⅰ),目前它仍然完好无损地在轨道上运行。2016 年,该公司在国际空间站上安装了一个更大的装置。毕格罗公司的特殊创新是制造可膨胀扩展的气密舱段。所有最初的国际空间站舱段都必须安装在发射火箭的外壳内、整流罩内或航天飞机舱内,这意味着它们的直径不能超过 4 米。相反,毕格罗公司的舱段能增大到原本直径的两倍、长度的几倍。它的这项技术获得了 NASA 的许可。毕格罗公司已经在国际空间站上安置了一个较小的单元——BEAM(毕格罗可扩展活动舱段)。它一直运行良好,NASA 现在计划将其留在国际空间站,而不是遵循最初的想法,在两年后丢弃。NASA 对BEAM 的批准为毕格罗公司的计划提供了巨大的动力。

毕格罗公司计划使用同样的 BEAM 技术建造其阿尔法空间站（Space Station Alpha），后者将由两个更大版本的充气舱段组成，称为 BA330。该名称的含义是舱段能提供给宇航员 330 立方米的容积。与国际空间站上的 14 个舱段相比，阿尔法空间站只有 2 个 BA330，但其加压后的体积将接近国际空间站本身的 2/3。国际空间站前经理迈克·苏弗雷迪尼（Mike Suffredini）对此并不信服。他告诉《科学美国人》（*Scientific American*）的李·比林斯（Lee Billings）："有一个很大的问题，就是要弄清楚如何防止渗漏——所有的管道和其他系统都需要走线，以及如何确保内部不会形成不新鲜的气体，因为这可能会令乘员窒息。有各种各样的事情需要解决，我当然相信他们会去做，但相比于我们需要的时间表，我认为短期内还有很大差距。"[37] 另一方面，毕格罗公司使用刚性的舱段，让所有这些系统都在地面进行内置，简化了任何（昂贵的）空间操作。很不幸的是，在 2019 冠状病毒病大流行之后，毕格罗公司于 2020 年 3 月暂停了运营。

苏弗雷迪尼不是一个公正的旁观者。他是毕格罗公司的竞争对手公理太空公司的联合创始人。[38] 公理太空公司成立于 2016 年初。它并不是一家年轻的初创企业。首席执行官苏弗雷迪尼是 NASA 的资深人士，拥有"30 年的载人航天从业经验"。其他创始人也有类似的经验。就如许多其他领域一样，太空业务中有很多隐性知识。[39] 有些重要的细节和技巧永远不会被记录下来，而是通过展示和实践来传递。这意味着公理太空公司创始人的长期经验可能是一个优势，但前提是经验不会阻止新的思维方式出现。公理太空公司显然很有创新性。

公理太空公司的空间站设计基于国际空间站的现有舱段。舱段的刚性金属外壳在意大利都灵由欧洲的塔勒兹-阿莱尼亚（Thales-Alenia）航空航天公司建造。国际空间站上的三个舱段——"哥伦布"号、"和谐"号和"宁静"号，每个长 9 米，直径 5 米。它们提供了国际空间站上

70%以上的总加压体积。由于这些舱段已经进入太空,它们被认为是"符合太空质量"的。这意味着太空机构和其他客户会对使用它们产生更多好感。

公理太空公司的一大主张是:它的空间站将"比NASA建造的原始国际空间站成本至少低一个数量级"。[40]当前国际空间站上的每个塔勒兹-阿莱尼亚舱段的成本约为20亿美元,也就是说公理太空公司期望每个舱段的成本将不超过2亿美元。这真是个好价钱。公理太空公司在2017年声称:由大约6个舱段组成的空间站整体将耗资15亿至18亿美元。"通过建立(来自汽车行业的)ASE工业认证标准,可以使用便宜得多的组件,轻松地将其替换为'即插即用'模块(舱段)。SpaceX公司已经使用了不少ASE标准。"[41]尽管这些标准降低了成本,但这些改变也会损害舱段的"符合太空质量"的声誉,并会给客户带来一些伤害。这就是为什么说在国际空间站上安装这些舱段对让他们重新证明公司的业绩至关重要。

2020年初,NASA选择该公司在国际空间站唯一可用的空闲对接口上安装一个新的商业舱段,这给了公理太空公司巨大的动力。[42](毕格罗公司拒绝参与竞争。)公理太空公司将在未来5年内添加更多的舱段,待国际空间站退役后独自与国际空间站分离。该公司显然还考虑到了游客的需求,因为他们计划安装一个比国际空间站上的"穹顶"舱大得多的带天窗的空间,游客可以从那里看到地球。"公理版"穹顶舱和船员睡眠舱由菲利普·斯塔克(Philippe Starck)设计,他曾设计过豪华酒店和游艇。[43]

"爱可星"(Ixion)是正在开发的第三个空间站。[44]它会是2017年建立的新的三方合作伙伴关系的产物,参与方是在国际空间站上销售实验空间的纳诺拉克斯(Nanoracks)公司、美国大型火箭公司联合发射联盟(ULA)和洛拉尔空间和通信(Loral Space and Communications)公司。

重量级合作伙伴 ULA 和洛拉尔公司都曾是"传统空间"态度的典范,因此它们与纳诺拉克斯公司这样一家年轻的小公司合作,本身就是一个变化的标志。"爱可星"所走的是介于毕格罗和公理太空两家公司之间的中间路线。与公理太空公司的空间站一样,"爱可星"将使用刚性外壳作为人员栖息地,但其外部将有核心的生命支持系统和空间站控制系统,而不是完全将舱体外置在太空中。实际上制造商必须这样做,因为他们的外壳是还留有空间的火箭上面级,它还会被用来发射另一颗卫星。改装燃料箱并不是一个新想法,"阿波罗"时代的"天空实验室"任务就使用了"土星五号"火箭的SIV-B上面级。然而,天空实验室是一个"干"的航天器,它发射时没有燃料,并且预装了设备,而"爱可星"将充满低温液态氢和液态氧。

自 1962 年以来,"半人马座"火箭上面级一直是运送载荷的主力,它是新的 ULA"先进低温渐进型上面级"(ACES)火箭的基础。尽管"半人马座"在运送卫星时总能进入轨道,但 ULA 一直会很小心地使用少量剩余燃料使其减速,让其再入大气并燃烧。这是良好的"太空公民"的表率,这样做能够避免增加太空碎片。然而,这却是一个巨大的浪费,将高科技材料发射进入轨道需要巨大的成本。现在,ULA 希望停止这种毫无意义的浪费,试图将空燃料箱以一个完全不一样的用途进行再利用——变成一个空间站。从商业角度来看,这是一种从你正在做的事情中获得额外收入的方法。纳诺拉克斯公司的首席设计师迈克·约翰逊(Mike Johnson)在接受前沿网(The Verge)的洛伦·格鲁什(Loren Grush)采访时说:"我们正在增强现有的功能。"[45]

燃料箱的前一段生命历程可以解释为什么要使用这种新方法。这种被期望让人在其内部居住生活的设备,原先是被极低温度的液氧和液氢给灌满的,在这种情况下人肯定无法存活的。该设备还可能干扰发动机燃油的稳定流动。那可不太好。作为替代方案,宇航员将通过已经成为"半人马座"上面级一部分的舱口进入空燃料箱,再带上一些基础设施,连接到安装在外部的生命支持系统,设置好他们计划使用的任何科学设备。液氢和液氧的储存罐仅由一层薄薄的玻璃纤维层隔开。宇航员很可能会将其移除,并切开半毫米厚的罐壁,将两个储存罐连接在一起。[46]这样,将形成一个相当窄(3米)但比较长(12米)的内部空间。通过在燃料箱前部增加另一个舱口和一个管道,可拥有一个气闸舱。改造后的"半人马座/爱可星"空间站可以与国际空间站对接,或者稍后再连接到其他舱段,也可以和来访的载人飞船对接。

在公开披露的稿件中并没有广泛讨论这些空间站的轨道。改造后的"半人马座"将处于原始卫星发射所到达的任何轨道。其中一半会被用于将通信卫星送入地球静止轨道,因此它们将处于大椭圆形"转移"轨道。[47]目前还不清楚这样的轨道对空间站有多大用途。也许它们会有足够的剩余燃料,首先将它们转移到有更大市场的轨道?毕格罗和公理太空两家公司都正在开始将各自的空间站连接到国际空间站。这使它们处于与国际空间站相同的较高倾角的轨道上,也就是说,国际空间站能覆盖地球一南一北相当大的范围。国际空间站之所以选择这一轨道,是为了能通过俄罗斯的发射场,促进国际合作。这确实能很好地覆盖地球上人口稠密的地区,对旅游业也很有利。谁不想在自己家乡上空盘旋呢?另一方面,出于研究目的,也出于大多数制造方面的因素,环绕赤道的轨道能更好地屏蔽宇宙射线,并且地球的自转为航天器提供了额外的每小时1500千米的速度,从而允许向该轨道发射更大的有效载荷。改变空间站的轨道也是可能的,但这需要大量的能量和强大的火箭。最有可能的是,新的空间站将发射到专门为客户需求量身定制的轨道上。

商业空间站的"住宿费"是多少?在不了解的情况下很难预测市场。公理太空公司表示,他们以5500万美元的价格签下了一名私人宇航员,让他留在他们的新舱段中。这并没有进入到一个新的低成本领域。几年前,毕格罗公司在其网站上公布了他们的客户需要支付的费用:租用110立方米的空间站60天需要花费2500万美元。如果按这些数字计算,阿尔法空间站每年将产生近10亿美元的收入。当然,这是建立在已经产生了客户群体的假设之上。两名宇航员每晚所需费用约为20万美元。公理太空公司战略发展副总裁阿米尔·布拉赫曼(Amir Blachman)声称,有20多个国家希望为其宇航员提供飞行服务。[48]该公司预测,到2030年,这些"主权宇航员"将形成一个每年价值近20亿美元的市场。这将是一个不错的投资回报。这个数字合理吗?到2030年,公理太空公司计划在太空中至少部署两个舱段,每个一次可以同时搭乘三名宇航员。每一名宇航员将不得不支付每晚70万美元的费用,至少他们将拥有一间能看到美丽风景的房间!尽管宇航员需要获得一张"船票"才能到达"公理空间站",但这一标价意味着一个国家每年仍可以让一名宇航员在太空停留三个月,费用为1亿美元。对于渴望太空计划的国家来说,这似乎是相当实惠的。前景令人鼓舞。

除了关乎国家声望的项目以外,谁会使用这些以盈利为目的的太空实验室呢?公理太空公司表示,到2030年,让客户从事科学研究、支持深空探测或享受冒险旅游的业务,每年将产生约30亿美元的收入,也可能建立起太空工厂。不过,还是让我们从科学研究开始吧。

物理学、生物学和材料科学是从空间站微重力环境中获益最多的领域。它们都有一定的投机性,但每一个都已经在国际空间站进行过小规模基础性的先导实验。

在物理学方面,微重力使得在较低温度下进行的实验比在任何地面实验室进行的都要好。当他们说"冷"的时候,可不是在开玩笑。这里"冷"的意思是绝对零度以上十亿分之一摄氏度!在地面的实验室里,由于量子物理的怪异特性,在如此低温下会发生一些奇怪的事情。

其中一个奇怪的现象是形成玻色-爱因斯坦凝聚(Bose-Einstein conden-sate)。玻色-爱因斯坦凝聚是一种类似液态、固态和气态的新物质状态。[49] 在玻色-爱因斯坦凝聚中,原子的波动性质变得很明显,是量子"波粒二象性"的充分体现。玻色-爱因斯坦凝聚被用来减慢光的速度,并建造"原子干涉仪",从而能够极其精确地测量基本物理常数,因为原子的波长比光短得多。

玻色-爱因斯坦凝聚在微重力环境中能持续更长时间。[50] 通常,重力是一种很弱的力,在大多数实验中都显得无关紧要。但是在超低温下,其他力减弱,重力就成为破坏这种微妙状态的主要力量。在地面,玻色-爱因斯坦凝聚只能维持几分之一秒。进入空间轨道,会使其"寿命"延长100倍,为实验开辟许多新的可能。NASA于2018年5月24日将"冷原子实验室"送上国际空间站。早先的报告表示,该实验室运行良好。[51] "冷原子实验室"只是一个原理验证实验,为未来更具能力的天基实验设施提供了一条路径。

其他一些不算太奇特的材料在太空的超低重力中也表现得非常不同。早期的晶体生长实验表明,它们在微重力下生长得更均匀、更大,这很可能与它们生长的液体中缺乏对流有关。这使人们对具备新型有益特性的材料(特别是半导体材料)产生了希望。至少到目前为止,这些实验主要有助于理解晶体如何生长,以及除对流以外其他影响有多重要。[52] 许多结果是正在生长的晶体类型特有的。尽管微重力研究已经进行了30多年,但令人惊讶的是,我们还有许多工作要做。新的空间站将有助于加速这项工作,但这并不容易。

当我们考虑如何处理一个碎石堆组成的小行星时,我们在一堆"方法"中遇到了颗粒材料。微重力颗粒物理学本身就很有趣。这是因为颗粒物理学没有一般性理论。这是物理学家憎恶的,他们渴望将一切统一到一个包罗万象的理论中。自从1687年牛顿取得类似成就以来,我们就一直有这种统一的渴望,这种努力也一次又一次地得到了回报。因此,一个必然的结果是:找到一个颗粒材料的统一理论就是该领域的圣杯。颗粒物理学是一个新领域,大多数发现都发生在过去几十年中。[53] 颗粒材料表现出许多特殊的奇怪行为。其中一些取决于重力,其他一些则不是。通过在太空轨道上缓慢旋转离心机,能够探索接近于零重力和低重力状态,可以为实现统一模型的理想开辟道路。

微重力不仅有助于物理学。对生命科学而言也是有希望的,或者至少是有诱人的方向。

多年的实验表明,细菌在太空中的行为也有所不同。我们假设微重力就是始作俑者,但并不清楚为什么失重会有这样的影响。人们怀疑零重力环境中缺乏对流和沉降,但是这个效应是如何产生的尚不清楚。科罗拉多大学博尔德分校的路易斯·泽亚(Luis Zea)和他的同事在2016年提出了一种可能的机制。[54] 他们认为,由于缺乏对流,在微重力下细胞周围的流体不会像在地球上那样流动。泽亚及其同事认为,这种不一样的环境将导致细胞周围的酸性物质堆积和葡萄糖缺乏。这会导致饥饿并给细胞造成压力,从而触发不同基因的表达。

细胞行为在太空中也以更直接的不同方式出现。总部位于肯塔基州路易斯维尔的Techshot公司希望利用微重力技术对活体器官进行3D打印。[55] 如果能够实现器官打印,就可以挽救每年在等待器官移植过程中不幸离世的许多人。在地球上已经完成人类耳朵的打印,但更复杂的器官需要以相当复杂的模式放置许多不同类型的细胞。细胞是非常松散的材料,它们往往在添加下一层之前就会散开。但那是在地球引力作用下的情况。Techshot公司认为,在微重力下,这个问题便不存在了。该公司已向国际空间站运送了一台3D生物打印机,以验证这一想法。替换一个心脏的价格相当高。由于人类心脏的重量只有1/3千克,往返太空的运输成本不会太高。或许太空是制造它们的理想之地。

细菌在太空中的行为不同,这对太空经济而言非常有前景。生物技术已经是一个与太空产业(甚至包含GPS芯片产业)规模相当的产业。2018年的年产值为4170亿美元,而且还在快速增长。到2025年,很有可能达到每年7750亿美元。[56]生物技术是研究密集型产业。如果那些大型生物技术公司看到了一条通向成功的道路,那它们每个都会放心大胆地投资数千万美元进行天基研究。如果它们找到了有价值的产品,甚至可以开始太空生产。有些药物本身每千克成本就很高,太空制造不会对其价格产生很大影响。不过,还有些其他障碍。很少有生物科学家熟悉太空,他们也不熟悉在设计空间实验时必须如何考虑其特殊性质。仅仅是将实验品送入轨道,就需要对其进行强化,以让实验材料能挺过发射过程中的强烈振动。

太空药房(SpacePharma)是一家瑞士-以色列公司,旨在简化在太空进行的生物实验。他们正在开发一些工具,使研究人员更容易地在国际空间站和小型自由飞行卫星上实现他们的想法。人们希望,通过降低这些障碍,能引发新的生物玩家们蜂拥进入太空。他们可能是对的。已经有几家公司接受了这一挑战。一个是纳百生(Nanobiosym)公司,由阿妮塔·戈尔(Anita Goel)创建并担任首席执行官兼主席。她已将"超级细菌"耐甲氧西林金黄色葡萄球菌(缩写为MRSA)送往国际空间站,想研究如何战胜它。[57]

有一个问题。大型制药公司并不倾向于自己做基础研究,而是将其留给政府或由慈善基金资助的实验室。但航天机构不是药物开发方面的专家。这表明,我们可以将此作为一个起点,即由传统的航天机构之外资助用于生物研究的空间站。例如,2014年,毕格罗公司宣布租用一个BA330舱段的1/3每年将花费1.5亿美元。[58]每隔几个月提供几位科学家的往返船票,早期每个座位定价1000万美元,每年预计1亿美元。当然,你也必须向科学家支付费用,并为他们提供设备,但相比之下,这些成本可能是很小的数额,只有几百万美元。这样每年总计约2.75亿美元。2020年,美国国立卫生研究院(NIH)每年的预算为400亿美元。[59] 租用空间站上的实验室空间的成本还不到NIH预算的1%。这似乎是一个合理的赌注,看看在太空中进行生物技术研究是否有好的回报。这些费用将用于持续的研究计划。让人们只在太空工作一半时间,甚至1/4的时间,而把剩下的时间花在地面上,了解他们的结果,并思考下一次做实验的更好方法,这种方法可能更明智。然后,你就可以开始一个严肃的太空生物技术项目了,每年花费不到1亿美元。

为什么不直接使用国际空间站呢?因为国际空间站内已经在进行研究。这还不够好吗?国际空间站是美国的一个国家实验室,NASA现在将其一半的可用时间和资源开放给在公开竞争中赢得提案的人。国际空间站内部的科学设备越来越复杂,现在还设有生物分子测序仪、啮齿动物实验设施、生命科学中的蛋白质结晶实验,以及物理科学中的流体行为实验、燃烧实验和"冷原子实验室"。所有这些活动产生了1500多篇基于国际空间站研究的同行评审研究论文。国际空间站内增加的每一项新技术都让可在太空进行的研究范围得以扩大。让更多的研究能够在轨道上试用新技术,在这方面NASA发挥了重要作用。

然而,在国际空间站可以做的事情是有一些严格限制的。首先,国际空间站已经无法处理比现在更多的问题了。国际空间站一次最多可支持七名宇航员,但通常只有三名。因此,国际空间站的宇航员必须是各行各业的"全能"。宇航员必须对国际空间站本身进行维护,有时进行太空行走(NASA称之为舱外活动),这需要花很长时间准备。所有这些基本活动的结果是:每个宇航员只有大约一半的时间用在科学实验上。[60] 即便如此,他们也必须在地球上的许多不同的实验室进行实验。宇航员是非常有天赋的人。他们中的许多人拥有博士学位,知道如何进行研究,他们还拥有飞行员执照和其他骄人的资格。但他们不可能是所有实验的专家。这使得在国际空间站完成研究会变得困难。

为什么不派科学家到国际空间站做他们自己的全职研究呢？这不太可能发生。训练一个能前往国际空间站的宇航员需要两年多的时间。[61] 他们必须学习如何操作五个不同航天机构的设备，并能熟练使用俄语操作基本的俄罗斯系统。对于熟练的实验科学家来说，如此长的培训期令人望而却步。他们必须跟上自己所在领域的进展，否则他们将无法走在最前沿。就连阅读最新的研究报告都很费时。如果你必须花哪怕一年的时间进行训练以进入太空，那么你都将在自己的研究领域严重落后。

不太一样的是，商业实验室的所有设备都来自单一供应商。由于英语是科学的通用语言，目前的商业空间站供应商将不会提供语言培训。所有这些无疑将简化训练，并将大大缩短飞行准备时间。公理太空公司预计，大约经过四个月的培训就足够了。新空间站里的科学家也将有更多时间进行科学研究。国际空间站是第一代大型空间站。从中我们学到了大量关于如何设计太空长寿命结构的知识。新设计的空间站肯定会吸收国际空间站的经验教训，并将使用最新技术。像毕格罗或公理太空这样以科技为导向的公司，其动机是使其空间站能够长期使用，并尽可能减少维护，提高其盈亏底线。商业实验室也肯定会有自己的工作人员在轨开展日常维护，并在紧急情况下接管实验室。所以，乘坐商业载人飞船进入轨道的科学家能够将所有时间投入他们擅长的研究中而不被其他事分心（除了壮观的地球景观之外）。正如经济学创始人之一亚当·斯密（Adam Smith）在其1776年的经典著作《国富论》（*The Wealth of Nations*）中表述的那样，专业化将提高生产率。[62] 在这些有利条件下，对这些商业空间站的研究将取得飞速进展。

预计几年内将出现几个商业空间站，这是相当合理的。各个空间站可能分别专注于生物技术、材料、基础物理或人体生理学等特定研究领域。或者,它们可能有联合用户,这样可以轻松避免某项技术的竞争对手团队进行工业间谍活动!每个空间站可以支持大约六名宇航员,因此我们可以在任何时候看到至少几十名宇航员在太空中生活。与过去几十年太空中宇航员的数量相比,这是一个巨大的增长。他们可能会忍受国际空间站宇航员所处的简朴的环境。但他们可能需要更多的物资供应。至少在他们的实验中,用于辐射屏蔽的水可能用量巨大。这可能引发对太空水的需求。

研究可能是太空经济的第一步,但要让太空经济成为世界经济的重要组成部分,就需要在太空进行工业生产。太空制造将是一项突破性活动。[63]这是一个挑战,因为目前没有任何东西可以由于在太空中制造而产生更大的收益。电子表格让个人计算机变得值得拥有,并且在行业中迅速扩张;与之类似,我们需要一样在太空中非常有价值的东西。这将引发一场新的太空竞赛,不过这次是公司之间的竞赛,而不是超级大国之间的。对于想要在太空中制造出更好的东西来说,它必须比前往太空的成本值钱得多才行——尽管这一成本将大幅下降——在太空制造这些东西,真空、低温、辐射、零重力等复杂因素都会产生相应的成本。

有一个产品看起来很快就会满足这些标准:氟锆酸盐(ZBLAN)玻璃。ZBLAN玻璃是一种"重金属"氟化物玻璃,其名称来源于五种元素锆、钡、镧、铝和钠——它们分别与氟结合*,组成了 ZBLAN 玻璃。[64] ZBLAN的特性使其在光纤方面的性能比目前用于跨洋高数据速率互联网连接的光纤性能高出 100 倍。由于我们在全球范围内播放短视频的数量是没有上限的,因此高速率互联网连接的市场几乎是无限的。伊

---

* 化学式分别为 ZrF_4、BaF_2、LaF_3、AlF_3、NaF。——译者

万娜·科兹穆塔(Ioana Cozmuta)和丹尼尔·拉斯基(Daniel J. Rasky)估计,1千克ZBLAN可以生产3—7千米的光纤,而每千米售价为30万—300万美元。一个相当普通的45千克重的ZBLAN制造单元可以产生90万—2100万美元的收入。[65] 如果我们所做的事情是运输大量散装ZBLAN到地球轨道,再把光纤卷轴运送下来,那么使用"猎鹰9号"来运输并包装(包括"龙2"飞船)的成本仅需13万美元。这个行业走向繁荣看起来是很有可能的。

这种繁荣取决于ZBLAN空间运输的预期。1974年,普兰(Poulain)兄弟、马塞尔(Marcel)和米歇尔(Michel)以及他们的合作伙伴雅克·卢卡斯(Jacques Lucas)在法国雷恩发现了ZBLAN。[66] 随后在20世纪90年代,位于阿拉巴马州亨茨维尔的NASA马歇尔航天飞行中心(MSFC)的两位科学家丹尼斯·塔克(Dennis Tucker)和加里·沃克曼(Gary Workman)开始研究如何改进ZBLAN成为光纤,这是他们长期基础研究的一部分。[67] 光纤以液体形态挤出。在地面的高重力下,ZBLAN制作的纤维中就会形成晶体。沿着光纤传输的光会被这些晶体反射到侧面,那么光纤中剩余光线将迅速变弱。事实上,你真的可以看到这些晶体,这恰恰说明它们将光线反射出光纤。如果你希望光沿着ZBLAN光纤传输数千千米,那么这可不是一个好的情况。塔克和沃克曼尝试在有"呕吐彗星"之称的零重力飞机中挤压ZBLAN。NASA的新闻稿将这一过程称为"复杂的太妃糖拉丝"。[68] 科学家想看看低重力是否阻止了讨厌的晶体的形成。结果出人意料地好。在地球重力作用下制成的纤维的照片中显示有大量闪亮的晶体包裹。相反,使用相同的材料和设备,在零重力下制造的纤维也没有缺陷。但是零重力飞机在飞行中只能产生几分钟的无重力环境,因此只能产生几厘米的纤维(见图8)。这样的质量是否可以保持数千米长,则是另一回事。这需要达到工业规模的研究,需要长达几天的零重力环境,甚至更长时间。

　　这项研究已经开始了。位于佛罗里达州杰克逊维尔的太空制造公司（Made in Space，现在是Redwire公司的一部分）已经在国际空间站上对ZBLAN的制造进行了更大规模的测试，在那里它可以获得数小时或数天的零重力环境。2018年1月，我访问了该公司，然后在NASA埃姆斯研究中心与研究人员讨论了他们的ZBLAN测试。他们都说，要不是他们在地球上的实验室进行了测试，他们都不知道在太空里制造的ZBLAN有多好。另一方面，他们看起来都很轻松愉快。后来他们告诉我，测试结果给他们带来了足够的鼓励，足以资助第二次试验。如果进展顺利，我们就可以谨慎乐观。让风险资本家投入资金来完成工作，充分优化制造流程，这样就足够了。如果是这样，那么太空制造公司说不定会在几年内租赁整个空间站进行批量生产。一个好的迹象是，该公司已经有两个竞争对手，加利福尼亚州圣迭戈的太空光纤制造公司（FOMS）和托兰斯的物理光学公司（Physical Optics Corporation）。[69]

　　如果第一批小规模空间站证明是可行的，那下一步就需要大型空间站。将这些空间站的规模扩大10倍以上可能不切实际。因此，需要

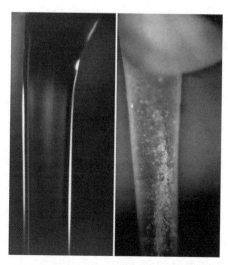

图8　在零重力下（左）和地球重力下（右）使用相同设备由ZBLAN制成的光学纤维。零重力光纤几乎没有缺陷，其传输数据性能不会受到限制

某种形式的太空制造方法来生产大容量空间。有了广泛的商业空间站基础设施,利用小行星的资源建造这些设施并提供补给或许也将成为一门不错的生意。

在将来的某一时刻,建造或使用这些轨道设施的工人可能会发现,在轨道上全职生活而返回地球只是为了休息和放松,这会是很方便的。这一情况会逐渐将我们带到太空酒店领域,最终,是像杰拉德·奥尼尔(Gerard O'Neill)和他的L5协会(现已并入国家太空协会)所设想的那样的巨大栖息地。[70] 这些巨大的太空殖民地或者(用一个不太沉重的术语来说)太空村庄里会有成千上万的人居住,而其中的建筑材料必须来自太空。我指的就是小行星采矿!

几乎可以肯定的是,有两项真正大规模的太空事业必须利用小行星资源:天基太阳能工程和空间太阳地球工程。两者似乎都比迄今为止所描述的用途显得更加光怪陆离和遥不可及。

1968年,当时在阿瑟·利特尔管理咨询公司工作的彼得·格拉泽(Peter Glaser)提议将太阳能集热器放置在地球静止轨道上,使其处于几乎永久的阳光下,然后用微波将电力传送到地面。这个思路的基础是:太空中有大量的阳光,永远不会被黑夜或云层阻挡。此外,来自太阳的紫外线大部分会被我们的大气层吸收,但是在太空中能完全获得。格拉泽拥有值得信赖的经历,他曾在其他太空项目中,通过"阿波罗"任务放置了一面反射镜在月球上。格拉泽的崇高希望是:天基太阳能将"引领世界进入一个能源丰富的时代,让人类摆脱对火的依赖"。[71]

天基太阳能发电之所以没有取得进展,其中一个重要原因是资金成本一直居高不下。整个太阳能集热器将重达数千吨。[72] 如果你把装置从地球搬到太空,这是非常不经济的。按每千克10 000美元的成本计算,将1000吨钢铁发射到地球静止轨道将耗资100亿美元。也许很快我们就可以把它削减到10亿美元,但似乎仍然不够经济。筹集初始资金这件事本身就令人望而生畏。正如佐治亚州贝里学院的约翰·希克曼(John Hickman)所说:"资本化是这些项目的一个关键问题,因为所需的总投资非常大,而且投资需要很长时间才能产生经济回报。"[73] 因此,毫不奇怪,这一想法尚未有成果。

但是,如果建造装置的铁几乎是免费的,那会怎么样呢? 希克曼十分赞同,如果太阳能发电站运行在太空轨道上,它们将产生运营收益。如果我们能将小行星采矿得到的尾矿送入环绕地球的轨道,那么将从根本上改变经济状况。我们可以从建筑成本中削减数十亿美元,大大缓解资本化问题,天基太阳能则有望变得有利可图,要不然显然仍是空中楼阁。不过,这项计划的前提是小行星采矿业已经开始运作。

从小型项目到天基太阳能,在这之间是否存在一座桥梁呢? 例如,向灾区或远程军事行动提供电力保障可能是类似的早期小规模市场。在这些困难条件下如果按常规方法提供电力,其成本通常远高于正常的商业价格,这就使得天基太阳能变得更具竞争力。不仅如此,在这两种情况下,用卡车运输发电机所需的油也是危险的、不可靠的。这可能会在一定范围内为天基太阳能打开一个窗口。这个想法足够有希望,以至于美国海军正在使用X-37航天飞机进行基本技术测试。[74]

太空采矿公司自己也可能会通过使用天基太阳能来提炼在轨道上开采的矿石,从而进一步启动天基太阳能产业的开发。按照太空标准,要从镍铁小行星中提炼出贵金属,需要大量能量。由塞塞尔领导的TransAstra公司——我们之前就听说过他——正通过使用太阳能聚光器在地面测试其设计,开创了利用太阳能开采矿石的先河。利用早期采矿考察得到的尾矿建造大型矿石加工设施来提取贵金属,或许能成为提高利润的一种方式。从那里开始,将是向更大设施跨出的一小步。

还有另一个反对天基太阳能的理由,那就是射向地面天线的光束强度必须比阳光强度高得多,否则为什么不在同一区域建造太阳能电池板呢？格拉泽刚开始提出的光束强度比阳光高10倍——每平方厘米1瓦。这种强度令人担忧。格拉泽说，在这个水平上，在这条光束下的活体组织很快就会受到损伤。虽然人和飞机可以绕道而行，但鸟类不能，这一点使许多人无法确定天基太阳能的伦理性。操作员或其他侵入控制系统的人也可能故意以更集中的形式使用光束，以此作为武器。这一想法可能让它成为人类的杀手。

对于我们如何使用成束微波的功率，有一个新的想法。对于我们来说，没有真正好的方式让我们跨洋旅行却不排放大量二氧化碳。飞机和远洋班轮都是温室气体的主要排放者。然而，如果不想为了我们自己的利益让地球变暖太多，那么我们就必须停止碳排放。原则上，航运可以通过使用核动力船舶来解决。当然，核动力航空母舰有着悠久而安全的历史。[75]但是飞机的碳排放问题更难解决。用蓄电池或燃料电池供电的电动飞机看起来不太可能达到取代长途客机所需的尺寸或航程。它们的能量储存密度不如航空燃料。[76]于是我们这就要停止跨洋航行吗？

向飞行中的飞机提供微波能量可能是一个出路。如果我们向飞机发射能量，那么飞机就不需要携带任何燃料。（好吧，也许只要带足够燃料以应付波束出现故障的情况。）致力于将远程辐射能量传输商业化的地球自主（Empower Earth）公司首席执行官贾斯廷·刘易斯-韦伯（Justin Lewis-Weber）建议从地面发射能量，用于跨越大陆。但我们如何应对广阔的海洋呢？对于太空爱好者来说，答案是显而易见的：从太空发回能量呀。这至少需要在轨道上安装几个大天线。天线需要足够大，才能使微波波束足够小，使飞机能够接收大部分能量。这是为了效率，也是出于安全原因，不应该让太多微波到达地面。使用激光代替微波将使接收天线更小、更有效。但意外的（或是恶意的）指向可能造成安全隐患。飞机几乎在所有云层上飞行，所以微波或激光束不会被水蒸气阻挡——它们都对水蒸气敏感。飞机也在鸟的上方飞行，所以没有一只鸟会受到微波照射。这些天线的建设将是一个大项目。有些公司正在研究如何做到这一点，积极地沟通。太空制造公司是其中之一；系绳无限(Tethers Unlimited)公司下属企业苍穹(Firmamentum)也是一家。[77]

空间太阳地球工程是关于太空制造业的一个更大胆的想法。[78]我们似乎在应对气候变化挑战方面失败了。我们希望能及时减少碳排放，阻止全球变暖超过1.5℃，这一目标看起来很遥远。即将到来的失败导致一小群人提出，我们给自己创造一些喘息的空间以实现该目标。他们的建议是找到一种减少到达地面的阳光的方法。只需要减少1.8%，这是一个令人惊讶的精确数字。这将为我们争取到几十年时间来消除空气中的二氧化碳污染。改变到达全球地面的阳光量是地球工程领域雄心勃勃的一部分，有人或许会说这是史诗级的大工程。这叫太阳地球工程！

制造一块能够拦截足够多阳光的幕帘的最快、最便宜的方法，是将硫酸盐注入平流层。我们知道，这种方法能降低全球温度，因为这就是在大型火山爆发期间发生的情况。1990年，菲律宾的皮纳图博火山爆发，将2000万吨的二氧化硫输送进入平流层，在那里二氧化硫发生反应，形成了由非常小的硫酸液滴组成的霾。这些液滴将阳光反射回太空，在其停留在平流层的两年里，全球温度降低了0.5℃。我们可以故意使用一组飞行高度很高的飞机在最有效的地方释放硫酸盐，复刻火山爆发产生的这种效果。这将比火山爆发造成影响的效率更高，所需材料也比皮纳图博火山产生的少得多。

我们许多人本能地反对任何太阳地球工程的想法。我们真的对我们正在做的事情了如指掌，确保不会出现什么意外后果吗？这些后果有可能比我们试图解决的问题更可怕吗？当你了解到地球工程师对这一谨慎思考普遍持同意意见时，那你应该会松一口气。这就是为什么他们现在想要进行小规模实验,以找到所有提出的技术中隐藏的"陷阱",这样当我们发现自己真的需要它们的时候,我们将完全做好准备。目前用于这类实验的资金很少,但正在增加。尽管如此,在一定程度上,改变我们呼吸的空气仍会引起人们的担心。

正是这个原因让一些地球工程师提出在阳光到达大气层之前,通过在太空中设置屏障来阻挡阳光的想法。我有一个有趣的经历是参加了由地球工程先驱基思在哈佛大学举办的为期一天的研讨会。也许我是很容易被说服的人。我带着怀疑的态度走进去,当我走出来的时候,对地球工程表现出了更积极的态度。

我受到邀请是因为即使这个屏障非常薄(比方说,只有0.01毫米厚),也需要至少100万吨的材料来建造,因为它必须与地球的直径相当。从地球发射这么大的质量将花费数千亿美元,哪怕预计未来发射价格较低。但是,100万吨仅仅是一颗很小的、直径大约100米的小行星的质量。将一颗小行星带到朝向太阳的位置,在那里建造一个屏障所需的能量仅是将其从地面带上轨道的1/100。使用小行星上的铁可能会使这个想法成为一个可行的建议。如果我们以这种方式形成了拯救地球的能力,那么我们也将建立一个大型的太空工业,以后可以用于那些我们一直在讨论的所有其他用途。也许,利用空间太阳地球工程来拯救地球将是我们推进太空经济之"先有鸡还是先有蛋"问题中的鸡。

让我们去到不久的未来。为什么只允许科学家在轨道上?为什么不应该是任何人只要有一大笔钱,就能为了好玩而买一张前往太空的船票呢?这将解决亿万富翁所面临的问题——类似《音乐之声》(The Sound of Music)中男爵夫人所表达的那样:"我们去哪里度蜜月?现在,这是一个真正的问题。环游世界会很愉快。然后我说:'噢,埃尔莎,一定有更好的地方。'"[79] 很快就会有的。许多太空迷认为,旅游业将给新的太空经济带来第一个大大的回报。

太空旅游大幕已经揭开了。太空探险公司在2001年至2009年期间，让7人乘坐俄罗斯"联盟"号宇宙飞船前往国际空间站。[80] "太空探险"这个名字比"太空旅游"更加诚实。它明确地承认风险水平很高，舒适度很低。太空探险公司的客户必须以和宇航员完全相同的方式进行培训。在刚开始，这一点肯定会持续一阵子。

第一批乘坐除俄罗斯"联盟"号以外航天器的太空游客并不会进入轨道。他们将搭乘维珍银河和蓝色起源两家公司的飞船上升到超过80千米的高空（那里的天空会变黑），进行亚轨道跳跃飞行。在5分钟内，他们将会体验到失重，看到下面地球的曲线。然后他们的宇宙飞船就会向下坠落。

这一旅游理念开始成为现实，可追溯到2004年，一系列飞机的创新者伯特·鲁坦（Burt Rutan）的缩尺复合体（Scaled Composites）公司制造了一台价值1000万美元的飞行器并获得安萨里X奖（Ansari XPRIZE）。[81] 想要赢得该奖项，必须在两周内将同一飞行器送上太空。颁奖者宣布，在100千米高度的卡门线上方被称为"太空"，飞行器不必进入轨道。这很重要，因为到达100千米高度所需的能量是到达轨道所需能量的1/50。也就是说，你只需要达到每小时3500千米（3.5马赫）的速度，而不是停留在轨道上所需的每小时28 000千米。鲁坦采用了巧妙的折叠尾翼设计，以使飞行器在上层大气中减速，然后在大约正常的飞机飞行高度（10千米或20千米以上）再折成正常的滑翔机形状。然后，飞行器飞回标准跑道。鲁坦的"太空船1号"（SpaceShipOne）现在被吊挂在华盛顿特区的史密森航空航天博物馆中。

亿万富翁理查德·布兰森（Richard Branson）在缩尺复合体公司赢得了那次大奖后立即与之合作，成立了一家名为维珍银河的新公司。它将为普通公众提供乘坐升级后的"太空船2号"（SpaceShipTwo）的太空之旅。它将搭载6名乘客和2名飞行员。新的座舱将配备大型舷窗，让游客看到地球,并在飞行弧线的顶部给他们几分钟失重的时间。飞船的风格和气派使维珍银河公司成为太空旅游业10年来的代言人。该公司设法以每张25万美元的价格卖出了几百张票。[82]这充分表明,如果每周一个航班的话,至少有好几年的需求。不过,维珍银河公司的进展并不像他们期望的那样快。2014年10月的一次灾难性试飞以试验飞行器解体和一名宇航员死亡收场。这造成了公司项目的延迟,并允许新的玩家加入游戏。

由亿万富翁贝索斯提供充足资金的蓝色起源公司如今已多次使其乘员舱和"新谢泼德"单级火箭返回到西得克萨斯州发射场。蓝色起源公司能提供与维珍银河公司航天器相同的5分钟的失重时间。与后者不同的是,在(最初)这些旅行中不会有蓝色起源公司的船员。事实上,太空舱(迄今仍没有名字)的导览视频中根本没有显示出任何控制装置![83]第一次载人飞行的乘客将是蓝色起源公司的员工志愿者。*

蓝色起源公司坚持以客户为导向,这一点在亚马逊创始人创建的公司中是可以预料到的。这从第一个视频中可以清楚地看到。公司还吹捧"新谢泼德"太空舱拥有"太空中最大的窗户",暗指维珍银河公司的"太空船2号"舷窗比它的小。他们还表示,将在100千米的高度"通过卡门线——国际公认的太空边界"。这是在埋汰维珍银河公司的航天器只会超过80千米高度。维珍银河公司热衷于支持用更新的"卡门-麦克道尔线"来定义太空的起点,幸运的是,这条线位于80千米处。[84]为那条最终的太空边界做广告可能看起来很粗俗,但它是值得的。通过广告所获得的利润将促进行业发展,并引导出下一步:轨道客运航班。

进入轨道将是比亚轨道跳跃更加吸引人的冒险。仅仅是一圈轨道飞行就可以让你在零重力状态下逗留不止5分钟,而是长达90分钟。

----

* 2021年7月20日,贝索斯和其他三位乘客乘坐"新谢泼德"号首飞并成功降落。——译者

当你环绕地球时，你将看到从下方飘过的大陆、山脉和河流。正如电影《地心引力》(*Gravity*)中乔治·克鲁尼(George Clooney)扮演的角色在飞出太空时所说的："哇，你应该看看恒河上的太阳。这太神奇了！"[85] 我相信此言不虚。

亚轨道飞行将很快成为"穷人"的太空体验。(好吧，不是指**那么**穷啦。)蓝色起源公司很清楚，它的亚轨道业务是迈向轨道飞行过程中进行实践和获利的方式之一。它的第一枚火箭"新谢泼德"的名字起初有点神秘。是来自某种拼写错误的圣经吗？* 2016年9月，当该公司宣布其下一枚将进入环地球轨道的火箭时，一切都明朗了。这枚火箭被称为"新格伦"(New Glenn)。太空迷们立刻就反应过来，蓝色起源公司是以NASA宇航员的名字来命名火箭，他们都迈出了新的关键一步：艾伦·谢泼德(Alan Shepard)完成了美国第一次亚轨道飞行，约翰·格伦(John Glenn)完成了美国第一次轨道飞行。事实上，蓝色起源公司也正在谈论一种比"新格伦"大得多的登月火箭，称之为"新阿姆斯特朗"(New Armstrong)。不用我多说，尼尔·阿姆斯特朗(Neil Armstrong)是第一个登上月球的人。

蓝色起源公司面临着竞争。至少还有四家公司一直在致力于轨道客运服务。其中三个我们已经讨论过了。SpaceX公司和波音公司都用NASA资助的飞船将宇航员运送到了国际空间站，不过这两个系统都遇到些问题导致了项目推迟。但等待已经结束。2020年5月27日，NASA的两名宇航员乘坐载人"龙"飞船前往国际空间站的Demo-2飞行任务为乘坐商用航天器定期进入轨道铺平了道路。为其他客户提供的航班也在计划跟进。两家公司都宣布将向游客和其他人出售船票。内华达山脉(Sierra Nevada)公司已经与NASA签订了往返国际空间站的物资

---

* 谢泼德(Shepard)与圣经中的"牧羊人"(Shepherd)拼写相似。——译者

运输合同,也在计划将人员送入轨道。它的"追梦者"(Dream Chaser)飞船不同于"星际客船"和"龙2"飞船,可以在正常的机场跑道上着陆。这个版本的"追梦者"是公司最初的载人航天器的缩小版。客运仍然是公司的目标。[86]

最没有引起关注的是XCOR公司。它的"山猫"(Lynx)飞船可以搭载一名宇航员、一名乘客,像维珍银河公司的航天器一样,是一种亚轨道飞行器,但其设计目的是拓展到轨道飞行的能力。不幸的是,XCOR公司在其唯一客户退出后宣告破产。[87]资本就是这样崩塌的。希望XCOR公司的知识产权能被另一家公司从购买了其资产的非营利组织"建造飞机"(Build a Plane)手中接过来,因为它的概念看起来很不错。[88]

如果轨道旅游的需求比较旺盛,那么到21世纪20年代初,将有许多公司争夺乘客。XCOR公司的目标是以100万美元的票价进入轨道,这看起来是很有可能的。这个价格肯定会向国家机构和大公司以外的更多消费者开放,堪称物有所值,就性价比而言比亚轨道飞行高得多。用4倍的价格,你可以获得至少20倍的失重时间,并能看到整个地球。太空旅游这才真正开启。

就短途的轨道飞行本身而言是不需要任何小行星资源的。但后者将为游客在轨道上停留更长时间铺平道路。太空探险公司已经在以1000万美元至2000万美元的价格销售载人"龙"飞船5日轨道飞行的船票;而公理太空公司已经在出售其国际空间站舱段的10日住宿套餐,但价格达到5500万美元。[89]这将导致对太空轨道"旅馆"的需求,而这些旅馆需要更多的补给,因此从小行星上获得一些补给可能也开始具有经济意义了。

商业空间站最初的条件将是简朴的。也许展示像《太空先锋》(*The Right Stuff*)中所描绘的宇航员的艰难将是吸引人的?即使你支付了1000万美元或更多,国际空间站上也没有淋浴服务(但更早的"天空实验室"航天器曾经拥有过）。[90]国际空间站厕所的抽吸系统很难使用，而且并不可靠。幸运的是，一个重要的全新"通用废物管理系统"应该是一项重大升级。[91]商业空间站将有解决这些问题的强大动力。

有一件有助于探险游客适应太空环境的好事，那就是现在有办法治疗因失重而引起的眩晕。显然，失重的最初几分钟并不是问题，因此亚轨道游客不会有过多困扰。但过了一段时间，你的大脑会对来自眼睛和前庭系统不一致的信号做出反应——前庭系统是你耳朵中的一种机制，它让你有平衡感和方向感。然后你就吐了。这是一个非常普遍的问题。第二个绕地球轨道飞行的人——苏联宇航员盖尔曼·蒂托夫（Gherman Titov），在1961年成为第一个在太空呕吐的人。在一个更大的空间里，太空病似乎显得更为严重，所以太空旅馆的环境可能特别糟糕。症状因人而异，通常几天后就会消失。能够抑制太空中这种不受欢迎的副作用的药物，对旅游业来说肯定大有帮助。

国际空间站上的宇航员有自己的小卧室。由于他们没有"重量"，所以他们没有一张带着床垫的床，只有一个将自己固定在睡袋中的垫板。但是国际空间站是一个嘈杂的地方。NASA希望将噪声降低到70分贝（dBA），大约相当于洗碗机或淋浴器的声响，但目前似乎还没有实现这一目标。卧室的隔墙不是为了降低噪声而设计的。来自喷气推进实验室和伦敦皇家艺术学院的设计师巴林特和李昌熙（Chang Hee Lee）接受了挑战，创造了一个更舒适、更具吸引力的睡眠隔间。[92]他们从枕头入手，思考它在这个新奇的环境中应该做什么。当然，它应该保护你的头，防止撞到舱壁。但它也可以内置降噪耳机和眼罩。这比用墙壁隔音来得更加容易、更加轻便。

太空里的设计在很大程度上是"形式遵循功能"：除非技术上有要求，否则是不会被考虑的。参与阿波罗时代"天空实验室"空间站的宇航员们"对著名工业设计师雷蒙德·洛伊（Raymond Loewy）等人对室内色彩设计之类的关注有些不屑"。93 现在也变化不大。国际空间站舱壁上少数没有被储藏室覆盖的部分都是灰色的。94 2017 年,与欧洲航天局合作的挪威艺术家扬内·罗伯斯塔与孩子们一起创作了她的一部全球科学歌剧,这部歌剧以月球基地为背景。当她的学生开始设计布景时,她问他们墙壁应该是什么颜色。孩子们感到困惑。"它们不是必须是灰色的吗?"他们说。"噢,不,这取决于你。"扬内告诉他们。一旦太空旅游度过了早期的"艰苦的宇航员"阶段,那么这个背景将是你任何喜欢的颜色。斯塔克为公理太空公司航天器设计的舱室看起来更像是五星级酒店房间,而不是旅馆。

太空旅行者的物质享受也正在提升中。太空浓缩咖啡时代已经开始了。2015 年,意大利宇航员萨曼莎·克里斯托弗雷蒂(Samantha Cristoforetti)是第一个在太空喝浓缩咖啡的人。意大利咖啡制造商拉瓦萨(Lavazza)公司与工程企业阿古泰克(Argotec)公司合作,为意大利航天局建造了 ISSpresso(两者的双关语)咖啡机。95 有一些研究是关于咖啡因的,结果显示国际空间站的生产率应该会提高! 工作已经解决了,那么娱乐呢? 当然,你会想庆祝成为太空旅行者? 没有问题! 2018 年"玛姆大绶带星际香槟"(Mumm's Grand Cordon Stellar)发布,最初被用于零重力飞机。显然,太空中的味道比地面上的更好。玛姆酒窖的主人迪迪尔·马里奥蒂(Didier Mariotti)在一次零重力飞行中品尝了"大绶带星际香槟",据他所说:"由于零重力,液体立即覆盖了整个口腔内部,味觉被放大了。香槟的气泡更少,液滴更加圆润和浓厚,充分地表现出这款酒自身的特点。"96 现在,要是他们能修好马桶就好了。

营利性空间站酒店将会出现,其功能将会增强。有些可能拥有提供离心力的旋转组件,能提供一些"伪重力"。拥有足够组件让淋浴间和厕所更像地球上的那样,会是一个美好的开始。当游客比较并选择光顾哪家太空酒店时,改善的卫生条件将是一大卖点。这些旋转组件不一定是科幻电影中常见的完整轮子。第一批可能更像绳系航天器——两个大罐子用一个管状通道与主站相连。它们必须小心地对称放置，以保持空间站平衡。要学会使用舷梯可能需要一些练习。最明显的做法是从主空间站头朝下飘进来，但当你被加速时，就会很快意识到这不是一个好主意。双脚优先是唯一的解决办法。

当你到达太空酒店后会做些什么？刚开始，凝望地球，尝试去发现你的家乡，还有那些标志性的海岸线、河流和山脉（更不用说恒河上的太阳了），这些就足够了。然而，经过几天对地球全神贯注的观察后，你可能会想做一些更活泼的事情。我敢打赌，在失重状态下飞行的乐趣才是特别的。宇航员卢杰认为在国际空间站阅读平装书是浪费时间。相反，他把所有的时间都花在学习如何熟练地四处游走。[97] 他不是唯一从中得到乐趣的人，尽管有一则警告摆在那儿：说来容易做来难。

随着越来越多的游客来到太空，他们将不可避免地开始比赛、捉迷藏，从精心保护的墙壁上弹跳下来。最终，那些只能在太空中进行的新运动将会涌现出来。日本电通株式会社的新井诚（Makoto Arai）正在开发太空运动。[98] 他指出，对于在太空长期停留的宇航员来说，每天花好几个小时在健身器械上是很无聊的。如果他们可以做些体育运动，那会多有趣啊。新井诚已经说服国际奥委会资助太空体育赛事。之后，他设想在月球上进行"鸟人"比赛，在那里，重力的降低使我们能够像鸟一样在充满空气的大圆顶内拍打翅膀飞行。

"魁地奇"可能成为其中一项太空运动。J. K. 罗琳（J. K. Rowling）在《哈利·波特》（Harry Potter）系列中为女巫和巫师设计的这项极其复杂的游戏似乎是为太空准备的。参加"魁地奇"比赛的球员们骑在扫帚上，在高空飞行，试图将"鬼飞球"投进其中一个圆环，同时避开危险的"游走球"，并追逐最终的比赛大奖——金色飞贼。在由压缩空气驱动的"扫帚"上俯冲，周围环绕着类似的自动推进的"游走球"和"飞贼"，在太空中"魁地奇"球员就像真正的巫师和女巫。不幸的是,"魁地奇"球场很大:"一个细长的椭圆形球场,长500英尺*,宽180英尺。"这是罗琳写的。[99] 那实在太大了。迄今为止计划中最大的空间站是毕格罗公司的"奥林巴斯"舱段。它很大,但仍然只有"魁地奇"球场的1/10。因此,真正的"魁地奇"比赛将不得不再等上一阵子。也许我们可以从缩小版"魁地奇"开始? 一旦有了需求,那么供应商肯定会跟进?

对于更具文化意识的太空游客来说,微重力可能会带来一场艺术革命。日本亿万富翁前泽友作(Yusaku Maezawa)为乘坐 SpaceX 公司的"星舰"进行绕月旅行预付了巨额定金。[100] 他计划带上6位艺术家。他们会做些什么特别的事情? 想象一下太空中的太阳马戏团(Cirque du Soleil)。舞蹈家、马戏演员兼物理学家迪佩特正在研究零重力舞蹈动作。他建立了一个简单的人体计算机模型,显示身体在零重力下如何根据腿和手臂的位置进行旋转。在理论上找到了一些好的动作技巧后,他进行了几次抛物线飞行,在实践中测试,取得了希望的结果。他期待有一天能进行轨道飞行,把它们发展成真正的太空舞蹈。其他艺术也将发生变化。麻省理工学院的"媒体实验室"有一项"太空探索倡议",旨在探索包括艺术在内的更大范围的太空活动。[101] 这项倡议的创始人和领导者阿里尔·埃克布劳(Ariel Ekblaw)的愿景是:"空间是可破解的,空间是好玩的。"

那么安全状况如何呢? 在电影《地心引力》中,克鲁尼的角色在称赞了太空美景后——此处剧透警报——他就死了。一旦发生致命事故,整个太空旅游业难道就不会关闭吗? 毕竟,1986年"挑战者"号航天飞机在起飞过程中发生爆炸后,NASA便停止了所有航天飞机的飞行长达两年。后来,2003年"哥伦比亚"号航天飞机在重返大气时解体,

---

* 1英尺约为0.3米。——译者

NASA再次停飞了所有的航天飞机,这回长达三年。随后,专家小组和国会进行了调查,发布了大量报告。凭什么太空旅游就会有所不同呢?

也许还真不太一样,与其他自愿参与的危险活动不太相符。游客在狩猎时偶尔会被狮子吃掉,但人们仍然蜂拥到狩猎公园。[102] 极限运动的死亡率非常高,最危险的似乎是定点跳伞——人们穿着一种特制的服装,手臂和腿之间有网翼,从高处一跃而下。(所谓定点是指他们起跳的地方有四种:建筑物、天线、桥梁和悬崖。)定点跳伞者的死亡率约为1/60,[103] 这与乘坐航天飞机的风险相当。有些人可以承受高风险。然而,这些人中有多少人还足够富有,可以成为旅游宇航员呢? 对于我们这些风险承受能力较低,但又愿意飞往太空的人来说,太空旅游的安全程度要达到多少呢?

蒸汽船和喷气式飞机的历史表明,有一些不幸的死亡事件并不会构成太大的影响。19世纪中叶,蒸汽船使跨洋旅行成为可能,甚至对穷人也是如此。想想200万贫困的爱尔兰人为了躲避土豆饥荒来到美国。然而,经常会有船上的蒸汽机爆炸的事情发生。[104] 尽管存在明显的危险,但人们继续购买船票,客轮行业也因此发展。最终,改进的技术和强有力的安全法规——几乎总是由重大灾难推动——降低了风险,尽管风险永远不会是零。对系统的重新定义也从未停止。铁路也不例外。在1996年马里兰州火车相撞事故发生后,美国才对铁路客车实行统一规则。20世纪中期,喷气发动机也发生了同样的情况。第一架投入运营的喷气式客机是1954年的德哈维兰"彗星"型。你可能没有听说过它,因为它经常从天上掉下来,所以很快就被停止使用。主要原因是金属疲劳。[105] 但乘坐飞机旅行却并未因此而停止。相反,几年后,美国波音707喷气式飞机面世,它更加安全,后来席卷市场。同样,与蒸汽船一样,波音707并不完美,但它跨越了人们可以接受的安全门槛。[106] 无论是一次事故,还是多次事故,都没有使新的行业停下脚步。

当任何人都能在太空飞行时,谁才是宇航员呢? 从1961年[尤里·加加林(Yuri Gagarin),太空时代的开始]到2019年,仅有500多人曾进入太空飞行。最初的几个美国人(从太空回来后)在纽约的大街上进行了盛大巡游。这在20世纪60年代确实是一件大事。即使是现在,宇航员仍被视为英雄,尽管欢迎的规模小了许多。蓝色起源和维珍银河两家公司提供的亚轨道飞行中,所有乘客都是宇航员吗? 如果每个公司每周飞行一次,每次6人,那么在一年内,作为游客身份的宇航员就将超过所有的宇航员前辈人数。在我看来,这似乎贬低了宇航员的头衔。当X-15火箭飞机的飞行员和"水星"号飞船的宇航员艾伦·谢泼德和格斯·格里索姆(Gus Grissom)在亚轨道飞行中经历了5分钟失重时,他们的壮举才是真正的英雄事迹,因为有着真正面对死亡的场面。我们是不是应该努力把"**宇航员**"*这个词保留给比新游客更大胆的冒险家们?

描述的力量确实在变化。"环球旅行家"这个词过去也很独特。但随着大学生们在他们的假期中走遍全球,现在这个词似乎只表明他们的父母有一些钱。"探险家"曾经是一个真正的称谓,至少在西方是这样。当然,探险家们去过的大多数地方也已经有人居住了。但总会给人一种印象,探险家们正在将世界的知识整合成一个整体,当然他们也冒着巨大的风险。但是现在探险家的工作已经结束了。我们现在有了一张完整的画面,就像"谷歌地球"所呈现的那样。在一段时间内,人们仍然可以以第一的身份做一些事情,如攀登珠穆朗玛峰、到达海洋最深处。然后,他们不得不选择更极端的方向:在没有氧气的情况下攀登珠穆朗玛峰;在一年内攀登每个大陆的最高峰,从而加入"七峰俱乐部"。随着目标变得更加复杂,他们也显得不那么具有探索性,不那么冒险,即使他们仍然很努力。

---

* 中国称"航天员"。——译者

我们是否应该重新给"宇航员"下一个定义,让它只授予那些超越以往的人?还是说我们应该为那些真正探索太空的人创造一个新名词?也许我们应该把"探索者"这个词复活,把它用在那些真正超越已知疆界的宇航员——第一批做出大胆创新的宇航员身上?将亚轨道游客称为宇航员似乎在太空爱好者中没有得到多少支持。2018年12月,parabolicarc.com网站在一条推文中问道:"我们该如何称呼飞行到80千米高的乘客,这需要到达轨道所需能量的一小部分(3%)?"[107]给出的选择是:(1)宇航员;(2)太空飞行参与者;(3)重心压载物;(4)3%的人。在最后三个选择中,票数相当平均,但是只有14%的人投票给"宇航员"。太空探险公司的客户倾向于使用其他术语,包括"个人宇航员"和"个人太空探索者"等。目前,"太空飞行参与者"是NASA和俄罗斯联邦航天局所使用的术语。

改变宇航员的定义也存在法律问题。联合国《救援协议》(Rescue Agreement)规定了采取"一切可能的步骤"营救处于危险中的宇航员。[108]但它清楚地指向"宇航员",而不是"太空飞行参与者"。如果我们将宇航员重新定义得更具排他性,那么处于危险中的太空游客该怎么办呢?

本章中的所有例子都表明,在太空进行商业活动的**潜力**是巨大的。但目前还没有任何事物已做好入场准备。在10年内,其中一些举措似乎有可能取得成功。当然,这无法得到保证,但可能性是存在的。一旦这些活动的规模超过一个阈值,那么它们将产生对太空资源的需求。为游客或工业提供的大量的水,从太空运来的可能比从地面运来的便宜。随着太空资源的可用,其他用途也将成为可能。在短暂使用月球资源之后,对小行星的开采将成为满足这些新兴市场的一种方式。毕竟,虽然月球资源可能更容易开采,却并不丰富。

◇ 第九章

让太空对资本更安全

包括小行星采矿在内的空间项目何时才能开始产生利润,从而使它们能够自我推动,自动增长,而无需通过向纳税人和立法者呼吁才能获得资金? 我们如何才能达到盈利点呢? 单纯靠自由企业是否足够? 还是需要政府发挥必要的作用? 政府已经在技术方面进行了前期投资,降低了产业风险。不过这还不够。在投资者可接受风险之前,还需要扫清法律和监管的障碍。我们应当如何确保太空对资本来说是安全的呢?

为什么不把太空留给私营企业呢? 一方面,私营企业有着众所周知的优势:能够快速取得成果,有着控制成本的强烈动机,以及从竞争中获得对创新的激励。但另一方面,商业风险投资往往是短期的,因为它们必须为此买单,并让投资者满意。美国西部对欧洲后裔移民的开放政策常常被用来比喻"太空边境"。然而,那片"荒野西部"常常被描绘成一个没有政府命令的无法无天的地方,勇敢的开拓者将独自与困难作斗争。不过事实并非如此,甚至忽略了早先已经生活在那里的人们所遭受的不得人心的待遇。尽管从密苏里州独立城出发的矿工和农民们确实很勇敢,但他们坐着科内斯托加式马车,并不是前往未知的土地。虽然扩张并没有得到广泛认可,但美国政府确实在绘制西部地图及其水资源和矿产资源的测绘方面投入了大量资金。公共投资可以持续几十年,从而降低成本,降低投资者的风险。威廉·戈茨曼(William Goetzmann)在1966年获得普利策奖的著作《探索与帝国》(*Exploration & Empire*)中解释了这一点。[1]戈茨曼在书中追溯了数十次由政府资助的绘制美国西部地图的探险活动,这项工作更加详细地指出了资源分布,时间跨度从1804年至1806年间梅里韦瑟·刘易斯(Meriwether Lewis)和威廉·克拉克(William Clark)对刚刚得到的广阔的原路易斯安那领地的勘探,一直到19世纪80年代。

约翰·雅各布·阿斯特(John Jacob Astor)的例子说明了为什么私营企业有局限性。早在1810年,就在刘易斯和克拉克探险归来的4年后,美国第一位白手起家的百万富翁阿斯特就决定在哥伦比亚河口(现位于华盛顿州)建立一个贸易港,以此扩大他的毛皮贸易帝国。戈茨曼的著作描述了这个故事。阿斯特试图抢先一步击败哈得孙湾公司(Hudson's Bay Company)。西海岸的那一部分主权不明,美国和英国都想控制它。阿斯特在他的太平洋毛皮公司(Pacific Fur Company)身上做了大量的投资。他驾驶一艘轮船绕过霍恩角航行到哥伦比亚河口,1811年他把那里的阿斯托里亚堡建设成为自己的基地。他还替从圣路易斯出发的陆上探险队支付了费用,后者于一年后到达了阿斯托里亚堡。这是一个明智的计划:在那里可以猎取很多海狸毛皮。但由于某些原因,探险队成员没能找到它们,所以当英国海军战舰"浣熊"号于1812年抵达并占领了阿斯托里亚堡时,失望的伙伴们已经计划离开。这个故事说明了一家私营公司是如何快速行动的,也说明了如果没有即时利润,它的注意力很快就会转移。像阿斯特这样的私人投资必须是短期的,因为公司必须经营下去。

玛丽安娜·马祖卡托(Marianna Mazzucato)现在是伦敦大学学院的经济学家。2013年,当她在英国萨塞克斯大学(很久以前我在那里获得了天文学硕士学位)时,她出版了《创业国家》(*The Entrepreneurial*

State）。[2] 在这本书中，她讲述了政府对当今大多数高科技的长期投资。马祖卡托以苹果 iPhone 为例：从它的硬件——CPU、LCD 显示器、锂电池，到它所依赖的万维网、GPS、蜂窝电话等技术，再到类似 SIRI 这样的人工智能软件，都是在政府资助下开发的。苹果公司的天才之处在于将所有这些技术整合成一个不可或缺的美丽整体。马祖卡托表示，同样的情况也适用于制药、生物技术、风能和太阳能等领域。长期的基础投资需要政府的支持，因为它们在成熟之前无法产生利润。在这方面，政府有良好的先例。

这些例子表明，政府如何着眼长远，承担私营企业无法承受的成本。它可以将风险降低到私人投资者能够应对的水平。政府当然也可以直接投资公司。与天使投资人或风险资本家不同，政府通常不会通过持有初创公司的股权来换取对它们的支持。这使得创始人能够在不过早稀释公司股权的情况下开发产品，这有助于他们保持积极性。一旦一个可以创造利润的产业崭露头角，政府就可以从技术投资中脱离出来，让资本发挥作用。即便如此，政府在商业的法律、监管和外交方面也发挥着重要作用。

如果政府采取正确的方式，就可以成为空间商业的"引水泵"。这样反过来对政府也有利。新的空间业务将向政府纳税。随着更大的私营公司提供更强大、更廉价的能力，政府的空间探索也能够受益于私企的空间项目。NASA 大约 200 亿美元的预算现在看起来可能是很大一个数字，但那是因为它只是支持纯科学和太空奇观。相反，如果我们把这份预算看作一项基础设施投资，旨在开拓巨大的新经济的可能性，那么它实际上是相当合适的。因此，随着空间活动成本的降低，政府在空间方面的活动将有望增加。一旦牵涉经济利益，那么对太阳系的探索将进入一个更高的阶段。

70 多年来，美国、俄罗斯、欧盟（通过欧洲航天局）、日本、印度和中国都在太空领域投入了大量资金。政府的行动创造了将空间作为人类努力的领域的全部可能性，包括商业企业。它们开发了所需的技术，绘制了月球地图，并发现了许多近地小行星。它们的动机可能并不主要是发展太空产业，但确实起到了作用。"新太空"运动可能会激励它们做得更多。它们可以像今天的卢森堡一样，使空间企业的利润成为21世纪空间政策的核心。1985年里根政府对NASA发布的主要指令是更新原1958年《太空法案》(Space Act)，将"最大限度地寻求和鼓励对空间的最充分商业利用"纳入其中。政府可以通过多种方式实现这一目标：推动技术进步，测绘领土，提供方便到达的小行星进行实践，以及成为商业空间站和其他飞行器的主要客户。商业货运和商业乘组的公私合作关系已为NASA开启了这条前进道路。在商业行为中，董事会是最高级别的组织单位之一，但太空的商业利用还不是NASA的"董事会"。但这是有可能的。道格·洛韦罗(Doug Loverro)在卸任NASA负责人类探索和行动的副局长之前不久，于2020年4月宣布，他的"董事会"正在重组，试图创建一个致力于空间商业化的部门。[3]

然而，政府也有众所周知的"坏名声"，它很容易陷入反应迟缓、资源浪费、反对创新的状态。还有，很容易理解，政府也会根据政治压力来选择方法。错误的公共投资模式将不是鼓励私企积极性，而是将其扼杀。

重视社会利益并进行代际投资的慈善事业为我们提供了第三条前进的道路——慈善家可能会为资本家降低风险。NASA首席经济学家、历史学家亚历山大·麦克唐纳(Alexander MacDonald)在其著作《漫长的太空时代》(*The Long Space Age*)中指出，正是慈善事业通过资助20世纪早期的大型天文台，如帕洛马山上的200英寸*望远镜，使美国的太空

---

* 1英寸约为2.5厘米。——译者

探索得以起步。[4]另一个例子是B612基金会承担了对地球有潜在危害的小行星的巡天。B612之所以承担了这项任务,是因为NASA没有承担——尽管该任务是《小乔治·E.布朗近地天体调查法案》(George E. Brown, Jr. Near-Earth Object Survey Act)要求NASA做的。[5]B612的工作与小行星资源直接相关,因为它会发现许多没有威胁但也容易到达的小行星。慈善事业可以在私人投资风险太大,但政府资金又尚未优先考虑的新领域播撒种子。通过这种方式,他们可以填补一些计划中的空白。然而,与私人资金和公共资金相比,慈善资金的规模相对有限,因此其资助范围往往也相对有限,可能不像政府那样持久。最终,B612也不得不放弃其雄心壮志。好在NASA现在已经明确了此类任务的具体计划。

公共资金、私人资金和慈善资金,三者之间的正确平衡并不显见,总会受到根深蒂固的意识形态和信仰的影响。就算事实并非如此,作为增强人类在太空的存在性的最有效复合机制,我们立下的目标,随着时间的推移也不可能始终保持不变。让这三者产生最佳效果,是一种无休止的制衡行为。

政府能做些什么? 小行星及其他空间资源的经济开发需要广泛的技能,其中有五个主要领域:技术、探索、政策、监管和外交——最后三项是政府的独特作用。前两项工作可以由商业机构或慈善组织承担,但当一项任务只提供长期回报时,它通常要由政府承担。这五个领域都有许多工作要做。

首先,技术。从商业空间站到小行星采矿,太空开发的每一部分都可以从政府投资中受益。NASA已经通过自己的研究以及向许多(主要是小型公司)美国公司提供注资和合同,在某些方面提供帮助。NASA的专业知识、国际空间站以及其他低地球轨道上的人类活动可以发挥出巨大的作用。有时，这可能意味着由航天机构直接购买服务，如空间站或月球着陆器等。更常见的是开发技术，例如：将一大块小行星带到地球附近，在那里我们可以练习将采矿机放在小行星上、挖掘岩石、提取矿石等所需的所有风险操作。这些都是以前在微重力和太空的真空环境中没有做过的。第一次尝试最好不要在采矿飞船离你很远的时候进行。即使这项工作最终是由机器人完成的，只要有人在附近，就可能在早期如何正确完成任务的问题上提供很大帮助，因此载人航天飞行也是重要组成部分。同样，更快捷的运输系统——使用增强型离子发动机或核动力火箭的航天器——也必须开发出来。政府可能是促使这些工具快速投入生产的主要客户。在某种程度上，这已经在进行中了。例如，"飞镖"小行星偏转测试任务将使用为已被取消的 ARM 任务开发的 NEXT-C 离子发动机。

其次，太空探索就是 NASA 的工作。但引用《银河系漫游指南》(*Hitchhiker's Guide to the Galaxy*)的话来说："太空很大。"[6] 太阳系包含近 200 个由自身引力形成的球状天体和数百万个较小的天体。太阳系所有行星都至少被造访过一次(不管你是否把冥王星算作一个行星)。然而，每次造访都表明我们以前的了解是多么少。直到最近 10 年左右，我们才意识到巨行星的几个卫星都是"水世界"，在几十千米的冰下有着液态海洋。它们甚至可能会存在生命。同样，像冥王星这样遥远寒冷的星球可能有复杂的活跃地质和大气，这也是一个新发现，在很大程度上也是出乎意料的。太空还有足够多的地方需要进行更多的探索。从新闻报道来看，我们似乎正在以令人印象深刻的速度探索太阳系，但我们实际的探索速度相当缓慢。全世界每 10 年大约只有 20 个探测器出发飞往深空。按照这个速度，一艘宇宙飞船要花上一个世纪的时间才能到达太阳系的所有星球。如果我们想在人的一生中了解太阳系真正的资源是什么，我们就需要提高探索速度。政府可以利用"新太空"运动和采矿飞船来降低这些探险的成本,以便我们能够快速探索许多陌生的新世界。

1962年,约翰·肯尼迪(John F. Kennedy)总统在得克萨斯州莱斯大学发表演讲,要求美国"把人送上月球,就在这个60年代结束之前"。他还说:"在外层空间至今仍没有冲突、没有偏见、没有国家冲突。"[7]值得注意的是,肯尼迪总统对太空和平的描述在50多年来一直是正确的。他的设想将受到前所未有的考验。政策、监管和外交不久之后将成为太空的核心问题。空间资源确实巨大,但它们只集中在少数几个地点;并且,起初只有一小部分是可以访问的。政策制定者并没有认真关注这些资源,因为它们看起来很遥远,更像是传说中的黄金国的故事,而不是真正的担忧。高度集中的资源意味着竞争——谁可以使用这些资源,又是为了什么使用这些资源。正如空间问题律师卡伦·克雷默(Karen Cramer)所说:"矿业、天文学、地质学、太阳能、制造业、着陆权,这些并不都是兼容的。"[8]

无论是国家还是公司,太空玩家的数量都在迅速增长。目前,从客观上讲,这些份额很小,但就像许多首次公开募股(IPO)的股价一样,它们的价值取决于未来可能成为什么,而不是现在是什么。他们之间的争端靠谁来仲裁?现在没有一个机构拥有仲裁这些迅速逼近的分歧的权力,甚至连不具约束力的权力都没有。目前唯一被认可的法律是1967年《外层空间条约》,上面只规定了很少的几条原则。未来可能会有形势紧张的时期。

政策问题很快就需要得到解决。研究如何解决这些争端需要政策专家。他们有经验将技术细节转化为一系列立法者可以使用的条陈。我之前从未接触过政策制定,直到有一次在哈佛大学给一个小组做了一次"午餐演讲",讨论的话题是我为什么认为存在问题。此次午餐讨论会由康琳娜组织，她现在是位于罗拉的密苏里科技大学教授、中国航空航天政策专家。空间活动可分为四个领域，为便于记忆，我们把它们称为：销售（sales）、安全（security）、科学（science）和移民（settlement）。[9]"销售"是指空间商业——在本书中说的是"贪婪"。"安全"是指找到并清除致命的小行星——也就是"恐惧"。"科学"就是我们已经在做的——本书中归纳为"爱"。"移民"是指人类成为整个太阳系的长期居民。由于这四个领域将使用相同的技术，因此它们可能相互促进。因为大多数探讨空间资源的人都是技术专家，所以没有多少人真正提及目标可能相互冲突的问题。但现实情况可能并不乐观。

政策专家康琳娜确定了四个领域的竞争目标。销售领域：希望尽快获取尽可能多的财富，而且会对任何限制产生抵触情绪。安全领域：只关心能够发现并摧毁"杀手小行星"或使其转向，其余的都不关心。科学领域：首要的是保持原始的研究环境，除非想利用空间资源建造巨大的望远镜。移民领域：希望利用能得到的所有资源，但同时也应该考虑保护它们，以便拥有一个长期的未来。当这些目标发生冲突时，由谁来仲裁呢？这就是政策专家可以发挥作用来帮助制订现实方案的地方。

为了解决小行星和月球采矿引起的问题，科罗拉多矿业学院自1999年以来就与其他组织合作，每年举行一次空间资源圆桌会议。[10]到目前为止，关于如何使用这些资源还没有什么规则。许多崭露头角的小行星采矿者希望这个行业具有某种形式的规则，但现在连可以鼓励投资者支持采矿作业的（哪怕是临时性的）规则都没有。

面对监管，许多太空企业家会本能地产生反对的想法，就像他们地球上的同行一样。然而，对市场运作而言，监管是有必要的。有些问题需要尽快通过监管措施来应对，但是我们还没有解决方案。安全就是其中之一。等到太空中有了游客和研究人员，甚至还有维修人员要去对昂贵的采矿设备做保养，那就必须制订安全规定和应急服务规定。

公共安全也是一个大问题。如果一家企业为了处理时更方便,将小行星移向了地球,那么它必须遵循什么规则才能避免对我们的星球造成意外影响(撞击)?(真正的"环境影响"!)

还有文化价值观。在月球上挖掘氦-3,将在月球上留下大"疤痕",从地球上也清晰可见。这样做真的可取吗?或者,夜晚从地球上可能看到明亮的灯光环绕着月球基地,这是鼓舞人心的场面吗?还是一种亵渎呢?由数千颗卫星组成的大型"星座"将很快在全球范围内提供网络宽带,为我们带来数十亿美元的巨大收益。但同时,在黑暗的地方,用肉眼就可能很容易看到这些卫星,它们肯定会影响我们山顶上的天文观测。[11]这真的是利大于弊吗?

甚至连艺术也可能遇到问题。一家当前非常成功的初创公司火箭实验室(Rocket Lab)在2018年1月21日首次发射卫星时,将一个闪亮的"迪斯科球"送入轨道。该公司将其描述为一个雕塑,命名为"人类之星"(Humanity Star)。一颗直径为米级的球有可能成为夜空中最明亮的东西。该公司首席执行官彼得·贝克(Peter Beck)表示,这样做的目的是"让人们抬起头来,意识到自己身处宇宙中一块巨大的岩石之上"。[12]可能你会觉得,这听起来好美啊,毕竟艺术是主观的。但天文学家首先跳出来反对。哥伦比亚大学天文学家戴维·基平(David Kipping)在推特上写道:"这太愚蠢了,破坏了夜空,破坏了我们的宇宙视野。"[13]但是谁又有权力去阻止他们呢?"人类之星"在低轨道运行,仅几个月后便重返大气层。然而,"星体艺术"的想法现在很难叫停,因为它是可行的,也没有法律手段可以阻止它。同时这也为广告业开了先河。

真正的"星体广告",或叫"天文广告业"(astrotising)即将到来。在太空中做广告的概念至少可以追溯到1950年罗伯特·海因莱因(Robert Heinlein)的著作《卖月亮的人》(*The Man Who Sold The Moon*)。现在这一切不再是幻想。随着进入空间的成本的降低,这已成为现实。会不会"满天繁星满天广告"呢？*我们的天空视野可能会被各种公司的各种广告标识所阻挡。我们也可能看到散布在月球上的广告。我们会想看月面上的耐克标识吗？如果是每晚都能看到呢？又或者是永远都能看到呢？谁来阻止它们？在许多文明中，月球都有重要的精神价值。日本人建造赏月台已有几个世纪的历史。SETI研究所的玛格丽特·雷斯（Margaret Race）指出，许多美国本土文化也非常重视月球。

俄罗斯的起源火箭（StartRocket）公司首席执行官弗拉季连·西特尼科夫（Vladilen Sitnikov）说"广告宣传是人类的天性……品牌是人类生活非常美丽的组成部分"，况且"现在没有任何法律阻止它们的野心"。[14]自由主义学者J. H. 休伯特（J. H. Huebert）和沃尔特·布洛克（Walter Block）认为，出于言论自由的原因，不应该限制太空广告。但并非所有人都同意这个观点。在美国，已经有明确的法律禁止"侵入性"天基广告。当美国是唯一的资本主义太空强国时，这样做是有用的，但现在有很多方法可以进入太空。谁有权阻止太空广告？到目前为止，没有。

我们也不必绝望。以前也出现过类似的情况，并且也已经得到很好的解决。第一步往往是各参与者之间的自愿协议。互联网由互联网名称与数字地址分配机构（ICANN）管理。ICANN就是一个私营企业。众所周知，不管是金融上还是政治上，治理互联网利害攸关。然而，这种管理自1998年以来一直有效，而且是通过协商一致的方式实现的。或许，这是因为ICANN的设立是为了避免联合国控制互联网。或许联合国的"威胁"提供了所需的纪律。我们也可以通过类似的机构来获得空间的纪律。

这在空间事务方面已经有了案例。"通信卫星一旦失效该如何操

---

* 原文是 Ad Men Ad Astra。其中 Ad Astra 是拉丁语，对应英语是 to stars，意为"飞向星空"或"探索太空"。Ad Men 里的 Ad 是指广告 Advertising。此处用双关语进行调侃。——译者

作"这一问题是由机构间空间碎片协调委员会(IADC)处理的。该委员会成立于1993年,由全球13个航天机构组成。[15]它的主要活动之一是协调那些几乎耗尽燃料或年久失效的通信卫星进入墓地轨道。IADC只是一个非正式的机构间委员会,但它确实有效。同样,国际电信联盟(ITU)管理着地球静止通信卫星的轨道位置。[16]它是通过为电视和其他通信分配无线电频率来实现的。卫星需要在这条周期为24小时的特殊轨道上间隔一定距离,防止相互间的信号干扰。位于地球某处上方静止轨道上的卫星必须停留在上下只有几千米的区域内,这一限制意味着可以停放静止卫星的空间很有限。稀缺而宝贵的资源以这种方式得到和平的管理。从1993年起,国际电信联盟履行这一职能,虽然现在由联合国主持,但仍是一个自愿的管理制度。直到目前,国际电信联盟的作用发挥得很好,所有的卫星所有者都认识到他们需要它。

但是并非所有的空间监管问题都有解决方案,低地球轨道碎片就是一个典型的例子。这些碎片是当前的一个现实问题,它可能会阻碍每个人进入太空。处理"凯斯勒综合征"的技术正在开发中,但没有人知道谁会掏钱来清理这个烂摊子,因为没有国际机构主持缓解和清除这种危险的空间垃圾。

由于这些争端本质上是国际性的,因此需要某种形式的外交途径来建立起我们所需要的监督机构。或许要等到具体需求出现,并且我们对此有了更好的理解时,才会建立一个永久性的机构来支撑和管理这一庞大的新型资源。

然而,我们需要早早建立起某种形式的法律制度。地球上的长期经验告诉我们,只要是稀有的、宝贵的资源,就会引发争端。它们可以是法律纠纷,也可以是法律外的,尤其是在边境上的,通常会引发暴力行为。同样的问题,没有理由认为在太空中会有所不同。

一旦某个以营利为目的的小行星采矿项目取得成功,它就将带动一场"小行星热"。最理想的含矿小行星将是稀缺的，而且将在突然间成为价值极高的资产。在"淘金热"中，所有常见的法律、治安和公平问题都将不可避免地发生。我们很快就能遇见太空海盗、窃贼、抢夺者和间谍。他们并不全是违法的。

太空海盗就是一帮发现你正在往回运送提炼过的矿石，于是就来劫持有效载荷的人。例如，他们可以将自己的火箭连接到你的火箭上，然后朝任何他们想去的方向推动。如果飞船离地球很远，可能没有人能够发现。突然间，你的货船与"家里"失去了联系。（或者，如果海盗真的足够聪明，他们会把洗劫一空的飞船送回家。几个月后，如果你的飞船比你想象的要轻得多，那么当你进行轨道修正时，就会发现这一切，你一定高兴不起来。）即使海盗只对飞船的速度做了一点小小的改变，也很快就会把它带向浩瀚太空中你找都找不到的地方。然后，海盗们需要做的就是把能证明这是你的矿石的任何迹象进行清除，随后将它们当作自己的矿石投放市场。"太空海盗"的行为当然是非法的，无论航天器在哪里，你都继续拥有它的所有权，你对你开采的矿石拥有所有权，这点人们越来越认同。但是这并不意味着不会发生不愉快的事。

太空窃贼会比你更早现身。假设经过大量的勘探工作，你终于千里挑一找到了真正有价值的小行星。窃贼们却不想有那么多麻烦事，他们宁愿选择一路跟踪你到要去的地方，并在你的采矿飞船到达前捷足先登。然后，他们把"你的"小行星推向另一条轨道，小行星就此"消失"了，但他们知道小行星新的轨道。接着，他们开采矿藏，赚取比你多得多的钱，因为他们不必担心勘探成本。更糟糕的是，这似乎是完全合法的，因为至少就目前而言，《外层空间条约》规定，你并不拥有原始小行星的所有权。窃贼也可以诡辩称，因为他们已经移动了小行星，所以小行星不再是自然天体，他们可以完全拥有它。你却没有追索权。

太空非法抢夺者会等着你在选定的小行星上开工。例如，当他们看到你在小行星上降落了一艘大型宇宙飞船,他们就会知道这一点,对小行星勘探来说,这艘飞船太大了,所以它一定是用于采矿的。然后,抢夺者可以在同一颗小行星上找附近地点着陆,并自行挖掘。由于你对小行星本身没有任何所有权,因此你无法合法地阻止它们,而他们却可以免费从你的前期勘探工作中获益。《外层空间条约》规定,一旦他们干扰了你的采矿作业或损坏了你的设备(例如,挖掘的地点离你太近),那么你可能寻求一些索赔。

太空间谍有两种工作方式。如果他们窃取了你识别的那颗小行星的情报,那就是窃取你的知识产权,这种情况下你就有了法律依据。不过索赔是否会弥补你失去的一切就不一定了。还有一种情况:他们可以派一艘小型宇宙飞船去观察你的采矿作业。他们可以学到很多你的技术,因此可以节省自主开发技术的时间和费用。即便只是跟随你的飞船,也可以为他们省下第一步的探矿时间。这完全是合法的。事实上,《外层空间条约》明确允许观察行为。不过,你也许能够根据专利法保护你的新技术。对于空间活动,仅在某个国家内申请专利显然是不够的。1970年的《专利合作条约》(PCT)允许在所有缔约国同时提交专利申请。[17] 然而不幸的是,并不是每个国家都签署了PCT,这就留下了几十个潜在的"方便旗"来避免专利保护。*

鉴于这些活动的威胁,老老实实的矿工们可能会开始在矿石中放置标记,以使其易于识别。一些意想不到的元素或同位素的痕迹可能会起作用。或者,更简单地说,他们可以记录矿石的精确成分。矿石不可能由纯水或纯的金属铂组成,一定会含有污染物。这些污染物的模式可能是每批返回的矿石(针对海盗的例子)或每颗小行星(针对窃贼

---

* 方便旗是指某国的商船不悬挂本国国旗而悬挂注册国国旗,这是一种为了逃避本国的法令管制,减少自身纳税或工资等费用支出,而选择在其他国家注册的做法。——译者

的例子)的独特结果。有了这种品牌标签,就可以追踪和调查那些邪恶的非法空间活动。这同时意味着我们需要太空警长,他们可以使用最好的刑侦手段追踪是谁偷走了谁的贵重物品。

与月球、火星等大型天体上的采矿地点相比,小行星对太空执法提出了独特的实际挑战:它们距离地球远得多;它们可以移动,也可以被移动;大多数相对较小;而且数量庞大。所有这些因素使太空警长的工作更加困难,还为那些海盗、窃贼、抢夺者和间谍提供了诱人的机会。当然,我们打算把小行星纳入《外层空间条约》。然而,早在1967年,已知的小行星还不到2000颗,几乎所有的小行星都很大,与当时已知的行星卫星相当。因此,没有对它们给予特别考虑。然而现在,我们知道有数以百万计的小行星具有潜在的宝贵资源。既如此,需审视之。

显然,必须对这些极端的做法采取措施,否则它们可能会扼杀太空采矿业的诞生。这就意味着要引入法律。太空大会的听众自然都是热衷于太空事业的人士。当我开始和他们谈论我们未来在太空中为何需要律师时,他们对我发牢骚:"难道就没有不需要律师涉足的地方了吗?"我的回答是:你**真的**不会愿意住在一个没有律师的地方。想想地球上最无法无天的地方吧。你不会喜欢的。

无论如何,现在讨论这些已经太迟了!律师们已经进来了。空间法是法学的一个领域,现在已有几个长期存在的空间法机构。国际空间法研究所(IISL)成立于1960年,距第一颗人造卫星"斯普特尼克1号"发射仅三年。[18] 联合国和平利用外层空间委员会(UNCOPUOS)比IISL还大一岁,其中法律小组委员会只比IISL晚一年成立。[19] 甚至还有空间法教科书,其中一本是弗朗西斯·莱尔(Francis Lyall)和保罗·拉森(Paul B. Larsen)写的,共有500多页。[20]

尽管如此,空间法仍不够完善,尤其是几乎没有判例法。如果没有这些,就很难知道什么是正确的法律应用,因为总是会出现意外的复杂性,在空间资源使用方面尤其如此。正如太空律师斯科特·欧文(Scott Ervin)自己一语双关的说法:我们在真空地带中处理法律问题。[21]

从所有太空诈骗的例子中可以清楚地看到,产权是太空采矿企业家关注的核心问题。弗伯本人是一位空间企业家,他称之为"有保障的使用权",而非产权。如果对整个小行星的保有权能够得到保障,那么窃贼和抢夺者就可以被挫败。权利不必是永久的,可以产生自有义务的投资("使用它或失去它"),并在有限的时间后到期,比如10年。如果开采出的原料明确归采矿者所有,海盗就沦为非法分子。窃取你知识产权的间谍也更容易对付,因为他们本身违反了地球上的法律。但根据《外层空间条约》,仅仅观察你行动的间谍更难对付。如果想将这种行为列为一种非法活动,就需要一些创造性的解释。

一家公司如何在"有保障的使用权"框架下建立采矿权?你如何建立对天体的保有权?小行星数量众多,意味着无法做到让航天器访问其中任何有法律意义的部分。比方说我做了大量天文方面的工作来定位一颗小行星,确定其轨道以表明它是可以到达的,然后搞清它的大小、形状、质量和(表面)组成,但我不去访问它,那么这些工作是否足以确立我对其资源某种形式的权利呢?还是说,这只是我的知识产权而已?如果我必须访问小行星,那么仅仅在小行星上着陆并插上国旗是否足够呢?我是否必须先做化验分析?还是说,我也必须把矿石样本送回地球才算拥有权益?只需取样返回非常少量的样本,就可以认领整个小行星吗?如果这颗小行星有数百千米宽怎么办?甚至,小行星是否由法律定义为"天体"?毕竟,如果你能移动它,那么它还算是"天上"的吗?

最基本的是:如何强制执行索赔?"权利即救济"的观点在法学院很流行。它的意思是:为了使一项权利具有实际意义,就必须对侵犯该权利的人进行制裁。如果你是空间窃贼的受害者,有没有惩罚他们的办法？又由谁来决定是何种惩罚？适用于哪些司法管辖权范围？谁来执行这样的裁决？换句话说，谁才是空间法则？

《外层空间条约》是目前空间法中唯一获得广泛通过的一般性协议。这是1967年达成的一项联合国条约。（还有一项月球条约，该条约对商业活动的限制更为严格，适用于小行星和月球，但只有少数国家批准了该条约。）[22]《外层空间条约》的正式标题是《关于各国探索和利用包括月球及其他天体在内的外层空间活动的原则性条约》（Treaty on Principles Governing the Activities of States in the Exploration and Use of Outer Space, Including the Moon and Other Celestial Bodies）。它采用的是原则，而不是法律。签署本条约的国家通过的任何法律都必须遵循这些原则。它们是否真的这样做则是不同观点的问题。《外层空间条约》已得到106个国家的批准，其中包括目前所有的航天国家。但是，剩下近90个国家没有签署协议，依然可以使用"方便旗"来摆脱《外层空间条约》的限制。

空间资源的开采是创造财产还是盗窃财产？对于空间矿工而言，《外层空间条约》的三个关键点是：

• 外层空间应由所有国家免费探索和使用（第1条）。

• 任何国家不得通过宣称主权、使用或占领，以及任何其他侵占手段侵吞外层空间（第2条）。

• 探索和利用外层空间应为所有国家和全人类谋福利（第1条）。

"由所有国家免费使用"听上去是对采矿者的承诺。不过，使用这样的措辞，就肯定能保留你获取的任何东西吗？但"不得侵吞……"似乎又意味着没有财产权或采矿权，至少在你开采矿石之前是没有的。这种权利的缺乏可能会导致一些非法活动，如海盗行为等——我刚刚警告过。最后，"空间……应为全人类谋福利"是个圆滑的措辞。如果只有少数公司或国家有能力开采空间资源，那么造福"全人类"的实际效果会如何呢？现有的国际税收制度无法将部分空间采矿利润重新分配给非航天国家。即使有，税收也必须足够低，以免使利润减少而阻碍更多想进入该领域的人。如果太空采矿的税务负担过重，那么它就会停滞，对任何人群都没有好处。就像我们在政治和法律上通常所遇到的问题一样，这里没有简单的或最终的答案。

"免费使用"已经有了先例。"阿波罗"计划带回的月球岩石，在宇航员拿起它们放入袋子的那一刻，它们实际上已成为美国政府的财产。毕竟，还有谁能挑战这一点呢？苏联的"月球车"（Lunokhod）号也带回了月球岩石，现在它们显然属于俄罗斯政府。三块微小的苏联月球岩石碎片曾在公开市场上出售，此举表明他们将其视为财产。[23] NASA 起诉过一名芝加哥地区的女性，她购买了一个当时"阿波罗 11 号"装月球土壤的袋子，结果 NASA 败诉，这也说明月球土壤可能是财产。[24] 这一定义似乎已成定论。

小行星也同样如此吗？2010 年从小行星"糸川"带回日本航天局的样品归日本政府所有，这一点无人质疑。对于"隼鸟"2 号和"奥西里斯王"号带回的岩石分别归属日本政府和美国政府，也不会有人质疑。难道就没有问题了吗？因为小行星比月球小得多，"捡起岩石"可能会改变小行星本身。如果小行星只有房子那么大，那么一块房间大小的巨石就可能是整个天体的一大块。如果小行星是一堆碎石，那么你可以一块一块地捡石头，直到没有给小行星留下什么！然后，虽然你不曾拥有这个天体，却拥有它的每一个部分。情况会越来越复杂。你甚至可以把整个小行星放在一个袋子里，然后像小行星重定向任务曾经计划的那样，把它拖回家。这和捡石头一样吗？如果我把整个小行星加工成矿石，留下那些没有经济价值的尾矿，到那时小行星是天体还是我的财产？还有，破坏天体是犯罪吗？有一点是肯定的：当你开始思考与太空采矿有关的法律问题，你会发现它们很快会变得相当复杂。

可能有一种逃脱"不得侵吞"之法律限制的偷偷摸摸的方法,至少对于较小的小行星来说是有用的。空间法专家维尔吉柳·波普(Virgiliu Pop)指出,"天体"的一个定义是"外层空间的不能人为地从其自然轨道移动的自然物体"。[25] 既然这样,如果我们移动了一个天体并且改变了它,那么就相当于把它变成了"财产"。实际上,太空中唯一可以被移动的物体就是小行星。毫不奇怪,这一观点在空间法中没有完全得到接受。我有一个邻居是哈佛大学法学院的教授,他对这个想法非常兴奋,因为这直接抛出了律师们喜欢讨论的一种问题。相反,当遇到这样的问题时,像我这样的工程师和科学家只会想着以头撞墙。但是,如果我们想要建立一个利润丰厚的空间采矿业,那就必须仔细地考虑这些问题。

物理学家有充分的理由对使用诸如"不能人为移动"之类的词语的定义感到失望。作为一名物理学家,我知道牛顿第二运动定律告诉我们:任何对小行星的轻微接触,甚至向小行星投掷一个垒球,都会让它产生(尽管很小的)加速度,从而改变它的轨道。律师们将不得不决定它改变多少轨道之后才会成为"财产"。1959年,当苏联的"月球2号"飞船第一次被故意撞上月球时,它就改变了月球的轨道,虽然改变幅度微乎其微。从那时起,月球就变成苏联的财产吗?没有人,包括苏联人,会认为这是事实。但小行星则更容易偏移。如果小行星重定向任务成功地将一整颗房子大小的小行星装进一个袋子中,并将其移向地球,那么这颗小行星会就此成为美国的财产吗?很可能会。天体被移动多少就会成为"财产",这个细节将是一个法律问题,它由物理学提供信息,但并不由物理学决定。

《外层空间条约》中的一个重要思想是"不得干扰"。条约规定,各国应避免"对其他国家的活动造成潜在的有害干扰","应采取最大程度的预防措施,以确保安全,避免干扰待访问设施的正常运行"。什么是

"有害干扰"？没有人确切知道,因为从来没有过测试案例。当然,有害的干扰包括火箭尾焰燃烧到你的设备上。让火箭在你附近着陆,用飞溅出来的岩石和灰尘"轰炸"你的设备也可能被认为是有害的。在月球重力较低的情况下,"附近"可能距离几千米,甚至更远。在一颗几乎没有重力的小行星上,这可能意味着小行星上的任何地方。

如果是这样的话,那么这些区域将提供一种法律方式,阻止其他人访问您占有的空间资源,至少在原则上是这样。原乔治·华盛顿大学空间政策研究所的一名研究生科迪·克尼普费尔(Cody Knipfer)及其他人直截了当地称之为"非干扰区"。[26] 这些原则可以被用来有效地占有太空中最有价值的资产。不过要小心。从长远来看,土地攫取方法可能不会取得如此好的效果。它开创了一个先例,那就是你想要什么就能得到什么。更有价值的资产可能会人尽皆知,随后被封存起来,这会让你很懊恼。

也不是所有人都赞成这一点。蒙哥马利是一名执业律师,同时在华盛顿特区天主教大学哥伦布法学院教授空间法。她说,《外层空间条约》的措辞仅适用于各个国家,商业公司并未包含在内;并且,在任何情况下,条约只要求协商,而不是协议。[27] 要想让"不得干扰"的含义成为法律,还有很长的路要走。

最近一段时间,对开采小行星的兴趣逐渐升温,促使各国开始制定法律,鼓励商业开采空间资源。所有这些法律都是以《外层空间条约》的原则为基础的,或者至少声称是这样的。美国是第一个通过这类法律的国家,即《2015年版空间资源勘探与利用法》(Space Resource Exploration and Utilization Act of 2015)。[28] 这是一部非常短的法律,略去了必要的(但令我们这些非律师感到困惑的)措辞。它规定:"从事商业回收小行星资源或空间资源的美国公民……有权获得任何小行星资源或空间资源。"因此,该公民可以"占有、拥有、运输、使用和出售所获得的小行星资源或空间资源"。为了与《外层空间条约》保持同步，该法案还声称："美国不……对任何天体主张主权，或拥有专属权利、管辖权和所有权。"它确实澄清了"空间资源"包括水和矿物。不过它并没有说"所获得的"是什么意思。

2017年卢森堡遵循了美国的做法，但有更为详细的立法。[29]前者很谨慎，只允许总部位于卢森堡、财务基础雄厚、声誉良好的公司宣称拥有资源，并明确排除参与洗钱和支持恐怖主义的组织。拉脱维亚裔美国行星科学家和小行星采矿从业者格拉普斯表示："这是一项伟大的法律，它比美国的更灵活。"2019年，比利时与卢森堡签署了一项太空资源合作协议。2016年，阿拉伯联合酋长国表示，即将颁布自己的空间资源法案。[30]随着越来越多的国家通过各自的法律，并向其他国家学习，一套习惯空间法将应运而生。当然，有人认为它早在1963年就该产生了，所以看来预测与实际可能会有很大偏差。[31]众多竞争者试图开采这些资源，这将加快相关法规的出台。

在某些时候，需要一个国际机构来裁决争端。到目前为止我们有哪些组织呢？联合国和平利用外层空间委员会（简称"外空委员会"）是最重要的机构。它得到了一个专业单位——联合国外层空间事务办公室（UNOOSA，中文简称"外空司"）的协助。（国际机构确实倾向于采用烦琐的名称！）外空司已经举办了一系列空间法讲习班。还有其他专门从事空间法的组织，与任何政府都没有机构联系。国际空间法研究所是一个非政府组织，它将其主要使命描述为"在为和平目的探索和利用外层空间方面促进空间法的进一步发展和法治的延伸"。它在空间法方面没有采取特别的立场。其职能是每年举行专题讨论会，包括以空间法先驱的名字命名的"艾琳·加洛韦专题讨论会"。国际空间法研究所是该领域不可或缺的组织，具有很大的影响力。

有一个新的空间法组织是海牙国际空间资源治理工作组。这个小组完全是临时性的,但其成员很受尊重。在没有任何其他框架的情况下,他们花了三年时间制定《空间资源活动国际框架的结构模块》(*Building Blocks for the Development of an International Framework on Space Resource Activities*)。[32]这份紧凑的文件只有8页,涉及我们讨论的所有主题,它似乎为国际辩论奠定下了总基调。

保险公司会对小行星采矿感到紧张。来自小行星的数千吨乃至数百万吨表面碎片的残留物必须得到控制。让这些尘埃扩散到近地小行星轨道上的空间并不是一个好的选择。正如我们之前看到的,太阳风和辐射压力会把尘埃沿着轨道散播开去,产生一场精彩的流星雨。但这也会给地球轨道卫星带来新的危险。这会产生责任问题。假设我那颗价值5亿美元的通信卫星被一颗小行星碎片以每小时36 000千米的速度击穿,后者的电子设备被摧毁。这只是运气不好,还是矿业公司的错?在最强烈的流星雨——狮子座流星雨期间,NASA的一些卫星已经采取了特殊预防措施。与我共事多年的钱德拉X射线天文台每年都会将其背面留给狮子座流星雨,以保护其前方精致的X射线镜面。[33]地球静止轨道通信卫星无法做到这一点,它的天线必须指向地球才能工作。

填补空间法的真空,其必要性绝不是一个遥远的话题。商业月球竞争已经开始,六家公司计划在几年内登陆月球。鉴于最好的资源都集中在较小的地区,因此竞争不可避免。

当法律失效时,暴力很可能随之而来,这可能导致空间武器化。如果对月球或小行星存在某些争议,那么这些争议将被视为国家安全问题,这会对竞争施加一些压力。某个军事组织,如美国太空部队,可能会被要求扮演警察角色。如果他们的目标是海盗,可能不会有太多反对意见。到目前为止,一切安好。但大型公司争夺同一颗价值数十亿美元的小行星,这将会令人担忧地增加风险。

空间早已军事化。美国国家安全局（NSA）和美国空军的空间预算加起来（可能）比NASA的还多。[34]他们和其他国家一样，运营着间谍卫星舰队，收集潜在敌人的情报。人们往往会忘记这一点——我们所依赖的GPS（全球定位系统）是一项军事计划。[35]最精确的GPS位置最初是加密的，但这一限制于2000年解除。GPS的军事价值使多方纷纷效仿。欧盟（"伽利略"系统）、俄罗斯（"格洛纳斯"系统）和中国（"北斗"系统）都有独立的导航系统。但军事化与武器化又有区别。虽然《外层空间条约》将核武器排除在太空之外，但一般看来，并没有把所有武器排除在外。

战争是非法的。这个激进的观点是由（远比其著作更著名的）哲学家伊曼努尔·康德（Immanuel Kant）在1795年的著作《永久和平》（*Perpetual Peace*）中首次提出的。[36]这一原则实际上是通过1928年备受争议的《凯洛格–白里安公约》[（Kellogg-Briand Pact），有时称为《巴黎条约》（Pact of Paris）]载入国际法的。法律教授乌娜·海瑟薇（Oona Hathaway）和斯科特·夏皮罗（Scott Shapiro）重新讨论了战争合法性问题。[37]不论听起来多么理想化（这真可悲），根据《外层空间条约》，太空战争实际上都是非法的，至少对太空中的天体而言是非法的。条约（第4条）明确规定："禁止在天体上建立军事基地、设施和防御工事，禁止测试任何类型的武器和进行军事演习。"

小行星采矿可能会使发生战争的可能性变大。每当我向人们提到开采小行星寻找铂族金属时，他们的第一反应就是问："那么稀土呢？"稀土元素对现代电子产品至关重要。这实际上意味着，如果得不到它们，现代经济就会崩溃。当前稀土价格比较适中，大约每千克50美元，[38]是铂族金属的千分之一左右。这使得它们不太可能成为太空产品，因为在商业上不可行。而且，尽管坐拥"稀土"的名字，但稀土并不特别稀有，只是很难开采罢了。开采稀土对环境的破坏性尤其大，这也是美国关闭稀土生产的原因。

然而,从战略上讲,某些国家对稀土生产的几近垄断引起了担忧,而其在2010年对稀土出口实施的限制表明,市场对供应中断有多敏感——稀土价格在短时间内上涨了两倍。实际上,虽然这种出口限制没有效果,并于2015年取消,[39] 但战略教训可能很重要。确保这些战略要素的独立供应,将有利于国家的利益。月球上有一个叫作KREEP的区域,其稀土元素浓度异常高。[40] [REE就是稀土元素英文(rare earth element)的首字母;K和P是钾和磷的化学符号。]月球和小行星能否以更高的但仍然合理的价格提供这些战略元素,成为良性和环境友好的来源,从而消除对其供应的担忧?或者,稀土矿很难找到会引发冲突?在开始开发更明显有利可图的原料的空间资源时,记住这些问题将是明智之举。

如果小行星资源对地球上各个国家而言变得重要,那么地缘政治(假定"**地缘**"仍然是正确的前缀)就会出现,争端和紧张局势可能会变得更糟。如果小行星成为某些重要战略资源的主要来源,那么一些参与者可能会认为其值得他们为之奋斗。太空破坏者则可以阻止你挖掘你选定的小行星,比如让它具有放射性,或者把它炸成一堆小碎片。然后,破坏行为可能是战争的导火索。如果危险足够大,那么战争恐怕不会只在空间进行!

《外层空间条约》(第4条)明确将一些武器排除在太空之外:"条约缔约国承诺不在环绕地球的轨道上放置任何携带核武器或任何其他类型大规模毁灭性武器的物体,不在天体上安装此类武器,也不以任何其他方式在外层空间部署此类武器。"因此,通过引爆一颗核弹,致使小行星具有放射性,显然是不允许的。即使使用一个简单的动能撞击器("锤子")将小行星击碎也可能被视为使用大规模毁灭性武器,但这并不明显。就像禁止"侵吞天体"一样,禁止大规模毁灭性武器的规定并不像你想象的那么明确。问题是："什么是武器？"当我们要阻止致命小行星撞击地球时，核弹可能是唯一可行的选择。《外层空间条约》是否应该重新解释，以说明这种"地球防御性核武器"并不是真正的武器，而是工具？它们可以是武器也可以是工具，这取决于它们的用途。

许多空间技术都是这样"两用"的。另一个例子是：拥有能够使卫星脱离轨道或为其补充燃料的能力，以减少太空垃圾或延长其使用寿命，这是一个理想的目标。而同样的技术也可以用于检查航天器，了解其能力，或限制其活动，以防止其在战争中被使用。正如美国空军太空司令部原负责人威廉·谢尔顿（William Shelton）所说，服务型航天器和武器之间的区别仅仅是"意图的改变"。[41] 一个更引人注目的例子是，天基太阳能发电站也可以变为针对地球上某个地方的武器，只要调整其焦点的位置就可以了。

2019年，美国创建了一支"太空部队"，作为其第六大军种。其成员将成为未来的"太空警察"吗？不，至少现在没有。在这一点上，美国太空部队更像是一个官僚机构的重组，将美国陆军、海军和空军的卫星置于单一的指挥之下。特朗普（Trump）总统表示，其目标是实现"美国在太空中的主导地位"。[42] 这种咄咄逼人的言辞表明，太空部队最终可能会增加进攻能力，以防御对美国卫星（包括GPS）的攻击。但这些能力可能干扰或摧毁其他国家的卫星。"美国主导"一词不会受到其他国家的欢迎，无论它们是不是航天国家。布朗大学的斯蒂芬·金泽（Stephen Kinzer）表示，这一目标"将在各国之间引发代价高昂的毁灭性竞争"。[43] 甚至连"太空部队"这个名字都已经传递了这一信息。"阿波罗11号"宇航员巴兹·奥尔德林（Buzz Aldrin）说："我仔细想了想，太空卫队（Space Guard）这个名字会更好，因为它更体现一种威慑性。"[44]

自17世纪初胡果·格劳秀斯（Hugo Grotius）的著作发表以来，人们一直在努力辨别战争是正义的还是非正义的。[45] 这个问题在空间方面也会继续存在。麦吉尔航空和空间法研究中心的一个小组启动了《适用于外层空间军事用途的国际法手册》(*Manual on International Law Applicable to Military Uses of Outer Space*, 简称 MILAMOS)项目,[46] 旨在回答:"各国何时以及在何种情况下可以在太空或通过太空开展敌对行动?"或许是一种必然,这个项目有一个竞争对手,《伍默拉军事空间行动国际法手册》(*Woomera Manual on International Law of Military Space Operations*)。两个小组都认为太空战争是不可避免的。阿德莱德大学阿德莱德法学院院长、伍默拉项目创始人梅丽莎·德兹瓦特(Melissa de Zwart)教授说:"外层空间的冲突不是'如果',而是'何时'。然而,以管控外层空间的武力使用和实际武装冲突为目的的法律制度目前非常不明确,这就是为什么需要'伍默拉手册'的原因。"[47] 空间安全指数(SSI)每年都会发布(相关人员包括麦吉尔和阿德莱德的研究人员),持续跟踪该领域的发展。[48] 2018 年,研究人员注意到,一些国家现在拥有击落低地球轨道卫星的能力。国际监管是否能有效减少空间或空间资产冲突的风险呢?

尽管刚刚谈到了战争,但这本书的大部分内容都充满了乐观主义。虽然很多内容属于过分乐观,例如太空万亿富翁,但我还是加入了现实主义的内容,希望给一些理由让乐观主义显得更为可信。尽管那样,失败仍是一种选择。依靠贪婪来扩展空间,意味着失败的可能性会永远存在。资本对那些不能足够迅速、足够庞大、足够持续地盈利的人是无情的。对于像我这样的科学家来说,如果没有确凿的证据证明冒险创业是可行的,那就意味着不知所措。我花了一段时间才意识到,对于企业家而言,风险投资只需要看上去合理就行了。如果他们等到确定能获得利润,那么他们就太迟了,其他人早已冒险。布赖斯空间与技术公司创始人兼首席执行官克里斯滕森表示,3/4 的风险资本资助的公司都失败了。[49]正如伊尔韦斯所指出的,远见卓识的企业家需要钢铁般的意志。[50]

我们已经看到了"新太空"运动失败或接近失败的几个例子。伊尔韦斯自己的创业公司沙克尔顿能源(Shackleton Energy)公司没有吸引到月球开采所需的主要投资,但她直接开办了另一家创业公司——以深海开采为主要方向的深绿金属勘探(DeepGreen Metals)公司;而她的联合创始人科拉瓦拉则创办了外星矿业(OffWorld)公司,专注于采矿自动化。2018年底,前两家小行星采矿公司——莱维茨基的行星资源公司和里克·图姆林森(Rick Tumlinson)的深空工业公司,均在两个月内被收购。其他公司将承担风险,接替它们进入这个行业;但也许这次这些公司会赢。事实上,已经有其他几家公司计划进行小行星采矿。行星资源公司的成员很快就成立了一家名为优先模式(First Mode)的新企业,而曾供职于深空工业的费伯成立了一家名为轨道工厂的新公司,该公司在数月间内向国际空间站运送了硬件设备。在资本世界,失败并不是缺陷,而是一个特征。所有这些例子都表明,失败者并不永远是失败的。对于企业家来说,正如一句名言所说:"成功不是终点,失败并非末日,重要的是前进的勇气。"[这则警句经常被错误地认为是温斯顿·丘吉尔(Winston Churchill)说的,当然是因为听起来很像是他说的。不过,最有可能的出处是1938年百威啤酒的广告![51]这句话听起来非常适合企业家。]

国家资助的项目也失败了。但当它们失败的时候,周围就没有竞争对手来维持项目进展。1986年,"挑战者"号航天飞机在起飞73秒后爆炸,直到32个月后航天飞机才再次飞行。然而,导致爆炸的问题很快就清楚了。连接固体火箭组成部分的O形环应该是柔性的,以确保密封。但在"挑战者"号发射时,它们遭遇低温,变得很脆。诺贝尔奖获得者、物理学家理查德·费曼(Richard Feynman)作为罗杰斯委员会的一员调查了这场灾难,他戏剧性的演示清楚地表明了这一点。在委员会的一次公开会议上,他将一些O形密封圈材料浸入他的冰水杯中,然后把它像姜饼一样啪的一声折断。[52] 研究固体火箭的工程师们都很清楚这个问题。他们试图警告NASA官员当天不要发射,但没有成功。

这与"猎鹰"重型火箭首次试射时三枚火箭中的一枚未能成功降落在名为"我当然仍然爱你"的无人驳船上的情况形成鲜明对比。当天,马斯克就在推特上说,它只是提前几秒钟用尽了燃料。"解决问题的办法是显而易见的。"他最后说道。[53] SpaceX公司只是把油箱做大些,几个月后又试了一次,这次成功了。与"挑战者"号相比,明显的区别在于"猎鹰"重型火箭上没有人,因此生命风险较小。但对于SpaceX公司来说,仍然存在着重大风险:在每次故障中,它都损失了数百万美元的设备,其作为可靠发射公司的声誉也岌岌可危。

事实上,即使事情进展顺利,也从来没有"零问题"的情况。在规划任何大型企业时,都有一种众所周知的倾向,即计划一个过于乐观的完成日期。任何曾与承包商合作翻修厨房的人都知道,在快速拆除旧厨房的工作开始时,事情进展得很顺利,但不知何故,项目不可避免地会拖延到可怕的地步。如果你列出一个时间表,说明你期望什么时候完成项目,然后当你输入实际完成的日期,你会发现一切总是在"向右滑动"。

空间项目因其极端的"向右滑动"而臭名昭著。最近一个令人震惊的例子是NASA的旗舰任务詹姆斯·韦布空间望远镜(JWST)。它最初于1997年构想时,按NASA的标准,预计成本仅为5亿美元,非常廉价,并计划于2007年升空。然而迄今为止,它已耗资近90亿美元,至少要到2021年才能发射*,至少延迟了14年。整个望远镜的设计寿命仅为5

---

* 最终发射日期为2021年12月25日。——译者

年,因此延迟时间几乎是计划运行时间的三倍。(但通过细心管理詹姆斯·韦布空间望远镜的载荷,它可能运行10年甚至更长的时间。)维珍银河公司的飞行器比最初预计的时间晚了大约10年。[54] SpaceX公司的"猎鹰"重型火箭于2018年首次飞行,距离其初始目标晚了5年。[55]

我对小行星采矿何时开始的乐观估计也会出现类似的"滑动"。不受欢迎的"未知的未知事件"将会冒出来。从好的方面来说,贪婪有助于人们保持进度。

另一个迫在眉睫的危险,也是当我谈到将小行星上的贵金属带到地球时,总是被问到的第一个问题:"这不会导致市场崩溃吗?"贵金属会不再贵重吗? 这是一个好问题。很显然,供应量的微小变化会对价格产生很大影响。1979年,由于伊朗革命,石油产量仅下降了4%,就导致价格翻番。铂金价格已经产生了大幅波动。[56] 它们对经济衰退特别敏感。在2008年的经济衰退中,它们的价格在6个月内从每千克近80 000美元下降到每千克30 000美元。这种变化让我们很难规划未来几年的事,但是小行星采矿者又不得不提前做好规划。如果我们带回得太多、太快,最终可能会抑制市场,使我们的利润转变为亏损。那可不太好。有没有办法估计小行星的贵金属进入市场所带来的影响?

经济学并不是我的长项。毕竟,我进入天体物理学领域并不是为了钱。我知道我需要一些帮助。因此,我穿过查尔斯河,与哈佛大学商学院的经济学家交谈。我花了很长时间才找到一只富有同情心的"耳朵"接纳我。当我第一次做出尝试时,太空采矿仍然属于一个边缘话题。我想大概这个产业对他们来说显得不够商业化。最后,我得到了魏因齐尔的帮助。魏因齐尔是一位训练有素的经济学家,所以他了解这个问题。但他专门从事税收政策的研究,所以这也不是他的专长。尽管如此,他一直在针对"新太空"运动的公司撰写案例研究,所以他很感兴趣。他咨询了一些同事,特别是达拉斯联邦储备银行的施蒂默尔。当他告诉我经济学家们才刚刚开始研究这个问题时,我感到惊讶。

魏因齐尔指出,如果我们知道这种材料的需求有多大的"弹性",也就是说,它对供应量增加的反应有多大,那么我们就可以考虑这个问题了。例如,如果铂金供应量的大幅增加激励人们寻找铂金的一系列新用途,或大幅扩大现有的应用规模,那么即使我们从太空带回了大量的铂金,价格也没必要下降太多。这就是需求弹性很大的情况。但如果需求**缺乏弹性**,那么大幅增加供应后,很可能会导致市场崩溃。问题是,对于某个资源未来的需求弹性有多少,存在着很大的不确定性。这种不确定性阻碍了投资。瑞典吕勒奥科技大学和科罗拉多矿业学院的卡罗尔·达尔(Carol Dahl)与两位同事本·吉尔伯特(Ben Gilbert)和兰格更为深入地研究了这个问题。[57] 他们发现,如果来自小行星的金属供应量只是适度地逐步增加,就算需求弹性不大,预期也不会对价格产生重大影响。这项研究表明,矿业公司可能会愿意投资空间采矿,特别是如果他们能够在一定程度上控制空间资源的供应。

目前每年铂金产量约为200吨。[58] 以每吨5000万美元的价格计算,这是一个每年大约10亿美元的市场。如果来自小行星的供应量每年只有20吨,也就是相当于我们在直径100米的金属小行星中的开采量,那么总体供应量只会增加10%。达尔和他的同事发现,这种产量的增加对价格的影响很小。在这种情况下,我们几乎可以完全获得期望中的每年1亿美元利润。我们可能会从钯金那里获得类似的现金流——钯金与铂金一样昂贵,而且用途很广。唉,但即使是每年2亿美元的收入,也无法创造出亿万富翁,除非小行星采矿的年收入能达到数十亿美元,否则就不会有一个巨大的太空采矿经济。

我确信,最终小行星采矿将开始产生回报,一旦有回报,人类财富将增长到我们难以理解的水平。毕竟，那时可能会诞生太空万亿富翁。我们应该在制定法律和建立治理结构时，考虑我们想要什么样的未来，从而指导我们如何向太阳系扩张。现在是做这件事的好时机，趁我们对可能性有所了解，趁还没有出现巨大的既得利益。

◇ 第十章

着眼长远

人类会被永远束缚在地球上吗？还是我们能够在太阳系甚至更远的地方扩张？或者，换句话说，人类在太空还有未来吗？如果想要争取未来，那么得益于小行星采矿，我们可以利用的巨大资源，必将成为未来的核心。为了在地球之外生存，人类必须首先能够在太空中生活，因此必须在太空中找到维持我们生存的资源。此外，还必须控制成本，才能让这些资源被持续利用和更多地利用。开采空间资源一定是有利可图的，今天我们以此为由表达了这一需求。小行星是迄今为止太空中最大的可利用和可获取的原料库。如我们所见，这些原料既包括生活、空间防辐射和火箭燃料所需的水，还包括岩石和铁等建筑材料，以及维持我们先进技术发展所需的特殊贵重材料——稀土元素、铂族金属等。如果我们能够开采小行星材料并获得利润，那么我们就可以成为一个覆盖太阳系的文明。

天文学家哈里·希普曼（Harry Shipman）在1989年出版的《太空中的人类》（*Humans in Space*）一书中，将这个问题归结为两个基本问题：我们能否在没有地球提供补给的情况下在太空中维持生命？在太空中能做些什么来获得利益，从而让我们毫无限制地长期留在太空？我们还不知道这两个问题的答案，但我们可以试图回答这些问题，从而讨论事情将如何发展。希普曼的选项很容易用一种管理咨询顾问的传统工具来表达,即2×2的矩阵。[1] 矩阵给出了四种可能的太空的未来,如表1所示。今天,太空无利可图,我们也不能依靠太空资源生活。因此,太空与南极洲的情况相似。如果只有一个因素而没有另一个因素,依然没有帮助。人们生活在利润丰厚的海上石油钻井上,但那只是暂时的,并没有依靠当地资源。也有人类居住在卡拉哈里沙漠,但那里的利润产出微乎其微,也并没有蓬勃发展出卡拉哈里经济。

表1　人类在太空中四种可能的未来

	不能靠当地资源生活	能靠当地资源生活
经济上不可盈利	当前的空间任务 类似南极洲	类似卡拉哈里沙漠
经济上可盈利	类似海上石油平台、 加拿大育空地区	发展中的空间定居点 类似加利福尼亚州 (或玻利维亚?)

这本书讨论的是第四种情形,即我们既可以盈利,也可以靠当地资源生活。然后,空间经济可以像地球上的经济一样呈指数级增长。你会听到空间扩张狂热分子谈论最多的模型是:淘金热如何促使加利福尼亚州发展成为今天的经济规模。这当然是一个很好的例子。但在太空中不一定会这样。玻利维亚就是一个反例。玻利维亚的波托西银矿曾产出巨大的利润,人们当然可以靠玻利维亚当地资源生活。然而,玻利维亚的经济增长远没有加利福尼亚州那么惊人。为什么呢?因为波托西银矿是由西班牙政府经营的,并配备了从周边地区征召来的雇佣兵。[2] 在我看来,这种环境不太可能产生一个充满活力的玻利维亚经济。虽然空间定居点既需要盈利能力,也需要靠当地资源生活的能力,但它们还将取决于其他因素。

近地小行星数量少而主带小行星数量众多,而小行星资源必然分布在这个范围中,这暗示着我们未来的历史可能会由三个时代组成:稀缺期、丰富期和(潜在的)枯竭期。稀缺期将在未来几十年内结束;随后经历未来几个世纪的丰富期;如果第二个时代实现了,那下一个千年将是一个枯竭期。这三个时代都会向我们提出不得不面对的道德问题。

在未来几十年的时间尺度上,我们将处于空间资源稀缺的时代。目前,只有月球和少数近地小行星能够提供足以产生利润的空间资源。不可避免的是,高价值和稀缺性将导致争端。我们如何应对这一阶段,可能会为未来几十年的发展定下基调。[3]稀缺性增加了"空间海盗"及其他非法活动甚至战争的可能性。这些都是我们大多数人想避免的非常真切的可能性。收益的分配需要被公正地对待,否则开采资源的公司将在地球上面临麻烦。公正的制度才是稳定的制度。

只要在这个阶段能够盈利,就会吸引更多资金的投入,从而改进技术,让我们能够开采更多的近地小行星。这将在一定程度上缓解稀缺性,并将开始令空间经济变得重要,为空间永久定居点提供物质基础。

在未来几个世纪的时间尺度上,我们可以看到一个富足的时代。这是因为,如果能取得盈利,那么最终将去开采数量更多的主带小行星。到那时,人类可用的资源将真正变得丰富,可能是我们在地球表面能获得的数百万倍。如果人口增长不那么快的话,那么几个世纪下来,我们每个人都可能比今天富裕1000倍。机器人或许能完成大部分的活。人们可能达到一个普遍的基本收入,但对标的水准是我们今天所认为的"富有"。这将是《星际迷航》的"后稀缺社会"(post-scarcity)梦想成真之时。如果我们组织得当,没有人再会四处索要原料。

一两个世纪后,我们在太空中会建立起什么样的经济?我想知道,1849年淘金热中那些灰头土脸的加利福尼亚州"49人"会如何看待大约100年后,即1959年的加利福尼亚州经济。后来的经济是以农业出口、娱乐业和航空航天业为基础的,迪士尼乐园也刚刚开业。最富远见的"49人"会明白,加利福尼亚州可以出口食品,但前提是有一条铁路横跨整个北美洲大陆。第一条这样的铁路建于那之后20年，当时许多人认为它不切实际。至于娱乐的出口，这到底是什么？好莱坞是不可思议的。彼时距离吕米埃（Lumière）兄弟放映第一部电影还有40多年。对"航空航天"这个词恐怕我们顶多只能从"49人"那里得到一个困惑的表情。他们知道热气球，所以在空中飞行应该是有道理的，但莱特（Wright）兄弟的第一次"比空气更重的"飞行器尝试，是50多年后的事了。他们会如何看待"空间"（太空）这个问题？当然，他们会为我们的疯狂而无奈地摇头。的确，儒勒·凡尔纳（Jules Verne）在16年后的1865年出版了他的《从地球到月球》（*From the Earth to the Moon*），但那毕竟是一个虚构的故事，没有一个当时现实生活中的人会认真对待。事实上，第一颗绕地球轨道运行的卫星是在1957年发射的，比"49人"的年代晚了一个多世纪。我的猜测是，我们应该不太可能像试图想象20世纪经济的"49人"那样想象22世纪的经济。

人们仍然会在这个潜在的后稀缺的未来社会工作，如果我们能够实现的话。他们不必为了生存或支付抵押贷款而工作。那么，什么会激励他们呢？贪婪已经被消除，你可以得到你想要的任何东西。恐惧被最小化了，尽管它不能完全消除。爱依然会存在。人们会做他们喜欢的事。例如，他们的"工作"可能是参加体育联赛。18世纪英国贵族的生活或许可以作为一个参考。这些就是简·奥斯汀所描写的情景。一小部分英国人没有工作，或者可能在教堂里从事很少量的工作。大多数人都乐于闲逛，而有些人则在花园里记录植物和来来往往的鸟，或者思考上帝存在的可能性和证据，从而偶然创立了一个新的科学分支。[4] 契诃夫（Chekhov）戏剧中类似的闲人则陷入了无聊或射杀他人的境地。我们希望能够实现"英伦模式"。

在这个世界上，许多人也会为了"名"而工作，在同龄人中追求名望和荣誉。荣誉和名望可能听起来像中世纪传说中无关紧要的骑士美德。然而,这没什么可奇怪的。它们是当今科学家的动机。大多数科学家本可以在研究之外找到另一份工作,而且是很有可能让他们赚很多钱的那种。但我们没有。这是因为我们挣的钱虽不足以让自己富裕,但足够使自己舒适,我们更重视其他的奖励以及对追求知识的这份热爱。

这种观点可能过于乐观。[5]大部分财富最终可能会落入少数太空万亿富翁手中。他们有能力聚集起超过地球上任何一个政府所能聚集的财富。而且小行星极其偏远,将使得那些原本旨在控制它们的法律难以执行。在某种程度上,贪婪——利用这些财富的不受约束的资本驱动,将不再是促进我们福祉的正确的工具。我们选择"后稀缺"还是选择太空万亿富翁,这是一个巨大的"政治挑战"。

就像《星际迷航》中的许多情节一样,即使在未来的"后稀缺"时代,我们仍将面临道德困境。火星的卫星——火卫一"福波斯"和火卫二"德伊莫斯"——对我们而言触手可及。事实上,它们可能是未来开采主带小行星的理想出发点。在这种情况下,前往火星表面就变成相对而言的"一小步"了。建立在火星表面的永久定居点肯定也会随之而来。这引发了太空环境保护的想法。这些(据推测的)死亡之地有什么保护价值吗?如果有的话,我们应该把哪些地方作为荒野,哪些作为人类的共同遗产?也许是最大的小行星(现在是矮行星)谷神星?也许是太阳系中最大的山——奥林波斯山,或者最大的峡谷——水手谷?它们都在火星上。这些地方应该被保存为近乎原始的状态吗?如果再放眼更加遥远的未来,我们不断开采土星环上的水,直到它们全部消失,这样做是否合乎伦理?[在科幻小说和电视连续剧《无垠的太空》(*The Expanse*)中,这样做属于空间经济的一部分。]还有,这会是犯罪吗?如果我们确实在火星上找到了生命,我们是否应该保护它?摧毁一整棵生命之树,哪怕它只是一株小树,是否构成比导致一个物种灭绝更大的悲剧或犯罪？萨根曾写道："如果火星上有生命，我坚信我们不应该对火星施加任何干扰。火星就应属于火星人，即使火星人只是微生物。"[6]很显然，并非人人都赞同这一观点。[7]

在若干个世纪这样的时间尺度上，火星可能看起来只不过像小土豆而已。贝索斯说，最终会有1万亿人口生活在太空中。[8]这是当今人口的100多倍。这是个好主意吗？由于太空资源增加了1000万倍，这意味着我们每个人都可以在未来1000年使用相当于现在100倍的物质资源。看上去似乎很多，但我们需要这些资源。月球和火星的表面积加起来大约与地球的陆地面积相同。如果我们能让金星也适宜居住，那么又将增加7/3的地球面积。因此，以今天地球上相同的人口密度计算，我们可以在这些天体上容纳相当于3倍于现在的人口。但是，剩下9600亿人将不得不生活在广袤的太空栖息地，这非常像杰拉德·奥尼尔的风格。在这些栖息地中，没有我们现在拥有的土地、重力和空气，我们必须对它们进行改造。它们还必须像中世纪的大教堂一样设计得经久耐用。我们的机器如何能在太空中以几个世纪的时间尺度逐渐老化，还不得而知；我们的太空时代还不曾达到如此古老的程度。NASA"旅行者1号"飞船在40多年后仍在运行，但我们的大多数卫星出现故障的速度要快得多。对于一艘有100万乘客的飞船来说，这可不是一个好的选择。我们可能需要开发小行星带的所有资源来实现贝索斯所说容纳1万亿人的目标。问题是，这就是消耗那些资源的最佳方式吗？

那么地球本身会变成公园或游乐场吗？会变成伊甸园吗？这是贝索斯的梦想，听起来很欢乐。但在太空中复制这一切真的有意义吗？我们会从太空进口洗碗机吗？现在很难让人相信。但我们确实从世界各地进口T恤，这在不久前似乎也是不切实际的。也许，在看到太空经济形成之前，我们应该先保留对这个问题的判断。

假设我们将工业出口到太空，随后让地球成为天堂。于是，人们会非常想要住在这里,这将导致很多棘手的问题。如果地球是一个乐园,它能支持多少人口？100亿,像今天一样？或者像工业时代到来前的几亿？或者说,比今天还要多出数十亿？将如何选择居住在地球的人,又由谁来选择？他们会成为精英吗？如果你能把你在地球上的遗产留给你的孩子——这在今天看来是完全合理的——那么,未来地球之家会不会世袭罔替？即便如此,是否还会让有钱人独自拥有生活在地球上的特权？那么,如何把"乐园"保持下去呢？你是否需要一张许可证才能生孩子,是否会因为未经许可而被迫移民？或者,假如地球不再生产"物质产品",那么地球居民是否会被"太空居民"通过封锁进口必需品而"绑架"？所谓"地球人"的特权也就变成了诅咒。

数千年后,我们将达到第三阶段——所有明显易得的空间资源几近枯竭。起码可以说,如果我们对空间资源的使用就像现在对地球资源一样无限增长的话,这种情况就会发生。虽说地球资源的几百万倍是巨大的,但也不是无限的。工业革命开始以来,对铁的使用量每20年就会翻一番,如果我们保持这样的速度,那么令人惊讶的是,在未来400年内,这条道路将指引我们达到不得不开采主带小行星中全部铁的地步。如果像许多太空爱好者希望的那样,太空经济规模每7年翻一番,那么空间资源在150年内就会耗尽。你的孙子和孙女就会看到枯竭期到来。

太阳系比小行星带大得多。但是,去到下一个巨大的资源宝库——海王星轨道之外的柯伊伯带,也只能为我们争取一点时间,尽管它的总质量是小行星主带的10倍。[9](其中大部分物质被认为是冰,但我们暂时忽略它。)我们只能增加3倍多的时间而已,然后,在仅仅60年后,我们就又陷入了困境。从太阳系周围拥有数十亿颗彗星的奥尔特云中大量取材,在当今的科学看来是不可行的。空间旅行的时间尺度已经变成了几十年到几百年。前往其他恒星系统的情况则更为困难。即便我们使用核聚变火箭，到达那些恒星的时间仍将长达几个世纪，而我们所能带回的最大有效载荷，相较于比当前地球经济体量大100万倍的规模而言，将是微不足道的。诺贝尔经济学奖得主保罗·克鲁格曼（Paul Krugman）很久以前就表明了态度：当爱因斯坦相对论描述的接近光速的旅行造成时间减慢现象变得明显时，即使我们能为星际进口产品定价，这个状况也变得非常麻烦。[10]确实有来自其他恒星系统的天然"进口货物"，如星际小行星"奥陌陌"，但是它仅相当于1800年的原材料用量，远远不足以养活如此庞大的经济。下一步怎么办？回收再利用将有助于延缓这场危机到来。不过，我认为回收人类的太空栖息地会遇到严重的障碍。某些资源一旦使用就真的消失了。例如我们使用的火箭推进剂就是不可回收的。除非我们想出一种新的经营方式，否则我们将面临巨大的经济危机。

　　400年的新科学肯定会使我们避免太阳系资源枯竭的危机吗？毕竟，在过去的400年里，伽利略仅仅是将望远镜转向天空便发现了宇宙的奇迹，但与我们现在的发现相比，那些奇迹却显得苍白。难道未来的400年不会是这样吗？不可想象的科学突破一定会给我们一张"免罪卡"，不是吗？

　　我们可能没有那么幸运。早在1965年，诺贝尔奖获得者、物理学家费曼在高能物理学取得一系列发现（比他演示航天飞机的O形密封圈问题早很多），他曾说："我们非常幸运地生活在一个仍在不断取得发现的时代。这就像发现美洲大陆一样，你只会发现一次。我们生活的时代是一个我们正在发现自然基本规律的时代，这一天不会重现。这是非常激动人心的，妙不可言，但是这种激动必然会退去。"[11]如果他是正确的，那么所有的发现很可能早在400年前就已经完成了。在那些发现中，可不包括任何能让我们以超光速到达恒星的推进方式。我觉得这是一个悲伤的想法，但是，可能真的是这样。

但是费曼也有可能错了。未来还可能发生什么？我们逃离太阳系的最大希望是找到新物理机制，如电影《星际迷航》中的曲速引擎。有希望吗？有帮助的发现极有可能都来自高能物理学或宇宙学，一些远见卓识的想法，预示着即将到来的各种惊喜。

在海王星之外的柯伊伯带里，可能潜伏着一颗"第九大行星"（Planet 9）。加州理工学院的迈克·布朗（Mike Brown）自称"冥王星杀手"，他认为存在第九大行星，可以解释柯伊伯带中大型的类冥王星行星的奇特轨道。[12]（正是因为存在许多"冥王星"才导致冥王星最终被"降级"为矮行星。）第九大行星通常被视作一颗流浪行星，在别的恒星系统动荡的早期被甩了出来，在银河系中徘徊了很久才被我们太阳系的引力捕获。不过，也有一种离奇的可能性——有人提出，第九大行星可能是宇宙大爆炸时期产生的一个小黑洞。[13]虽然它的质量大约是地球质量的10倍，但是它的大小只有一个棒球那么大。如果第九大行星真的是一个黑洞，那我们倒是可以第一次到黑洞进行实验。这听起来可能很吓人，但至少外太阳系是我们进行此类实验最安全的地方。黑洞被认为是宇宙中最简单的东西，质量、自旋和电荷是描述它们的仅存的特性。如果有机会直接对它们进行实验，或许我们会发现黑洞的性质比我们从远处测量或目前的理论预测得到的更为复杂。黑洞是时空极端扭曲的结果。在黑洞上进行实验可能会帮助我们获得曲速引擎。

原则上你可以通过扭曲时空，让你的飞船以比光速更快的速度到达某处。你实际上跑得并不比光快；改变的是时空本身。1994年，位于墨西哥城的墨西哥国立自治大学的理论物理学家米格尔·阿尔库维雷（Miguel Alcubierre）提出了这种"曲速引擎"的想法。[14]不幸的是，他提出的驱动力量需要某种具有"负质量"性质的新形式物质，而这种物质是不存在的。然而，有人提出，加速宇宙膨胀的暗能量或许可以用"负质量粒子"来解释。[15]平心而论，这是数百条类似设想中的一条，但也有硬伤。阿尔库维雷曲速引擎的另一个棘手问题是：时空也非常"僵硬"，很难被弯曲。需要巨大的力量才能造成时空弯曲，这种能量的一个来源有可能是"夸克块"（quark nugget）。

　　"夸克块"是另一种完全假设的物质形式，它也被认为是宇宙大爆炸的残余物质。埃德华·维滕（Edward Witten）曾在新泽西州普林斯顿高等研究院工作，他于1984年提出，超高密度的"夸克物质"可能存在于稳定的小团块中。[16] 他认为这些"夸克块"可能就是困扰宇宙学家们的神秘暗物质。宇宙中暗物质的质量是组成恒星、行星和你的普通物质的5倍。然而，我们看到的只是它的引力效应。"夸克块"同样也是关于暗物质究竟为何物的数百种假设之一。

　　假定它们是存在的，那么"夸克块"将具有类似中子星那样极高的密度。中子星的质量和太阳相当，但其直径只有几十千米，相当于一个普通城市的大小。一小块骰子大小的中子星物质的重量就达到5亿吨。[17] "夸克块"表面的重力将比我们地球表面的重力强1.6亿倍！在这种强大的重力作用下，以仅仅每秒1克的速度向地球表面释放，就能产生2000亿瓦特的能量，这是世界上最大的发电厂（中国三峡大坝）总功率的10倍以上。[18] 这些能量或许足够了。然而一个尴尬的细节是，只有中子才能到达"夸克块"的表面，不过我们倒是可以带上核反应堆来产生中子。由于没有太多的自由中子，"夸克块基本上是无害的"。如果有一个"夸克块"撞到地球，那么它就会掉到中心，并静静地待在那里。如果能找到一个"夸克块"进行实验，必将开辟高能物理学的新领域。不过，你必须十分谨慎地对待这些实验。你总不希望你的实验灰飞烟灭！

　　一些"夸克块"有可能伪装成小行星的模样，正在我们的太阳系中等待被发现。如果它们真的就是暗物质，那么我们知道银河系中存在多少。其中一些会跟随太阳系漂移，并因离木星太近而被捕获。有人初步估计,大约有10—100个"夸克块"隐藏在太阳系周围的轨道上,其质量约为谷神星的1%——谷神星曾是最大的小行星。[19] 一个质量为谷神星1%的小行星直径约为200千米,而一个质量如此巨大的"夸克块"直径只有7米,前者几乎是后者的30 000倍。就一个比月球更遥远的物体而言,这是一个很难探测的极小尺寸。即使存在100个"夸克块",哪怕有一个能到达如此近距离的可能性也是微乎其微的。但随着我们的足迹遍布整个太阳系,我们肯定会拥有比今天分布更广泛的好得多的望远镜。"夸克块"具有完美的反射性,具有独特的与太阳完全相同的颜色,因此至少它具有脱颖而出的能力。[20]

如果只是距离问题的话,这些躲藏在我们太阳系深处的外来物质组合或将成为可能,为我们提供逃到其他恒星的钥匙。

有时候,有人会说天文学和粒子物理学不再是有用的学科。例如,早在2002年,时任小布什政府白宫科学与技术政策中心主任的约翰·马伯格(John Marburger)就表示,它们"已经远离了人类行为的世界,以至于不再与实际事务息息相关"。[21] 对此我不以为然。从长远来看,天体物理学和高能物理学可能是实用学科,甚至是最基本的学科。

我们从爱、恐惧和贪婪展开。最后几章谈论的都是有关贪婪的。这是我有意为之。我的信念是:爱的挫折会从贪婪那儿得到回报,而我们的恐惧也会因贪婪而有所减轻。

月球勘测轨道飞行器(Lunar Reconnaissance Orbiter)相机团队的一条座右铭是"Scientia facultas Explorationis, Exploratio facultas Scientiae"。[22] 意思是:"科学使探索成为可能,探索使科学成为可能。"这是一种积极的反馈,是能成事的态度。现在,由于太空技术的迅速演变,我们可以将他们的想法进行一定的扩展:"科学使贪婪成为可能,贪婪使科学成为可能。"这种良性循环可以解决天文学和行星科学共同面临的危机,并将使我们消除被小行星摧毁的威胁。

贪婪将引领我们以全新的规模在太空工作。来自太空的利润将有效降低任何我们太空事业的成本，包括科学本身。一方面，如果太空开采达到了沃尔玛的规模，那么哪怕只拿出收入的1%用于勘探，那个数量也将是NASA当前预算总额的近两倍。另一方面，获得利润的压力将压低航天器的价格和发射的成本，于是我们可以用我们的研究资金获得更多回报。在太空中进行复杂采矿作业的能力还将转化为驱离与地球碰撞的小行星的能力，也能转化为将它们改造成栖息地的能力。我们更强大的空间建设能力将使我们制造出巨大的望远镜和行星探测器，而它们就目前而言还只是幻想。这些能力将使太阳系探索达到规模，包括载人探测，并且将为我们带来一个探索太阳系和宇宙的全新黄金时期，也许应该说是白金时期。

贪婪会消除恐惧。充分利用贪婪，使空间成为我们经济的一部分，或许可以消除我们的恐惧。我们可以完全消除类似通古斯事件摧毁华盛顿特区，或是一次"大撞击"摧毁人类物种的风险。要想现在让一颗正在飞向地球的小行星转向，那就需要我们能够在它还很遥远的时候发现它，让我们有足够的时间从头开始准备一个全新的小行星转向任务。相反，当我们太阳系空间小行星开采业务蓬勃发展时，可以对新发现的具有威胁的小行星做出快速反应，于是长时间的预警也显得不那么重要了。我们将有强大的火箭不断往返于小行星，要做的就是将其中一两枚火箭的有效载荷从采矿设备改为核装置。如果火箭足够强大，我们可能甚至都不需要改装，一大块沉重的金属就足以使"杀手小行星"转向。当然我们也会得到更长的预警时间。因为会有许多公司在天空中搜寻全部的小行星，他们要找出最好的一颗前去采矿。我们必须使他们从自身利益出发，披露他们发现的任何危险的小行星。比方说，如果他们不及时通知我们，他们将可能承担巨额损害赔偿责任。这应该是足够的激励，毕竟城市是相当昂贵的。

那么爱呢？爱的挫折会得到怎样的回报呢？贪婪是否有助于我们的好奇心，有助于我们对发现事物的爱吗？是的。我们的好奇心也会受到成本的限制。如果贪婪使得对宇宙的大范围探索变得更廉价，我们该怎么办？在深空建立基础设施也将为科学任务带来巨大好处。首先让我们看看对太阳系的探索。

众所周知，对于企业来说，时间就是金钱，因此它们将建造先进的火箭，以最快的速度将有价值的矿石带回，从而最大限度地增加利润。在内太阳系时，火箭可以使用太阳能，或许远至小行星主带都可以。但在更远的地方，例如气态巨行星及其众多卫星所在的地方，太阳光已经减少太多了，以至于核动力火箭将成为最受欢迎的火箭。如果我们使用核聚变动力火箭，那么我们就可以直接前往冥王星，并且只需要4年时间，而不像"新视野"号花费近10年时间，通过绕过别的行星来获得速度。这种速度使得前往外行星的一次任务变成了人类职业生涯中的一段经历，而不是整个职业生涯。从心理上讲，如果回报来得更快，它肯定会激励更多的人加入这一行。如果我们能够控制和利用核聚变，以此为动力的火箭将有足够的能量来减速并进入环绕冥王星或其他遥远星球的轨道，包括那个假想中的第九大行星（如果它存在的话）。环绕任何一颗行星运行一定会比简单的飞越带来更多的信息。而且，由于商业上具有削减成本的需求，因此航天任务成本也将大大降低，我们可以同时进行一大堆任务。

更快的旅行也意味着空间辐射对宇航员造成的伤害更小。人是比机器人飞行器更有效率的探险者。"勇气"号和"机遇"号火星车的首席研究员史蒂夫·斯奎尔斯（Steve Squyres）在2005年出版的《漫游火星》（*Roving Mars*）一书中写道："不幸的事实是，我们的火星车可以在整个火星日（24小时37分钟）中完成的大部分任务，人类可以在不到1分钟的时间内完成。"[23] 机器人技术正在快速发展，而空间挖掘将为人工智能算法学习如何探索空间提供良好的训练场地。然后，我们将从未来的机器人探险者身上获取更多价值。同时，太空采矿将使人类的太空旅行更容易、更安全、更快捷。于是，我们将有更多的机会，像今天的地质学家一样，在实地安排我们自己的勘探人才。

　　再往远处走，还有其他的太阳系，即系外行星。现在最大的问题是：它们是像第二个地球一样充满生命，还是一片贫瘠。如果我们能证明其中99%是死寂的世界，那就使我们的家园变得格外珍贵。正如英国皇家天文学家马丁·里斯（Martin Rees）所说，知道这些将给小小的我们带来真正的宇宙意义。[24] 有一段时间，NASA正在认真研究"陆地行星探测器"（Terrestrial Planet Finder），这项任务非常强大，足以看到附近数百颗恒星周围"宜居带"中的类地行星——如果这些行星存在的话。[25] 在太空中建造大型望远镜的梦想一度破灭。如今这一想法的相关工作已经重启，但是这台望远镜的成本似乎是NASA十年内花费的两倍，而且没有给其他工作留下任何预算。支持者认为，这是值得的，回答"我们是孤独的吗"这一重大问题将证明NASA天体物理学预算的大幅增加是合理的。那是再好不过的了。然而，就算这一宏大的计划最终没有执行，那么太空采矿也可以实现这一梦想。太空采矿将提高我们在太空"大兴土木"的能力，同时将成本削减到目前所需的一小部分。一台真正意义上的大型望远镜上配备一个"星星遮罩"，用来消除系外行星旁强大的"太阳光"。这台望远镜可以探测数百个"地球2.0"的候选天体，届时它的价格也将变得更为合理。

　　如果我们发现另一个"地球"上存在生命迹象，我们是否真的能拍下一张足够详细的照片，看到云系、大陆、海洋，甚至更多呢？有一个距离太阳550个天文单位的地方，太阳可以通过扭曲时空将来自背后的光线聚焦——我们称之为太阳的引力透镜效应。[26] 如果我们把望远镜部署在那里，直接对准太阳方向的另一个"地球"，那么我们看到的将不只是陆地的信息。但是如何到达那个地方是一个巨大挑战，那里甚至比冥王星还要远10倍以上。所以快速火箭将是必不可少的。这还不是唯一的挑战。望远镜形成的图像是巨大的，所以我们需要寻找一些巧妙的方法来捕捉它。另一个"地球"围绕自己的"太阳"运行，所以图像也是移动的，因此我们的巨型望远镜也必须跟随其持续移动。以今天的技术，这些几乎是不可能的挑战。但太空采矿或许可以使它们变得容易驾驭。

给系外行星拍照片的最直接方法就是将带有相机的航天器送到那颗恒星附近。突破摄星计划（Breakthrough Starshot）是亿万富翁尤里·米尔纳（Yuri Milner）、哈佛大学天文学家阿维·洛布（Avi Loeb）等人的梦想，他们希望能将一批大小不超过信用卡的微型宇宙飞船送到距离我们最近的恒星，即距离我们仅4光年的邻居——半人马座的比邻星。[27]在这次旅行中幸存下来的微纳卫星将飞越比邻星系统，各自发回几张照片。它们应该能捕捉到足够多的细节，便于我们观察该系统中行星表面的海洋和大陆，当然我们仍是假定它们是存在的。这些探测器将由一个巨大的吉瓦级别（10亿瓦）的激光来驱动，这一功率相当于地球上一座25万人口的城市。由于来自地面的强大激光也可以被用来摧毁地球轨道上的卫星，一些人可能因此对这一前景感到紧张。太阳系中只有一个地方永远看不到那些人造卫星——月球背面。但是如果没有发达的太空经济，去月球背面进行大规模的安装是不太可能的。

我不禁想知道，如果比邻星那边也拥有自己的"突破摄星"计划，使用强大的激光将数百艘小型间谍飞船送到我们的太阳系，我们会怎么想。我们会对他们的意图感到紧张吗？也许，（剧透提醒）是我对科幻小说作家刘慈欣笔下"黑暗森林"——宇宙中充满敌意生命——的想法太过在意了？

最后我们说说宇宙的尺度，在这方面我们能完成什么？月球背面不仅阻挡了强大的激光,避免对地球轨道卫星造成损害,它还屏蔽了地球上产生的所有射电噪声。那是一个宇宙"射电静默区"。因此,月球背面是我们安装射电望远镜,聆听"宇宙的黎明"到来前第一颗恒星产生的氢原子的微弱信号的最佳场所。我们现在就可以开始这项工作了,检测一下月球背面的安静程度,并寻找一个理想场地。但是,要建造直径约200千米的全口径望远镜,需要太空采矿(在本例中就是月球采矿)提供相应的能力和缩减下来的成本。

自从伽利略第一次用望远镜望向天空,至今已有400年,在此期间我们在望远镜方面取得了长足的进步,我们可以看到比伽利略所见的还要暗淡数十亿倍的恒星。然而,这些强大的望远镜所拍摄的图像仅比伽利略所能看到的清晰约1000倍而已。虽然已经很了不起了,但考虑到我们比伽利略看到更深的宇宙,在这更大的进步面前,清晰度的提升就略显逊色了。然而,每次我们在图像清晰度上有所提高,都会学到很多东西。就像是我们在书的最后几页翻看答案一样。但是目前我们的望远镜尺寸是有限的,这也为它们带来的图像清晰度在根本上设定了一个限制。

有一个制作更清晰图像的关键技术,叫作干涉测量。我们不需要建造一个巨大的镜子,而是使用分布在远距离的多个较小的望远镜,从而得到更清晰的图像。NASA充分认识到了这一点。2013年,乔治·华盛顿大学的克莉莎·库维里奥图(Chryssa Kouveliotou)主持的一份报告阐述了她对未来30年天文学的愿景。[28]这一愿景是围绕着使用干涉测量从根本上获得更高的角分辨率而建立的。有一些关于这或许会给我们带来什么的一些线索。佐治亚州立大学高角分辨率天文中心(CHA-RA)在加利福尼亚州威尔逊山上运行着一个相对普通的实验干涉仪,拍摄了一系列恒星的照片,照片显示一些恒星由于快速旋转而变得细长,另一些恒星则有巨大的星斑。[29]欧洲甚大望远镜干涉仪上有一台更具野心的新仪器刚刚开始研究巨型黑洞周围的结构。[30]

我们今天获得的最清晰的图像来自射电干涉测量。利用这项技术,天文学家已经通过事件视界望远镜拍摄到了黑洞的"阴影"。[31] 但仅仅是"刚好看到"而已,改善图像质量任重而道远。从地面上我们无法看到更清晰的细节,因为地球还不够大。为了获得更清晰的图像,我们必须将射电望远镜发射到太空,并将它们分布在比地球大许多倍的地方,再使它们连网工作。然后我们可以从高温等离子体中看到大量细节,而这些细节即将永远消失于黑洞内部。我们还知道用伽马射线和X射线拍摄超高分辨率黑洞图像的方法。不过要使这些望远镜成为现实,需要付出大量努力。在距离探测器数千千米的地方放置巧妙的透镜,能够收到显著成效。我们现在还无力负担如此巨大的建造工程,但随着太空采矿的进行,它们会更便宜、更容易建造,成本效益将大大提高。它们将诞生于我们的未来。

我希望你们现在能赞同我的想法:通过利用贪婪来取得巨大的空间资源,我们可以减轻恐惧,从而回报我们对知识的热爱。那么结果会是怎样的呢?套用莎士比亚(Shakespeare)的《李尔王》(*King Lear*)里的一句话:

> 我们要干出一番事业——
>
> 干些什么,我们不知道,但它们必将是
>
> 地球的奇迹。[32]

那不仅仅是地球的奇迹。

注　释

引言：为什么要勇往直前？

1. 2008 年太空企业家迪亚曼迪斯问道："我们为什么要探索太空……有三个驱动因素：恐惧、好奇和财富。"他的下一句话则引来台下的笑声："你可以将恐惧与好奇的比值简单地用国防预算与科学预算的比值来衡量。""Singularity Summit—Enlightened Machines, Plus an Exclusive Interview with Peter Diamandis," *Valley Zen* (blog), 12 November 2008, http://www.valleyzen.com/2008/11/12/singularity-summiten-lightened-machines-interview-peter-diamandis/.

2.《星星们并不关心天文学》(*The Stars Are Indifferent to Astronomy*)是 Nada Surf 乐队 2011 年一张专辑的标题。文中引用是为了解释无论我们存在怎样的技术局限性，星星的辐射都会传递到任何地方。http://www.nadasurf.com/albums/the-stars-are-indifferent-to-astronomy/ (accessed 10 July 2020).

3. National Research Council of the National Academies, *Vision and Voyages for Planetary Science in the Decade 2013–2022* (Washington, DC: National Academies Press, 2011), https://doi.org/10.17226/13117.

第一章　小行星：入门

1. 铁：密度 = 7.87 g/cm³ ("Iron," Wikipedia, https://en.wikipedia.org/wiki/Iron [accessed 10 July 2020]); 硅：密度 = 2.33 g/cm³ ("Silicon," Wikipedia, https://en.wikipedia.org/wiki/Silicon [accessed 10 July 2020]).

2. W. Herschel, "Observations on the Two Lately Discovered Celestial Bodies," *Philosophical Transactions of the Royal Society of London* 92 (1802): 213–232. 关于这个名字是谁起的有多个版本的说法，但似乎更倾向于威廉·赫歇尔：C. Cunningham and W. Orchinson, "Who Invented the Word Asteroid: William Herschel or Stephen Weston?" *Journal of Astronomical History and Heritage* 14, no. 3 (2011): 230–34.

3. Herschel, "Observations on the Two Lately Discovered Celestial Bodies."

4. 它们包括类星体，活动星系核(AGN)，塞弗特星系，X射线亮/光学正常星系(XBONG)，光学暗活动星系核，低电离星系核(LINER)，Ⅰ型活动星系核，Ⅱ型活动星系核，1.5 型、1.8 型和 1.9 型活动星系核，Ⅰ型窄线赛弗特星系，窄发射线星系，尘埃遮蔽星系(DOGs)，康普顿薄活动星系核，康普顿厚活动星系核，真/裸Ⅱ型活动星系核，外观变化的活动星系核，类恒星天体，强射电类星体，射电星系，法纳洛夫-里雷Ⅰ型射电星系，法纳洛夫-里雷Ⅱ型射电星系，耀变体，蝎虎天体，高峰频耀变体，低峰频耀变体,中峰频耀变体,平谱射电星系,致密对称源,吉赫兹源。

5. "Some Scientific Centres. Ⅳ—The Heidelberg Physical Laboratory," *Nature* 65 (1902): 587.

6. 就在同一年,生物学也发生了巨大革命,查尔斯·达尔文(Charles Darwin)发表了《物种起源》(*On the Origin of Species*),介绍了自然选择的生物进化理论。

7. G. Kirchhoff, "On the Relation between the Radiating and Absorbing Powers of Different Bodies for Light and Heat," *Philosophical Magazine*, ser. 4, 20 (1860): 1–21.

8. G. Beekman, "The Nearly Forgotten Scientist Ivan Osipovich Yarkovsky," *Journal of the British Astronomical Association* 115, no. 4 (2005): 207.

9. 见 figure 7 in A. Taylor, J. C. McDowell, and M. Elvis, "Phobos and Mars Orbit as a Base for Asteroid Mining," *Acta Astronautica* (submitted).

10. 引自陨石学家戴安娜·约翰逊(Diane Johnson)和埃及学家乔伊丝·蒂尔斯利(Joyce Tyldesley)的著作。D. Johnson and J. Tyldesley, "Iron from the Sky," *Geoscientist Online*, 2014, https://www.geolsoc.org.uk/Geoscientist/Archive/April2014/Iron-from-the-sky.

11. Cathryn J. Prince, *A Professor, a President, and a Meteor: The Birth of American Science* (New York: Prometheus, 2011).

12. Harry Y. McSween, "Ensisheim Meteorite," Brittanica.com, https://www.britannica.com/topic/Ensisheim-meteorite.

13. L. R. Nittler and N. Dauphas, "Meteorites and the Chemical Evolution of the Milky Way," in *Meteorites and the Early Solar System* Ⅱ, ed. D. S. Lauretta and H. Y. McSween Jr. (Tucson: University of Arizona, 2006), 127–46.

第二章 热爱

1. Richard B. Setlow, "The Hazards of Space Travel," *EMBO Reports* 4, no. 11 (2003): 1013, doi:10.1038/sj.embor.7400016.

2. Stewart Weaver, *Exploration: A Very Short Introduction* (Oxford: Oxford University Press, 2015).

3. Ben R. Finney, "Exploring and Settling Pacific Ocean Space—Past Analogues for Future Events?" in *Space Manufacturing 4: Proceedings of the Fifth Princeton/AIAA Conference, May 18–21, 1981*, ed. Jerry Grey and Lawrence A. Hamdan (New York: American Institute of Aeronautics and Astronautics, 1981), 261; Ben R. Finney, *From Sea to Space* (Palmerston North, NZ: Massey University, 1992).

4. M. Lecar, M. Podolak, D. Sasselov, and E. Chiang, "On the Location of the Snow Line in a Protoplanetary Disk," *Astrophysical Journal* 640 (2006): 1115.

5. R. Gomes, H. F. Levison, K. Tsiganis, and A. Morbidelli, "Origin of the Cataclysmic Late Heavy Bombardment Period of the Terrestrial Planets," *Nature* 435, no. 7041 (2005): 466–69, doi:10.1038/nature03676; K. Tsiganis, R. Gomes, A. Morbidelli, and

H. F. Levison, "Origin of the Orbital Architecture of the Giant Planets of the Solar System," *Nature* 435, no. 7041 (2005): 459–61, doi: 10.1038/nature03539; A. Morbidelli, H. F. Levison, K. Tsiganis, and R. Gomes, "Chaotic Capture of Jupiter's Trojan Asteroids in the Early Solar System," *Nature* 435, no. 7041 (2005): 462–65, doi: 10.1038/nature03540.

6. 很可能出自一则中国寓言而不是《论语》: Annie Feng, "What is the meaning of 'the man who moves a mountain begins by carrying stones'?" Goodreads, https://www. goodreads.com/questions/1156657-whatis-the-meaning-of-the-man-who-moves/answers/ 625580-i-m-working-through (accessed 3 September 2020).

7. T. Encrenaz, "Water in the Solar System," *Annual Reviews of Astronomy & Astrophysics* 46 (2008): 57, 见 https://www-annualreviews-org.ezpprod1.hul.harvard.edu/doi/ pdf/10.1146/annurev.astro.46.060407.145229; L. M. Prockter, "Ice in the Solar System," *Johns Hopkins APL Technical Digest* 26, no. 2 (2005), https://www.jhuapl.edu/techdigest/ TD/td2602/Prockter.pdf.

8. Sara Schechner, *Comets, Popular Culture and the Birth of Modern Cosmology* (Princeton, NJ: Princeton University Press, 1997).

9. B. W. Eakins and G. F. Sherman, "Volumes of the World's Oceans from ETOPO1," NOAA National Geophysical Data Center, 2010, https://ngdc.noaa.gov/mgg/global/ etopo1_ocean_volumes.html.

10. T. H. Prettyman et al., "Extensive Water Ice within Ceres' Aqueously Altered Regolith: Evidence from Nuclear Spectroscopy," *Science* 355 (2017): 55.

11. W. F. Bottke, R. J. Walker, J. M. D. Day, D. Nesvorny, and L. Elkins-Tanton, "Stochastic Late Accretion to Earth, the Moon, and Mars," *Science* 330 (2010): 1527.

12. 1990年应卡尔·萨根的请求,NASA的"旅行者1号"探测器从土星拍摄了地球照片,卡尔·萨根将其命名为"黯淡蓝点",也将此作为他的一部著作的标题。 " 'Pale Blue Dot' Images Turn 25," NASA, 11 February 2015, https://www.nasa.gov/jpl/ voyager/pale-blue-dotimages-turn-25; "Voyager 1's Pale Blue Dot," NASA, https://solar-system.nasa.gov/resources/536/voyager-1s-pale-blue-dot (accessed 3 September 2020); Carl Sagan, *Pale Blue Dot: A Vision of the Human Future in Space* (New York: Random House, 1994).

13. 与其他行星相比,地球的大气层是蓝色的,因为氧气破坏了棕色的有机化合物。一项新的结果表明,海洋之所以是蓝色的,是因为它本身的颜色,尤其是从正上方看。NASA Share the Science, "Ocean Color," https://science.nasa.gov/earth-science/oceanography/living-ocean/ocean-color (accessed 16 January 2021).

14. 比方说麻省理工学院的期刊《人工生命》(*Artificial Life*), 见 https://www.mit-pressjournals.org/loi/artl.

15. C. Chyba and C. Sagan, "Endogenous Production, Exogenous Delivery and Impact-Shock Synthesis of Organic Molecules: An Inventory for the Origins of Life,"

Nature (1992): 355, 125.

16. E. Herbst and E. F. van Dishoeck, "Complex Organic Interstellar Molecules," *Annual Reviews of Astronomy and Astrophysics* 47 (2009): 427–80; J. S. Carr and J. R. Najita, "Organic Molecules and Water in the Inner Disks of T Tauri Stars," *Astrophysical Journal* 733, no. 2 (2011): 102.

17. Julie E. M. McGeoch and Malcolm W. McGeoch, "Polymer Amide in the Allende and Murchison Meteorites," *Meteoritics & Planetary Science* 50, no. 12 (2015): 1971–83.

18. Jane Gregory, *Fred Hoyle's Universe* (Oxford: Oxford University Press, 2005), 324.

19. Gregory, *Fred Hoyle's Universe*, 283; Sir Fred Hoyle, "Comets—A Matter of Life and Death," *Vistas in Astronomy* 24 (1980): 123, https://www.sciencedirect.com/science/article/abs/pii/0083665680900276; F. Hoyle, *The Relation of Astronomy to Biology* (Cardiff: University College Cardiff Press, 1980).

20. Keith Kvenvolden, James Lawless, Katherine Pering, Etta Peterson, Jose Flores, Cyril Ponnamperuma, I. R. Kaplan, and Carleton Moore, "Evidence for Extraterrestrial Amino-Acids and Hydrocarbons in the Murchison Meteorite," *Nature* 228 (1970): 923–26, https://www.nature.com/articles/228923a0.

21. D. S. McKay et al., "Search for Past Life on Mars: Possible Relic Biogenic Activity in Martian Meteorite ALH84001," *Science* 273 (1996): 924–30.

22. K. Meach et al., "A Brief Visit from a Red and Extremely Elongated Interstellar Asteroid," *Nature* 552 (2017): 378; Amir Siraj and Avi Loeb, "Discovery of a Meteor of Interstellar Origin," 2019, arXiv:1904.07224, https://arxiv.org/pdf/1904.07224.pdf.

23. Matthias Willbold, Tim Elliott, and Stephen Moorbath, "The Tungsten Isotopic Composition of the Earth's Mantle before the Terminal Bombardment," *Nature* 477 (2011): 195.

24. 伊苏阿上壳岩带是一块30米×70米的裸露岩石,距今已有约37亿—38亿年。这里还是发现了可能是迄今最古老的化石的地方。Allen P. Nutman, Vickie C. Bennett, Clark R. L. Friend, Martin J. Van Kranendonk, and Allan R. Chivas, "Rapid Emergence of Life Shown by Discovery of 3,700-Million-Year-Old Microbial Structures," *Nature* 537 (2016): 535–38; Carolyn Gramling, "Hints of Oldest Fossil Life Found in Greenland Rocks," *Science*, 31 August 2016, http://www.sciencemag.org/news/2016/08/hints-oldest-fossil-life-found-greenland-rocks; Nicholas Wade, "World's Oldest Fossils Found in Greenland," *New York Times*, 31 August 2016, http://www.nytimes.com/2016/09/01/science/oldest-fossils-on-earth.html?_r=0.

25. Mario Fischer-Gödde, Bo-Magnus Elfers, Carsten Münker, Kristoffer Szilas, Wolfgang D. Maier, Nils Messling, Tomoaki Morishita, Martin Van Kranendonk, and Hugh Smithies, "Ruthenium Isotope Vestige of Earth's Pre-Late-Veneer Mantle Preserved in Archaean Rocks," *Nature* 579 (2020): 240, doi.org/10.1038/s41586-020-2069-3.

第三章　恐惧

1. Terry Bisson, "Meat," Terry Bisson of the Universe, http://www.terrybisson.com/theyre-made-out-of-meat-2/ (accessed 4 September 2020).

2. Donald E. Osterbrock, *Walter Baade: A Life in Astrophysics* (Princeton, NJ: Princeton University Press, 2002).

3. Philip Plait, *Death from the Skies: "These are the ways the world will end ...,"* (New York: Viking Penguin, 2008).

4. D. Kring and M. Boslough, "Chelyabinsk: Portrait of an Asteroid Airburst," *Physics Today* 67, no. 9 (2014): 32, https://doi.org/10.1063/PT.3.2515.

5. 这不是人类好奇心战胜恐惧的唯一一例子。应用程序 Citizen(https://citizen.com)旨在提醒人们注意附近的危险,使他们能避开危险;但适得其反,人们却会选择过去看看! *Wait Wait, Don't Tell Me*, NPR, 16 March 2019, https://www.npr.org/2019/03/16/704081183/panel-questions.

6. A. P. Kartashova, O. P. Popova, D. O. Glazachev, P. Jenniskens, V. V. Emel'yanenko, E. D. Podobnaya, and A. Ya Skripnik, "Study of Injuries from the Chelyabinsk Airburst Event," *Planetary & Space Science* 160 (2018): 107–14.

7. Stefan Geens, "Reconstructing the Chelyabinsk Meteor's Path, with Google Earth, YouTube and High-School Math," *Ogle Earth* (blog), 16 February 2013, http://goo.gl/vcG3Y.

8. Jorge I. Zuluaga and Ignacio Ferrin, "A Preliminary Reconstruction of the Orbit of the Chelyabinsk Meteoroid," 2013, arXiv:1302.5377. 要了解其他确认的信息,请参见 S. R. Proud, "Reconstructing the Orbit of the Chelyabinsk Meteor Using Satellite Observations," Geophysical Research Letters 40, no. 13 (2013): 3351–55. https://doi.org/10.1002/grl.50660.

9. A. W. Harris, "What Spaceguard Did," *Nature* 453 (2008): 1178–79; P. G. Brown et al., "A 500-Kiloton Airburst over Chelyabinsk and an Enhanced Hazard from Small Impactors," *Nature* 503 (2013): 238–41.

10. Leonard David, "Huge Meteor Explosion a Wake-Up Call for Planetary Defense," *Scientific American*, 21 March 2019, https://www.scientificamerican.com/article/huge-meteor-explosion-a-wake-up-call-for-planetary-defense/.

11. Lindley Johnson, presentation to the 17th Meeting of the NASA Small Bodies Advisory Group, June 2017, https://www.lpi.usra.edu/sbag/meetings/jun2017/.

12. Alan W. Harris and Germano D'Abramo, "The Population of Near-Earth Asteroids," *Icarus* 257 (2015): 302–12.

13. David Morrison, "Tunguska Workshop: Applying Modern Tools to Understand the 1908 Tunguska Impact" (NASA Technical Memorandum 220174, 2018), NASA Scientific and Technical Information (STI) Program; Paolo Farinella, L. Foschini, Christiane Froeschlé, R. Gonczi, T. J. Jopek, G. Longo, and Patrick Michel, "Probable

Asteroidal Origin of the Tunguska Cosmic Body," *Astronomy & Astrophysics* 377, no. 3 (2001): 1081–97, doi:10.1051/0004-6361:20011054.

14. M. Boslough, "Computational Modeling of Low-Altitude Airbursts," American Geophysical Union, Fall Meeting 2007, abstract id. U21E-03.

15. 行星和空间科学中心(PASSC),地球撞击数据库, http://www.passc.net/ EarthImpactDatabase/index.html.

16. H. St John Philby, *The Empty Quarter* (New York: Henry Holt, 1933); J. C. Wynn and E. M. Shoemaker, "The Day the Sands Caught Fire," *Scientific American* 279, no. 5 (1998): 36–45; E. M. Shoemaker and J. C. Wynn, "Geology of the Wabar Meteorite Craters, Saudi Arabia" (abstract), *Lunar and Planetary Science* 28 (1997): 1313–14; Jeff Wynn and Gene Shoemaker, "The Wabar Meteorite Impact Site, Ar-Rub'Al-Khali Desert, Saudi Arabia," U.S. Geological Survey, https://volcanoes.usgs.gov/jwynn/3wabar. html (accessed 4 September 2020).

17. H. M. Basurah, "Estimating a New Date for the Wabar Meteorite Impact," *Meteoritics & Planetary Science* 38, no. 7 (2003), supplement, A155–56.

18. 地球上已知最新的陨击坑如下:

名称	年龄 (年)	直径 (米)
卡兰卡斯(Carancas)	12[*]	13.5
希霍特-阿林(Sikhote-Alin)	73[*]	20
瓦巴(Wabar)	140[**]	110
哈维兰(Haviland)	<1000	10
索博列夫(Sobolev)	<1000	50

19. David A. Kring, *Guidebook to the Geology of Barringer Meteorite Crater, Arizona (a.k.a. Meteor Crater)*, 2nd ed., LPI Contribution No. 2040, prepared for the 80th Annual

---

[*] 从2020年起算。

[**] J. 普雷斯科特(J. Prescott)、G. 罗伯逊(G. Robertson)、舒梅克、J. C. 温(J. C. Wynn)等人推测出年龄为290±38 年。J. Prescott, G. Robertson, C. Shoemaker, E. M. Shoemaker, and J. C. Wynn, "Luminescence Dating of the Wabar Meteorite Craters, Saudi Arabia," *Journal of Geophysical Research* 109 (2004): E01008, doi: 10.1029/ 2003JE002136.

来源:行星和空间科学中心(PASSC),地球撞击数据库, http://www.passc.net/ EarthImpactDatabase/New%20website_05-2018/Agesort.html.

Meeting of the Meteoritical Society, July 2017, Lunar and Planetary Institute, https://www.lpi.usra.edu/publications/books/barringer_crater_guidebook/.

20. Yasunobu Uchiyama, Felix A. Aharonian, Takaaki Tanaka, Tadayuki Takahashi, and Yoshitomo Maeda, "Extremely Fast Acceleration of Cosmic Rays in a Supernova Remnant," *Nature* 449 (2007): 576; "NASA: Major Step toward Knowing Origin of Cosmic Rays," NASA press release 07-63, 9 October 2007, https://www.nasa.gov/centers/goddard/news/topstory/2007/accelerated_rays.html.

21. Prescott et al., "Luminescence Dating of the Wabar Meteorite Craters, Saudi Arabia."

22. Eugene M. Shoemaker, "Impact Mechanics at Meteor Crater, Arizona," in *The Moon Meteorites and Comets*, ed. Barbara Middlehurst and Gerard P. Kuiper (Chicago: University of Chicago Press, 1963), 301, http://articles. adsabs. harvard. edu/pdf/1963mmc..book..301S.

23. D. A. Kring, "Air Blast Produced by the Meteor Crater Impact Event and a Reconstruction of the Affected Environment," *Meteoritics & Planetary Science* 32 (1997): 517–30.

24. Daniel J. Field et al., "Early Evolution of Modern Birds Structured by Global Forest Collapse at the End-Cretaceous Mass Extinction," *Current Biology* 28 (2018): 1825–31, https://doi.org/10.1016/j.cub.2018.04.062.

25. Derek W. Larson, Caleb M. Brown, and David C. Evans, "Dental Disparity and Ecological Stability in Bird-like Dinosaurs prior to the End-Cretaceous Mass Extinction," *Current Biology* 26 (2016): 1325–33, https://doi.org/10.1016/j.cub.2016.03.039; "Fossil Teeth Suggest That Seeds Saved Bird Ancestors from Extinc tion," Phys. org, 16 April 2016, https://phys.org/news/2016-04-fossil-teeth-seeds-bird-ancestors.html.

26. 那么哺乳动物是如何生存的呢？我们都有牙齿，没有喙。也许我们的祖先中有一些伟大的贮藏能手，一种特殊的松鼠，它们在地下储存了大量种子？毫无疑问，有人会找到办法来确定当时发生了什么。

27. 参见加利福尼亚大学古生物学博物馆的恐龙灭绝理论的列表："What Killed the Dinosaurs?" DinoBuzz, http://www.ucmp.berkeley.edu/diapsids/extinction.html (accessed 5 September 2020).

28. Bianca Bosker, "The Nastiest Feud in Science," *Atlantic*, September 2018, https://www.theatlantic.com/magazine/archive/2018/09/dinosaur-extinctiondebate/565769/.

29. 例如，Gerta Keller, "Cretaceous Climate, Volcanism, Impacts, and Biotic Effects," *Cretaceous Research* 29 (2008): 754–71, doi.org/10.1016/j.cretres.2008.05.030. 也可参见凯勒教授关于德干火山的网站: doi.org/10.1016/j.cretres.2008.05.030.

30. Paul Voosen, "Did Volcanic Eruptions Help Kill off the Dinosaurs?" Sciencemag.org, 21 February 2019, doi:10.1126/science.aax1020.

31. H. R. Report 1022, George E. Brown, Jr., Near-Earth Object Survey Act, 109th

Cong. (2005−6), www.GovTrack.us, https://www.govtrack.us/congress/bills/109/hr1022; NASA 近地天体观测项目：https://www.nasa.gov/planetarydefense/neoo.

32. Harris and D'Abramo, "The Population of Near-Earth Asteroids."

33. Brown et al., "A 500-Kiloton Airburst over Chelyabinsk," 238. Peter Brown's website: http://www.physics.uwo.ca/people/faculty_web_pages/brown.html.

34. Harris, "What Spaceguard Did."

35. 见 chapter 7, "A Low Risk, but Not Negligible," in Martin Rees, *Our Final Hour* (New York: Basic Books, 2003).

36. *Make a Dent in the Universe: Erika Ilves at TEDxStavanger* (video), YouTube, 25 September 2013, https://www.youtube.com/watch?v=K89nP7GhWgU.

37. *Planetary Defense Conference Exercise*—2015, NASA Center for Near-Earth Object Studies (CNEOS), https://cneos.jpl.nasa.gov/pd/cs/pdc15/. 每一天都有对应的网页。

38. *Planetary Defense Conference Exercise*—2019, NASA Center for Near-Earth Object Studies (CNEOS), https://cneos.jpl.nasa.gov/pd/cs/pdc19/. 每一天都有对应的网页。

39. 国际小行星预警网络(IAWN)：http://iawn.net/about.shtml.

40. 空间任务规划咨询小组(Space Mission Planning Advisory Group)：https://www.cosmos.esa.int/web/smpag/home.

41. "Astronomers Complete First International Asteroid Tracking Exercise," Jet Propulsion Laboratory, 3 November 2017, https://www.jpl.nasa.gov/news/news.php?feature=6994.

42. Vishnu Reddy et al., "Near-Earth Asteroid 2012 TC$_4$ Observing Campaign: Results from a Global Planetary Defense Exercise," *Icarus* (2019): 133−50.

第四章　贪婪

1. "Peter Diamandis: The First Trillionaire Is Going to Be Made in Space," *Business Insider*, 2 March 2015, https://www.businessinsider.com/peter-diamandis-space-trillionaire-entrepreneur-2015-2?IR=T&r=SG.

2. Bryan Bender, "Ted Cruz: 'The First Trillionaire Will Be Made in Space,'" *Politico*, 1 June 2018, https://www.politico.com/story/2018/06/01/ted-cruz-space-first-trillionaire-616314; Katie Kramer, "Neil deGrasse Tyson Says Space Ventures Will Spawn First Trillionaire," *NBC News*, 3 May 2015, https://www.nbcnews.com/science/space/neil-degrasse-tyson-says-space-ventures-will-spawn-first-trillionaire-n352271.

3. Government Accounting Office, *NASA: Constellation Program Cost and Schedule Will Remain Uncertain Until a Sound Business Case Is Established*, GAO-09-844, 26 August, 2009, publicly released 25 September 2009, https://www.gao.gov/products/GAO-09-844.

4. John S. Lewis, *Mining the Sky: Untold Riches from the Asteroids, Comets, and Planets* (Reading, MA: Addison-Wesley, 1996).

5. "在太空中，没人能听到你的尖叫。"出自1979年由雷德利·斯科特（Ridley Scott）执导、西格妮·韦弗（Sigourney Weaver）主演的电影《异形》。

6. 60万亿英镑。Rob Waugh, "Single Asteroid Worth £60 Trillion if It Was Mined—as Much as World Earns in a Year," *Daily Mail*, 21 May 2012.［小报《每日邮报》（*Daily Mail*）对太空有很好的报道。］2012年全世界GDP仅为75万亿美元。参见World Bank: https://data.worldbank.org/indicator/NY.GDP.MKTP.CD.

7. Asterank.com (accessed 14 July 2020). 很遗憾，小行星9283 Martinelvis估值为0美元。

8. Jonas Peter Akins, "Short Lays on Greasy Voyages: Whaling and Venture Capital," Nantucket Historical Association, July 2018, https://nha.org/research/nantucket-history/history-topics/short-lays-on-greasy-voyages-whaling-and-venture-capital/.

9. "Platinum Fact Sheet," AZO Materials, *AzoM*, 11 February 2002, https://www.azom.com/article.aspx?ArticleID=1238.

10. 地壳中的丰度：铂0.005 mg/kg（=ppm）；金0.004 mg/kg；钯0.015 mg/kg。"Abundance of Elements in the Earth's Crust and in the Sea," *CRC Handbook of Chemistry and Physics*, ed. William M. Haynes, 97th ed. (Boca Raton, FL: CRC, 2016–17), 14–17.（请天文学家注意：这些不是太阳丰度。）

11. R. Grant Cawthorn, "Seventy-Fifth Anniversary of the Discovery of the Platiniferous Merensky Reef: The Largest Platinum Deposits in the World," *Platinum Metals Review*, 43, no. 4 (1999): 146.

12. Kelly Weinersmith and Zach Weinersmith, *Soonish: Ten Emerging Technologies That'll Improve and/or Ruin Everything* (New York: Penguin, 2017).

13. David K. Israel, "5 of the Most Expensive Bottles of Wine Ever Sold," *Week*, 7 November 2013, http://theweek.com/articles/457193/5-most-expensive-bottles-wine-ever-sold. 顺便说一句，鱼子酱不在竞争中。奥塞特拉鱼子酱的零售价仅为每克3美元。

14. Ed Caesar, "The Woman Shaking Up the Diamond Industry," *New Yorker*, 27 January 2020, https://www.newyorker.com/magazine/2020/02/03/the-woman-shaking-up-the-diamond-industry.

15. Caleb Henry, "Northrop Grumman's MEV-1 Servicer Docks with Intelsat Satellite," *Space News*, 26 February 2020.

16. Donald J. Kessler and Burton G. Cour-Palais, "Collision Frequency of Artificial Satellites: The Creation of a Debris Belt," *Journal of Geophysical Research* 83, no. A6 (1978): 2637–46.

17. Jonathan's Space Report: planet4589.org.

18. *RemoveDEBRIS*, Surrey Space Centre, University of Surrey, https://www.surrey.ac.uk/surrey-space-centre/missions/removedebris (accessed 4 September 2020).

19. Emre Kelly, "NASA Shows Interest in SpaceX's Starship Orbital Refueling Ambition," *Florida Today*, 12 October 2019, https://www.floridatoday.com/story/tech/science/space/2019/10/12/nasa-shows-interest-spacexs-starship-orbital-refueling-ambitions/3957775002/.

20. Alessondra Springmann et al., "Thermal Alteration of Labile Elements in Carbonaceous Chondrites," *Icarus* 324 (2019): 104.

21. Evan M. Melhado, "Jöns Jacob Berzelius, Swedish Chemist," last updated 16 August 2020, *Encyclopedia Brittanica*, https://www.britannica.com/biography/JonsJacob-Berzelius.

22. J. O'Neil et al., "The Nuvvagittuq Greenstone Belt," in M. Van Kranendonk, V. Bennett, and E. Hoffmann, eds., *Earth's Oldest Rocks* (Amsterdam: Elsevier, 2007), 349–374. doi: 10.1016/B978-0-444-63901-1.00016-2.

23. "Widmanstätten Pattern, Astronomy," last updated 9 April 2012, *Encyclopaedia Britannica*, https://www.britannica.com/science/Widmanstatten-pattern.

24. N. L. Hooper, "Space Rocks: A Series of Papers on Meteorites and Asteroids" (senior thesis, Harvard University, 2016).

25. 坎农使用来自国际陨石数据库(https://www.lpi.usra.edu/meteor/, 2018)的数据所做的个人工作,感谢他整理了这些数字。

26. James Scott Berdahl, "Morning Light: The Secret History of the Tagish Lake Fireball" (MS thesis, Massachusetts Institute of Technology, 2010), https://cmsw.mit.edu/wp/wp-content/uploads/2016/06/227233756-James-Berdahl-Morning-Light-The-Secret-History-of-the-Tagish-Lake-Fireball.pdf.

27. "First Detection of Sugars in Meteorites Gives Clues to Origin of Life," NASA press release 19-23, 18 November 2019, https://www.nasa.gov/press-release/goddard/2019/sugars-in-meteorites; Yoshihiro Furukawa et al., "Extraterrestrial Ribose and Other Sugars in Primitive Meteorites," *Proceedings of the National Academy of Sciences* 116, no. 49 (2019): 24440–45, https://doi.org/10.1073/pnas.1907169116.

28. B. A. Macleod, J. T. Wang, C. C. Chung, C. R. Ries, S. K. Schwarz, and E. Puil, "Analgesic Properties of the Novel Amino Acid, Isovaline," *Anesthesia & Analgesia* 110, no. 4 (2010): 1206–14, doi:10.1213/ane.0b013e3181d27da2, PMID 20357156.

29. 斯坦哈特在《第二种不可能》(*The Second Kind of Impossible*)一书中讲述了他在陨石中发现准晶体的故事。*The Second Kind of Impossible*: *The Extraordinary Quest for a New Form of Matter* (New York: Simon & Schuster, 2019). 这里有一个简短的解释:L. Bindi and P. J. Steinhardt, "The Quest for Forbidden Crystals," *Mineralogical Magazine* 78, no. 2 (2014): 467–82, http://www.physics.princeton.edu/~steinh/lucaMin-Mag.pdf, 以及 Paul J. Steinhardt and Luca Bindi, "Once upon a Time in Kamchatka: The Search for Natural Quasicrystals," http://physics.princeton.edu/~steinh/SteinhardtICQ11r.pdf. 斯坦哈特的网站上还有许多原始学术论文的链接: http://www.physics.princeton.

edu/~steinh/naturalquasicrystals.html，其中包括 Luca Bindi and Paul J. Steinhardt, "The Discovery of the First Natural Quasicrystal: A New Era for Mineralogy?" *Elements* (newsletter), February 2012, doi:10.2113/gselements.8.1.13, http://www.physics.princeton.edu/~steinh/Bindi%20&%20Steinhardt_2012_ELEMENTS.pdf; Chi Ma, Chaney Lin, Luca Bindi, and Paul J. Steinhardt, "Hollisterite（Al3Fe）, Kryachkoite（Al, Cu）6（Fe, Cu）, and Stolperite（AlCu）: Three New Minerals from the Khatyrka CV3 Carbonaceous Chondrite," *American Mineralogist* 102（2017）: 690-93.

30. "Khatyrka," Meteoritical Bulletin Database, https://www.lpi.usra.edu/meteor/metbull.php?code=55600. 所有矿物都必须经由新矿物命名和分类委员会认证才能作为新矿物，该委员会是国际矿物学协会的一部分，后者也批准新矿物名称。Jeffrey de Fourestier, "The Naming of Mineral Species Approved by the Commission on New Minerals and Mineral Names of the International Mineralogical Association: A Brief History," *Canadian Mineralogist* 40, no. 6（2002）: 1721-35, doi: 10.2113/gscanmin.40.6.1721.

31. Z机器"现在能够以每秒34千米的速度推进小板块，比地球在绕太阳运行的轨道上的速度（每秒30千米）还要快"。引用自 Mike Hanlon, "Sandia Lab's Z Machine: The Fastest Gun in the West," *New Atlas*, 10 June 2005, https://newatlas.com/go/4143/. 在Z机器官方网站上很难找到这些数字: https://www.sandia.gov/z-machine/.

32. 在马教授网站上能看到这个令人印象深刻的清单: http://www.its.caltech.edu/~chima/.

33. Dennis V. Byrnes, James M. Longuski, and Buzz Aldrin, "Cycler Orbit between Earth and Mars," *Journal of Spacecraft and Rockets* 30, no. 3（1993）: 334.

34. Nathan Strange, Damon Landau, Paul Chodas, and James Longuski, "Identification of Retrievable Asteroids with the Tisserand Criterion," *Aerospace Research Central*, 1 August 2014, AIAA 2014-4458, https://doi.org/10.2514/6.2014-4458; Nathan Strange, Damon Landau, and James Longuski, *Redirection of Asteroids onto Earth-Mars Cyclers*, Advances in the Astronautical Sciences: Spaceflight Mechanics 2015, vol. 155, AAS 15-462, 见 http://www.univelt.com/book=5109.

第五章　热爱：小行星的科学研究

1. "2016年，AGU秋季会议约有24 000名与会者，是世界上最大的地球与空间科学会议": AGU.org, https://fallmeeting.agu.org/2016/. 相比之下，国际天文学联合会《2011年参会意向》（Letters of Intent for 2011）显示只有400人左右参会, International Astronomical Union, 2011, https://www.iau.org/science/meetings/future/loi_2011/loi10/, "Rationale"标题之下。

2. 越接近小行星的边缘，掩星持续时间越短，因此最好在小行星掩星的路径上部署多台望远镜来测量小行星的尺寸。不仅仅是尺寸，只要有6台望远镜，我们就可以了解小行星的大致形状。

3. "卡塔利娜巡天"网站:https://catalina.lpl.arizona.edu; "泛星"计划网站:https://neo.ifa.hawaii.edu.

4. J. L. Galache, C. L. Beeson, K. K. McLeod, and M. Elvis, "The Need for Speed in Near-Earth Asteroid Characterization," *Planetary and Space Science* 111 (2015): 155.

5. Peter Vereš et al., "Unconfirmed Near-Earth Objects," *Astronomical Journal* 156 (2018): 5.

6. Benoit Carry, "Density of Asteroids," *Planetary and Space Science* 73 (2012): 98.

7. P. Bartczak and G. Dudzin'ski, "Shaping Asteroid Models Using Genetic Evolution (SAGE)," *Monthly Notices of the Royal Astronomical Society* 473, no. 4 (2019): 5050−65.

8. 截至2020年6月9日,雷达探测到的小行星和彗星有1109颗: Radar-Detected Asteroids and Comets, https://echo.jpl.nasa.gov/asteroids/index.html.

9. "Asteroid and Comet Mission Targets Observed by Radar," 最后更新时间为2020年9月3日, Jet Propulsion Laboratory, NASA, https://echo.jpl.nasa.gov/~lance/radar.small.body.mission.targets.html; "List of Missions to Minor Planets," Wikipedia, https://en.wikipedia.org/wiki/List_of_missions_to_minor_planets (accessed 4 September 2020).

10. NASA"伽利略"号探测器网站:https://solarsystem.nasa.gov/missions/galileo/overview/.

11. 欧洲航天局关于21号小行星"鲁泰西亚"(Lutetia, 又称"巴黎")的信息: https://sci.esa.int/web/rosetta/-/47389-21-lutetia.

12. "NEAR Shoemaker," NASA, https://solarsystem.nasa.gov/missions/near-shoemaker/in-depth/.

13. H. C. Wilson, "Measuring the Distance of the Sun by Means of the Planet Eros," *Popular Astronomy* 12 (1904), http://articles.adsabs.harvard.edu/pdf/1904PA.....12..149W.

14. "Dawn Mission Overview," NASA TV, https://www.nasa.gov/mission_pages/dawn/mission/index.html (accessed 4 September 2020).

15. "About Asteroid Explorer 'HAYABUSA' (MUSES-C)," Japan Aerospace Exploration Agency (JAXA), https://global.jaxa.jp/projects/sas/muses_c/ (accessed 4 September 2020).

16. "About Asteroid Explorer 'Hayabusa2,'" JAXA, https://global.jaxa.jp/projects/sas/hayabusa2/ (accessed 4 September 2020).

17. S. Watanabe et al., "Hayabusa2 Arrives at the Carbonaceous Asteroid 162173 Ryugu—A Spinning Top−Shaped Rubble Pile," *Science* 364, no. 6437 (2019): 268−72.

18. Planetary Society, "Nine-Year-Old Names Asteroid Target of NASA Mission in Competition Run by the Planetary Society" (2013), https://www.planetary.org/pressroom/

releases/2013/nine-year-old-names-asteroid.html.

19. Mike Wehner, "NASA's Asteroid Probe Already Found Water on Bennu," *BGR* (10 December 2018), https://bgr.com/2018/12/10/bennu-water-asteroid-nasa-osirisrex/; V. E. Hamilton et al., "Evidence for Widespread Hydrated Minerals on Asteroid (101955) Bennu," *Nature Astronomy* 3 (2019): 332–40.

20. Richard A. Lovett, "Asteroid Bennu Is Flinging Rocks into Space: OSIRIS-REx's Target Turns out to Be Very Rare, and Very Active, Posing Problems for the Mission," *Cosmos Magazine*, 19 March 2019, https://cosmosmagazine.com/space/asteroid- bennu-is-flinging-rocks-into-space; Dante S. Lauretta et al., "Episodes of Particle Ejection from the Surface of the Active Asteroid (101955) Bennu," *Science* 366 (2019): 3544.

21. Dante S. Lauretta et al., "The Unexpected Surface of Asteroid (101955) Bennu," *Nature* 568 (2019): 55–60.

22. "Lucy: The First Mission to the Trojan Asteroids," NASA, https://www.nasa.gov/content/goddard/lucy-overview; H. F. Levison et al., "*Lucy*: Surveying the Diversity of the Trojan Asteroids: The Fossils of Planet Formation," *Lunar and Planetary Science* 48 (2017): 48.

23. "Psyche: Mission to a Metal World," Jet Propulsion Laboratory, https://www.jpl.nasa.gov/missions/psyche/; L. T. Elkins-Tanton and J. F. Bell Ⅲ, "NASA's Discovery Mission to (16) Psyche: Visiting a Metal World," 2017, *European Planetary Science Congress* (EPSC), 11, 384, https://meetingorganizer.copernicus.org/EPSC2017/EPSC2017-384.pdf (accessed 4 September 2020).

24. John R. Brophy et al., *Asteroid Retrieval Feasibility Study*, Keck Institute for Space Studies (2012), California Institute of Technology, Jet Propulsion Laboratory, Pasadena, https://www.kiss.caltech.edu/final_reports/Asteroid_final_report.pdf.

25. Peter Jenniskens, Muawia H. Shaddad, et al., "The Impact and Recovery of Asteroid 2008 TC₃," *Nature* 458 (2009): 485–88.

26. 近地天体动态网站(NEODyS-2)在这些URL中列出了它们: 2008TC3: https://newton.spacedys.com/neodys/index.php?pc=1.1.B&n=2008TC3; 2014AA: https://newton. spacedys. com/neodys/index. php? pc=1.1. B&n=2014AA; 2018LA: https://newton.spacedys.com/neodys/index.php?pc=1.1.B&n=2018LA; 2019MO: https://newton.spacedys.com/neodys/index.php?pc=1.1.B&n=2019MO.

27. Peter Jenniskens, "The 2002 Leonid MAC Airborne Mission: First Results," *WGN: The Journal of the International Meteor Organization* 30 (2002): 6.

第六章　恐惧：如何应对小行星威胁

1. 事实上,孙子的原话更为巧妙:"故曰:知彼知己,百战不殆;不知彼而知己,一胜一负。" *Art of War*, 18, https://www.suntzuonline.com/chapter-3-attack-bystratagem/.

2. Alan W. Harris, "What Spaceguard Did," *Nature* 453 (2008): 1178.

3. JPL Center for NEO Studies, Discovery Statistics: https://cneos.jpl.nasa.gov/stats/site_all.html.

4. 国际天文学联合会小行星中心官网: https://minorplanetcenter.net.

5. 薇拉·C. 鲁宾天文台: https://www.aura-astronomy.org/centers/nsfsoir-lab/rubinobservatory/; "时空遗珍巡天"（LSST）项目: https://www.lsst.org; Thomas H. Zurbuchen, "Planetary Defense Strategy," NASA Science Mission Directorate, 23 September 2019, https://secureservercdn.net/198.71.233.197/b13.8cb.myftpupload.com/wp-content/uploads/2019/09/Thomas-Z-planetary-defense-strategy-Sep-23-2019.pdf; Marcia Smith, "NASA Announces New Mission to Search for Asteroids," Space Policy Online, 23 September 2019, https://spacepolicyonline.com/news/nasa-announces-new-mission-to-search-for-asteroids/. 这项任务此前被称为 NEOCAM: https://neocam.ipac.caltech.edu/page/mission.

6. Amy Mainzer et al., "NEOWISE Observations of Near-Earth Objects: Preliminary Results," *Astrophysical Journal* 743 (2011): 156.

7. NASA 广域红外探测器任务: https://www.nasa.gov/mission_pages/WISE/main/index.html; Edward L. Wright et al., "The Wide-Field Infrared Survey Explorer（WISE）: Mission Description and Initial On-Orbit Performance," *Astronomical Journal* 140, no. 6 (2010): 1868−81.

8. 欧洲航天局"盖亚"任务: https://sci.esa.int/web/gaia/-/28820-summary; Gaia Collaboration, "The Gaia Mission," *Astronomy & Astrophysics* 595 (2016): 1.

9. Željko Ivezić et al., "Solar System Objects Observed in the Sloan Digital Sky Survey Commissioning Data," *Astrophysical Journal* 122 (2001): 2749.

10. A. Thirouin, N. Moskovitz, et al., "The Mission Accessible Near-Earth Objects Survey（MANOS）: First Photometric Results," *Astronomical Journal* 152, no. 6 (2016): 163.

11. 民间传说击打鲨鱼的鼻子可以击退鲨鱼。但专家认为，击打对疼痛敏感的鳃或眼睛可能效果最好: "How to Fend off Sharks," *How to Guides 365*, https://www.howtoguides365.com/how-to/fend-off-sharks/ (accessed 4 September 2020).

12. NASA 双小行星重定向试验任务（Double Asteroid Redirection Test）: https://www.nasa.gov/planetarydefense/dart; Double Asteroid Redirection Test—NASA's First Planetary Defense Mission: https://dart.jhuapl.edu; Mike Wall, "ESA Hera Mission: Europe Officially Signs on for Asteroid-Smashing Effort," Space.com, 3 December 2019, https://www.space.com/european-hera-asteroid-mission-approved.html; Ahmed Bilal, "ESA AIDA Mission: The ESA Cancels AIM to Gather Half a Billion Dollars for the Next Mars Lander Despite Recent Crash," wccftech, 6 December 2016, https://wccftech.com/esa-gives-half-billion-exomars-project/.

13. Lutz D. Schmadel, *Dictionary of Minor Planet Names* (Heidelberg: SpringerVer-

lag, 2006).

14. Maria Temming, "An Asteroid's Moon Got a Name So NASA Can Bump It off Its Course," *Science News*, 30 June 2020, https://www.sciencenews.org/article/asteroid-moon-name-nasa-course-deflection-mission.

15. "Facts and Figures," Burj Khalifa, https://www.burjkhalifa.ae/en/the-tower/facts-figures// (accessed 4 September 2020).

16. Angie Yee, "Speed of a Snail," in The Physics Fact Book, https://hypertextbook.com/facts/1999/AngieYee.shtml (accessed 4 September 2020).

17. Cathy Plesko, "Stopping an Earth-Bound Asteroid in Its Tracks," Space.com, 18 April 2019, https://www.space.com/stopping-earth-bound-asteroid-op-ed.html.

18. Edward T. Lu and Stanley G. Love, "Gravitational Tractor for Towing Asteroids," *Nature* 438 (2005): 177.

19. Rachel Shweky, "Speed of a Turtle or a Tortoise," in *The Physics Fact Book*, https://hypertextbook.com/facts/1999/RachelShweky.shtml (accessed 4 September 2020).

20. Daniel D. Mazanek et al., "Enhanced Gravity Tractor Technique for Planetary Defense," 4th IAA Planetary Defense Conference—PDC 2015 (13–17 April 2015), Frascati, Rome, IAA-PDC-15-04-11: https://ntrs.nasa.gov/archive/nasa/casi.ntrs.nasa.gov/20150010968.pdf.

21. Mike Wall, "Asteroid Billiards: This Wild Idea to Protect Earth Just Might Work," Space.com, 24 August 2018, https://www.space.com/41592-asteroid-billiards-mashing-dangerous-space-rocks.html.

第七章 贪婪：小行星勘探

1. M. J. Sonter, "The Technical and Economic Feasibility of Mining the Near-Earth Asteroids," Acta Astronautica 41 (1997): 637–47.

2. Ontario Ministry of Energy, Northern Development and Mines, Exploration and Developing Minerals in Ontario, last modified 10 May 2019, https://www.mndm.gov.on.ca/en/mines-and-minerals/exploration-and-developing-minerals-ontario.

3. Steve Squyres, *Roving Mars: Spirit, Opportunity, and the Exploration of the Red Planet* (New York: Hyperion, 2005).

4. Alan Boyle, "Gradatim Ferociter! Jeff Bezos Explains Blue Origin's Motto, Logo ... and the Boots," Geekwire, 24 October 2016, https://www.geekwire.com/2016/jeff-bezos-blue-origin-motto-logo-boots/.

5. 参见科罗拉多州开垦、采矿与安全部门(Colorado Division of Reclamation, Mining and Safety), "AUGER," https://gis.colorado.gov/dnrviewer/Index.html?viewer=drms (accessed 1 October 2020).

6. Douglas A. Vakoch and Matthew F. Dowd, eds., The Drake Equation: Estimating the Prevalence of Extraterrestrial Life through the Ages (Cambridge: Cambridge University

Press, 2015).

7. Martin Elvis, "How Many Ore-Bearing Asteroids?" *Planetary and Space Sciences* 91 (2014): 20, https://arxiv.org/pdf/1312.4450.pdf.

8. Jacob Aron, "Alien-Hunting Equation Revamped for Mining Asteroids," *New Scientist*, 4 December 2013, https://www.newscientist.com/article/dn24696-alien-hunting-equation-revamped-for-mining-asteroids/#ixzz6Pih1t5zu; " Elvis Equation' Estimates Number of Asteroids Worth Mining (Spoiler: Not Very Many)," *The Physics arXiv Blog*, medium.com, 8 January 2014, https://medium.com/the-physics-arxiv-blog/elvis-equation-estimates-number-of-asteroids-worth-mining-spoiler-not-very-many-e0063699d199.

9. Joseph Scott Stuart and Richard P. Binzel, "Bias-Corrected Population, Size Distribution, and Impact Hazard for the Near-Earth Objects," *Icarus* 170 (2004): 295–311.

10. Eugene Jarosewich, "Chemical Analyses of Meteorites: A Complication of Stony and Iron Meteorite Analyses," *Meteoritics* 25 (1990): 323–37.

11. "The Number of Asteroids We Could Visit and Explore Has Just Doubled," *Universe Today*, 11 February 2015, https://www.universetoday.com/tag/nasa-neo/; "Accessible NEAs," NASA Center for Near-Earth Object Studies, https://cneos.jpl.nasa.gov/nhats/ (accessed 4 September 2020).

12. 来自本纳的计算, "Near-Earth Asteroid Delta-V for Spacecraft Rendezvous," NASA, https://cneos.jpl.nasa.gov/nhats/ (accessed 5 September 2020).

13. Anthony Taylor, Jonathan C. McDowell, and Martin Elvis, "A Delta-V Map of the Known Main Belt Asteroids," *Acta Astronautica* 146 (2018): 73–82.

14. Richard Schodde, "Trends in Exploration," MinEx Consulting (presentation at the Imarc Conference, Melbourne, October 2019), http://minexconsulting.com/trends-in-exploration/.

15. Sabrina Cooper, "Remember When Linda Evangelista Made Waking Up a Five-Figure Act? In Honor of the Supermodel's 54th Birthday This Week," *CR Fashion Book*, May 9, 2019.

16. Amy Mainzer et al., "NEOWISE Observations of Near-Earth Objects: Preliminary Results," *Astrophysical Journal* 743 (2011): 156.

17. Francesca E. DeMeo et al., "An Extension of the Bus Asteroid Taxonomy into the Near-Infrared," *Icarus* 202 (2009): 160.

18. "ATLAS: The Asteroid Terrestrial-Impact Last Alert System," Institute for Astronomy, University of Hawaii, 15 February 2013, http://www.ifa.hawaii.edu/info/press-releases/ATLAS/; John Tonry et al. "ATLAS: A High-Cadence All-Sky Survey System," *Publications of the Astronomical Society of the Pacific* 130, no. 988 (2018): 064505.

19. Peter Jenniskens et al., "Radar-Enabled Recovery of the Sutter's Mill Meteorite, a Carbonaceous Chondrite Regolith Breccia," *Science* 338 (2012): 1583.

20. Marshall Trimble, "What's the Story behind the Phrase 'There's Gold in Them

Thar Hills'?" *True West*, 18 August 2015, https://truewestmagazine.com/whats-thestory-behind-the-phrase-theres-gold-in-them-thar-hills/. 亚利桑那州官方历史学家特林布尔（Trimble）表示，这句话出自马克·吐温（Mark Twain）1892 年的小说《美国原告人》（*American Claimant*）。

21. 写作的发明是因为记账的需要。参见 Ira Spar, "The Origins of Writing," Heilbrunn Timeline of Art History, Metropolitan Museum of Art, October 2004, https://www.metmuseum.org/toah/hd/wrtg/hd_wrtg.htm.

22. Michael Shao et al., "Finding Very Small Near-Earth Asteroids Using Synthetic Tracking," *Astrophysical Journal* 782（2014）: 1; B612 Foundation: https://b612foundation.org.

23. Jonathan C. McDowell, "The Low Earth Orbit Satellite Population and Impacts of the SpaceX Starlink Constellation," *Astrophysical Journal* 892（2020）: L36.

24. Colorado School of Mines, Golden, Colorado, Space Resources Program: https://space.mines.edu; Luleå University of Technology, Kiruna, Sweden, Onboard Space Systems: https://www.ltu.se/research/subjects/Rymdtekniska-system?l=en.

25. 风化层 X 射线成像光谱仪（REXIS）: https://www.asteroidmission.org/?attachment_id=1205#main; R. A. Masterson et al., "Regolith X-Ray Imaging Spectrometer（REXIS）aboard the OSIRIS-REx Asteroid Sample Return Mission," *Space Science Reviews* 214, no. 1（2018）, https://doi.org/10.1007/s11214-018-0483-8.

26. "奥西里斯王"号激光高度计（OLA）: https://www.asteroidmission.org/?attachment_id=1201#main.

27. Luke Dormehl, "Meet the Tech That Revealed a Hidden Chamber inside Egypt's Great Pyramid," DigitalTrends, 4 November 2017. 维基百科有更好、更专业的描述: "Muon Tomography," https://en.wikipedia.org/wiki/Muon_tomography（accessed 5 September 2020）.

28. Bob Yirka, "Fix for Mars Lander 'Mole' May Be Working," Phys.org, 8 June 2020, https://phys.org/news/2020-06-mars-lander-mole.html. 关于"洞察"号上的"热流和物理特性探测仪"（HP3）请参见 "Instruments," NASA Mars InSight Mission, https://mars.nasa.gov/insight/spacecraft/instruments/hp3/（accessed 5 September 2020）.

29. Mike Wall, "Asteroid Miners' Arkyd-6 Satellite Aces Big Test in Space," Space.com, 25 April 2018, https://www.space.com/40400-planetary-resources-asteroidmining-satellite-mission-accomplished.html.

30. "What is the Deep Space Network?" NASA TV, 30 March 2020, https://deep-space.jpl.nasa.gov/about/. 登录以下网址你就能了解深空网（DSN）正在观测哪个目标, "Deep Space Network Now," Jet Propulsion Laboratory, NASA, https://eyes.nasa.gov/dsn/dsn.html（accessed 5 September 2020）.

31. "NASA TV—Ion Propulsion," NASA TV Space Tech, 11 January 2016, https://www.nasa.gov/centers/glenn/about/fs21grc.html.

32. David Hamen, "What Makes Time on the DSN So Expensive?" Space Exploration Stack Exchange, https://space.stackexchange.com/questions/21005/what-makes-time-on-the-dsn-so-expensive（accessed 4 September 2020）. 计算依据 "NASA's Mission Operations and Communications Services," NASA, 1 October 2014, https://deepspace.jpl.nasa.gov/files/6_NASA_MOCS_2014_10_01_14.pdf.

33. P. Graven et al., "XNAV for Deep Space Navigation," in 31st Annual AAS Guidance and Control Conference, American Astronautical Society, 1–6 February 2008, http: // www.asterlabs.com / publications / 2008 / Graven_et_al, _AAS_31_GCC_February_2008.pdf.

34. "NASA Team First to Demonstrate X-Ray Navigation in Space," NASA, 11 January 2018, https://www.nasa.gov/feature/goddard/2018/nasa-team-first-to-demonstrate-x-ray-navigation-in-space; Jason W. Mitchell, "SEXTANT X-Ray Pulsar Navigation Demonstration: Initial On-Orbit Results, " 41st Annual American Astronautical Society（AAS）Guidance and Control Conference, 1 February 2018, https://ntrs.nasa.gov/archive/nasa/casi.ntrs.nasa.gov/20180001252.pdf.

35. Robert Zimmerman, "Docking in Space," *Invention and Technology* 17, no. 2（2001）, https://www.inventionandtech.com/content/docking-space-1.

36. Richard B. Setlow, "The Hazards of Space Travel," Science and Society: Viewpoint, *European Molecular Biology Organization Report*, 4, no. 11（November 2003）: 1013–16, doi:10.1038/sj.embor.7400016.

37. NASA, "Space Shuttle Orbital Docking System," Math and Science @ work, AP* Physics Educator Edition, https://www. nasa. gov/pdf/593864main_AP_ED_Phys_ShuttleODS.pdf.

38. "Percentage of Total Population Living in Coastal Areas," United Nations, https://www.un.org/esa/sustdev/natlinfo/indicators/methodology_sheets/oceans_seas_coasts/pop_coastal_areas.pdf（accessed 5 September 2020）.

39. *NASA's Recommendations to Space-Faring Entities: How to Protect and Preserve the Historic and Scientific Value of U.S. Government Lunar Artifacts*, 20 July 2011, http://www.collectspace.com/news/NASA-USG_lunar_historic_sites.pdf.

40. D. Hestroffer et al., "Small Solar System Bodies as Granular Media," *Astronomy and Astrophysics Review* 27, no. 1（2019）, https://rdcu. be/bHM9E; doi: 10.1007/s00159-019-0117-5（accessed 5 September 2020）.

41. "Granular Materials," *Complex Systems*, Physics Department, University of California, Santa Barbara, http://web.physics.ucsb.edu/~complex/research/granular.html（accessed 5 September 2020）.

42. Takeo Watanabe et al., "Penetration Dynamics of an Asteroid Sampling System Inspired by Japanese Sword Technology," *Transactions of the Japan Society for Aeronautical and Space Sciences* 14, no. 30（2016）: Pk_23–Pk_28.

43. John S. Lewis, *Mining the Sky: Untold Riches from the Asteroids, Comets, and Planets* (Reading, MA: Addison-Wesley, 1996).

44. "操作钱德拉X射线天文台及其仪器设备所需的电力为2千瓦,仅相当于一个吹风机的功率。" "Top 10 Facts about Chandra," Chandra X-Ray Science Center, https://chandra.harvard.edu/about/top_ten.html (accessed 5 September 2020).

45. Nirlipta P. Nayak and Bhatu K. Pal, "Separation Behaviour of Iron Ore Fines in Kelsey Centrifugal Jig," *Journal of Minerals and Materials Characterization and Engineering* 1 (2013): 85–89, http://dx.doi.org/10.4236/jmmce.2013.13016.

46. Frank K. Crundwell, Michael Moats, Venkoba Ramachandran, Timothy Robinson, and W. G. Davenport, *Extractive Metallurgy of Nickel, Cobalt and Platinum Group Metals* (Amsterdam: Elsevier, 2011).

47. Emily Flashman, "How Plastic-Eating Bacteria Actually Work—A Chemist Explains," The Conversation, 19 April 2018, https://phys.org/news/2018-04-plastic-eating-bacteria-worka-chemist.html; Shosuke Yoshida, Kazumi Hiraga, Toshihiko Takehana, Ikuo Taniguchi, Hironao Yamaji, Yasuhito Maeda, Kiyotsuna Toyohara, Kenji Miyamoto, Yoshiharu Kimura, and Kohei Oda, "A Bacterium That Degrades and Assimilates Poly (ethylene Terephthalate)," *Science* 351, no. 6278 (2016): 1196–99, doi:10.1126/science.aad6359.

48. Michael Klas, N. Tsafnat, J. Dennerley, S. Beckman, B. Osborne, A. G. Dempster, and M. Manefield, "Biomining and Methanogenesis for Resource Extraction from Asteroids," *Space Policy* 34 (2015): 18–22.

49. R. Volger, G. M. Pettersson, S. J. J. Brouns, L. J. Rothschild, A. Cowley, and B. A. E. Lehner, "Mining Moon & Mars with Microbes: Biological Approaches to Extract Iron from Lunar and Martian Regolith," *Planetary and Space Science* 184 (2020): 104850.

50. *Gridded Ion Thrusters (NEXT-C)*, NASA Glenn Research Center: https://www1.grc.nasa.gov/space/sep/gridded-ion-thrusters-next-c/.

51. Momentus Space 网站: https://momentus.space; 新闻公告: https://momentus.space/press/.

52. Marc Montgomery, "Soviet Radiation across the Arctic," *Canada History*, Radio Canada International, 24 January 1978, last updated 29 January 2017, https://www.rcinet.ca/en/2017/01/24/canada-history-jan-24-1978-soviet-radiation-across-thearctic/.

53. Marc Gibson, David Poston, Patrick McClure, Thomas Godfroy, Maxwell Briggs, and James Sanzi, "The Kilopower Reactor Using Stirling Technology (KRUSTY) Nuclear Ground Test Results and Lessons Learned," *NASA Technical Report* (2018), https://ntrs.nasa.gov/archive/nasa/casi.ntrs.nasa.gov/20180005435.pdf.

54. Stephanie Thomas, "Fusion Drive for Rapid Deep Space Propulsion," Future In-Space Operations (FISO), 1 June 2019, http://www.psatellite.com/tag/dfd/; Stephanie

J. Thomas, Michael Paluszek, Charles Swanson, Samuel Cohen, and Slava G. Turyshev, "Fusion Propulsion and Power for Extrasolar Exploration," *70th International Astronautical Congress（IAC）*, 2019, Symposium C3, session, 5-C4.7, paper 10, https://collaborate.princeton.edu/en/publications/fusion-propulsion-and-powerfor-extrasolar-exploration.

55. 2019年小型探测器任务的成本上限（预算帽）为1.45亿美元。*Announcement of Opportunity Astrophysics Explorers Program 2019 Small Explorer（SMEX）*, Full Missions Evaluation Plan, NASA, 16 April 2019, https://explorers.larc.nasa.gov/2019APSMEX/SMEX/pdf_files/2019-Astro-SMEX%20Eval-Plan-rev3_FINAL.pdf.

56. "Lunar Gravity Assists for Asteroids," Permanent.com, https://www.permanent.com/space-transportation-lunar-gravity-assist.html（accessed 5 September 2020）; A. Ledkov, N. Eismont, R. Nazirov, and M. Boyarsky, "Near Moon Gravity Assist Maneuvers as a Tool for Asteroid Capture onto Earth Satellite Orbit," International Symposium on Space Flight Dynamics（ISSFD）, 2015, https://issfd.org/2015/files/downloads/papers/073_Ledkov.pdf.

57. Radu Dan Rugescu, "Tether Balute Low Cost De-Orbit and Recovery Project," *AIAA 2nd Responsive Space Conference*, Los Angeles, April 19–22, 2004, https://www.researchgate.net/publication/228382475_TETHER_BALUTE_LOW_COST_DEORBIT_AND_RECOVERY_PROJECT.

58. 我们庆幸航天飞机的主发动机坠落在沼泽中，否则可能会有人因此受到伤害。"Cause and Consequences of the Columbia Disaster," *Space Safety Magazine*, 6 May 2014, http://www.spacesafetymagazine.com/space-disasters/columbia-disaster/columbia-tragedy-repeated/; NASA, *Report of Columbia Accident Investigation Board*（CAIB）, 2003, https://www.nasa.gov/columbia/home/CAIB_Vol1.html.

第八章　离开地面拥有太空

1. Bryce Space and Technology, *2018 Global Space Economy Report*, https://brycetech.com/reports.

2. 为12名乘客提供的20小时飞行费用为每小时10万美元，报价来自Paramount Business Jets公司的新加坡私人包机服务：https://www.paramountbusinessjets.com/cities/singapore-singapore.html（accessed 20 May 2020）.

3. 2011年9月29日，埃隆·马斯克在华盛顿特区国家新闻俱乐部发表的讲话《人类太空飞行的未来》（The Future of Human Spaceflight）存档视频（原件不可用），https://www.c-span.org/video/?301817-1/future-human-space-flight.

4. "土星五号"火箭能够将118吨质量送入低地球轨道，每次发射成本约为12亿美元（换算为2016年货币价值），折合成本为每千克1万美元。"猎鹰"重型运载火箭每次发射成本为9000万美元，能够送63.8吨，折合成本为每千克1500美元。见 Matt Williams, "Falcon Heavy vs. Saturn V," *Universe Today*, 25 July 2016, https://www.universetoday.com/129989/saturn-v-vs-falcon-heavy/.

5. 算上研发费用，航天飞机的每次发射成本约为16亿美元，能够运送29吨物资进入近地轨道，折合成本为每千克5.5万美元。随后几年每次发射的增量成本约为7.5亿美元，折合成本为每千克2.6万美元。见 Mike Wall, "NASA's Shuttle Program Cost $209 Billion—Was It Worth It?" Space.com, 5 July 2011, https://www.space.com/12166 - space - shuttle - program - cost - promises - 209 - billion. html; Leonard David, "Space Shuttle Cost Gets a Reality Check," NBCNEWS.com, 11 February 2005, http://www. nbcnews. com/id/6953606/ns/technology_and_science - space/t/space - shuttle - cost - gets - reality - check/#.Xu5rCy - ZPYI; Roberto Galvez, Stephen Gaylor, Charles Young, Nancy Patrick, Dexer Johnson, and Jose Ruiz, "The Space Shuttle," *The Space Shuttle and Its Operations*, NASA, https://www.nasa.gov/centers/johnson/pdf/536822main_Wingsch3.pdf (accessed 5 September 2020).

6. SpaceX, Capabilities and Services, https://www.spacex.com/media/Capabilities&Services.pdf (accessed 15 July 2020).

7. Michael Sheetz, "NASA's Deal to Fly Astronauts with Boeing Is Turning out to Be Much More Expensive Than SpaceX," *CNBC*, 19 November 2019, https://www. cnbc. com/2019/11/19/nasa-cost-to-fly-astronauts-with-spacex-boeing-and-russian-soyuz.html; Stephen Clark, "NASA Inks Deal with Roscosmos to Ensure Continuous U.S. Presence on Space Station," Spaceflight Now, 12 May 2020, https://spaceflight-now.com/2020/05/12/nasa-inks-deal-with-roscosmos-to-ensure-continuous-u-s-presence-on-space-station/.

8. "Movie Budget and Financial Performance Records," The Numbers, https:// www. the-numbers. com/movie/budgets（accessed 5 September 2020); Brent Lang and Justin Kroll, "Leonardo DiCaprio, Jennifer Lawrence and Other Star Salaries Revealed," *Variety*, 8 May 2018, https://variety.com/2018/film/news/celebrity - salaries - daniel - craig - jennifer-lawrence-leonardo-dicaprio-1202801717/; Eli Glasner, "Mission Possible: How Tom Cruise's Plan to Film in Space Fits NASA's Trajectory," *CBC News*, 30 May 2020, https://www.cbc.ca/news/entertainment/tom-cruise-nasa-mission-1.5590982.

9. William Harwood, "SpaceX and Space Adventures to Launch Space Tourism Flight in 2022," *CBS News*, 18 February 2020, https://www.cbsnews.com/news/spacex-space-adventures-tourism-orbit-crew-dragon-2022/. 你是否关心票价？SpaceX公司说："有关我们的私人乘客项目的询价，请联系 sales@spacex.com。"（https://www.spacex.com/human-spaceflight/.）或者，作为一种常规操作，你可以在SpaceAdventures网站上填写"Contact Us"的表单：https://spaceadventures.com/experiences/low_earth_orbit/. 请不要打扰他们，除非你真的愿意并且能够在太空旅行中投入数百万美元。

10. Stephen Clark, "Axiom Strikes Deal with SpaceX to Ferry Private Astronauts to Space Station," Spaceflight Now, 5 March 2020, https://spaceflightnow.com/2020/03/05/axiom-strikes-deal-with-spacex-to-ferry-private-astronauts-to-space-station/. 相关详情，请参阅Axiom网站上的私人宇航员任务（Private Astronaut Missions）：https://www.axiomspace.com/private-astronauts-missions.

11. Michael Sheetz, "Virgin Galactic Is Seeing Strong Demand for Tourist Flights to Space, Will Re-open Ticket Sales," *CNBC* (9 January 2020), https://www.cnbc.com/2020/01/09/virgin-galactic-ticket-sales-will-re-open-this-year-ceo-says.html.

12. *Booster Landing Falcon Heavy Feb 6, 2018*, YouTube, https://www.youtube.com/watch?v=pX60GB3nv1I.

13. Alan Boyle, "Billionaire-Backed Asteroid Mining Venture Starts with Space Telescopes," *NBC News*, 23 April 2012, https://www.nbcnews.com/science/cosmiclog/billionaire-backed-asteroid-mining-venture-starts-space-telescopes-flna731384.

14. *Blue Origin's New Shepard First Landing*, YouTube, November 24, 2015, https://www.youtube.com/watch?v=sij4ivRwHuQ.

15. Eric Ralph, "SpaceX Rings in Falcon 9's 10th Anniversary with a Rocket Reusability First," Teslarati.com, 5 June 2020, https://www.teslarati.com/spacex-falcon-9-10th-anniversary-rocket-record/. 这好像是一个粉丝制作的网站,但其内容看上去是与事实相符的。

16. Mike Wall, "SpaceX's Starship May Fly for Just $2 Million per Mission, Elon Musk Says," Space.com, 6 November 2019, https://www.space.com/spacex-starship-flight-passenger-cost-elon-musk.html. 如果马斯克的说法是正确的,"星舰"可以搭载100人,那么 SpaceX 公司的成本仅为每人2万美元。当然这个数字肯定不是票价,但即使 SpaceX 公司将发射成本提高5倍,即每次发射花费1000万美元,那么一张票仍然只需10万美元。

17. 在20世纪70年代,飞行的危险性比现在高出20倍:"20世纪70年代中期和21世纪前10年末相比,5年移动平均的事故死亡率高出96%,令人震惊。" I. Savage, "Comparing the Fatality Risks in United States Transportation across Modes and over Time," *Research in Transportation Economics* 43(2013):9–22, https://faculty.wcas.northwestern.edu/~ipsavage/436.pdf.

18. 蓝色起源公司的第一个轨道级火箭是"新格伦",它"具有可重复使用的一级火箭,可执行25次任务,在多达95%的天气条件下均能发射和着陆,使其成为有效载荷客户的可靠选择":"New Glenn," Blue Origin, https://www.blueorigin.com/new-glenn/ (accessed 5 September 2020). 联合发射联盟(ULA)的新火箭是"火神半人马座"(Vulcan Centaur)。它还没有重复使用的设计,但 ULA 声称其"简单的设计对所有客户来说更具成本效益"。"Vulcan Centaur," ULA, https://www.ulalaunch.com/rockets/vulcan-centaur (accessed 5 September 2020);阿丽亚娜航天公司正在建造新的"阿丽亚娜6号",它的初代版本不可重复使用,但也"以降低生产成本和缩短从设计到建造的交付周期为目标": Arianespace, https://www.arianespace.com/ariane-6/(accessed 5 September 2020)。

19. Roger D. Launius and Howard E. McCurdy, eds., *Seeds of Discovery: Chapters in the Economic History of Innovation within NASA*(2015), https://www.nasa.gov/sites/default/files/atoms/files/seeds_of_discovery_ms-spaceportal.pdf.

20. 一份匿名的报告提供了从NASA角度来看的商业轨道运输服务的详细历史。*Commercial Orbital Transportation Services: A New Era in Spaceflight*, NASA SP-2014-617, February 2014: https://www.nasa.gov/sites/default/files/files/SP-2014-617.pdf.

21. Ashlee Vance, *Elon Musk: Tesla, SpaceX, and the Quest for a Fantastic Future* (New York: Harper Collins, 2015), 252.

22. "The NASA Space Act Agreement: Partnering with NASA," *Commercial Technology Partnerships*, Jet Propulsion Laboratory, NASA, https://nsta.jpl.nasa.gov/commercial/saa.php (accessed 5 September 2020).

23. Mike Wall, "Private Orbital Sciences Rocket Explodes during Launch, NASA Cargo Lost," Space.com, 28 October 2014, https://www.space.com/27576-private-orbital-sciences-rocket-explosion.html.

24. Darrell Etherington, "SpaceX's CRS-7 Mission Ends in Catastrophic Failure, Loss of Vehicle," Tech Crunch, 28 June 2015, https://techcrunch.com/2015/06/28/watch-spacex-launch-crs-7-and-attempt-rocket-recovery-via-drone-live-now/?guccounter=1&guce_referrer=aHR0cHM6Ly93d3cuZ29vZ2xlLmNvbS88&guce_referrer_sig=AQAAA-Ia3ny6xIQ9kI_ftPDMyQ19n7Nu-j-HRWyKqL95jE46HSQf2VfKLnlsuO7kScnvYY-GpXXzYFcl8O3idA1ShqENpOCBOx0MXk1TVnGlCPfo1NhC1E3YqtU0vKjsnS7sXppaGZqB6MgmlND-fxj4RBtZIsHrH3UN9lC3ujcwFavNO.

25. Sarah Lewin, "Cygnus Spaceship Launch Restarts Orbital ATK Cargo Missions for NASA," Space.com, 6 December 2015, https://www.space.com/31278-cygnus-spacecraft-launch-orbital-atk-return-to-flight.html; "Photos: SpaceX Falcon 9 Rocket Launch and Landing for CRS-8 Mission," Space.com, 10 April 2016, https://www.space.com/32514-spacex-rocket-launch-landing-photos-dragon-crs8-mission.html.

26. Sierra Nevada Corporation, "NASA Selects Sierra Nevada Corporation's Dream Chaser® Spacecraft for Commercial Resupply Services 2 Contract," press release, 14 January 2016, https://www.sncorp.com/press-releases/snc-crs2-announcement/.

27. Amanda Kooser and Stephen Shankland, "SpaceX's Historic Demo-2 Delivers NASA Astronauts to ISS," clnet, 30 May 2020, https://www.cnet.com/how-to/ spacexs-historic-demo-2-delivers-nasa-astronauts-to-iss/.

28. Mike Wall, "NASA Teams with SpaceX, Blue Origin and More to Boost Moon Exploration Tech," Space.com, 31 July 2019, https://www.space.com/nasa-moon-mars-technology-commercial-partnerships.html; "NASA Names Companies to Develop Human Landers for Artemis Moon Missions," NASA press release, 30 April 2020, https://www.nasa.gov/press-release/nasa-names-companies-to-develop-human-landers-for-artemis-moon-missions.

29. Jonathan C. McDowell, "The Edge of Space: Revisiting the Karman Line," *Acta Astronautica* 151 (2018): 668–77, https://arxiv.org/abs/1807.07894.

30. Leonard David, "Inside ULA's Plan to Have 1,000 People Working in Space by

2045," Space Insider, 29 June 2016, https://www.space.com/33297-satellite-refueling-business-proposal-ula.html.

31. Paul D. Spudis et al., "Initial Results for the North Pole of the Moon from MiniSAR, Chandrayaan-1 Mission," *Geophysical Research Letters* 37, no. 6（2010）: L06204.

32. Sandra Erwin, "In-Orbit Services Poised to Become Big Business," Space News, 10 June 2018, https://spacenews.com/in-orbit-services-poised-to-become-big-business/.

33. "Astroscale Brings Total Capital Raised to $191 Million, Closing Series E Funding Round," press release, 13 October 2020, Astroscale, https://astroscale.com/astroscale-brings-total-capital-raised-to-u-s-191-million-closing-series-e-funding-round/.

34. Honeybee Robotics, "The World Is Not Enough Demonstrates the Future of Space Exploration," press release, 15 January 2019, https://honeybeerobotics.com/wine-the-world-is-not-enough/?doing_wp_cron=1592747376.7651550769805908203125.

35. Caleb Henry, "Solar Panel Suppliers Adjust to GEO Satellite Slowdown," Space News, 24 January 2018, https://spacenews.com/solar-panel-suppliers-adjust-to-geo-satellite-slowdown/.

36. Bigelow Aerospace: http://bigelowaerospacecom; Leonard David, "Bigelow Aerospace's Genesis-1 Performing Well," Space.com, 21 July 2006, https://www.space.com/2649-bigelow-aerospace-genesis-1-performing.html; *Bigelow Expandable Activity Module*, Space Station Research Explorer, on NASA, https://www.nasa.gov/mission_pages/station/research/experiments/explorer/Investigation.html?#id=1579（accessed 5 September 2020）; Jeff Foust, "NASA Planning to Keep BEAM Module on ISS for the Long Haul," Space News, 12 August 2019, https://spacenews.com/nasa-planning-to-keep-beam-module-on-iss-for-the-long-haul/.

37. Lee Billings, "Who Will Build the World's First Commercial Space Station?" *Scientific American*, 26 May 2017, https://www.scientificamerican.com/article/who-will-build-the-world-rsquo-s-first-commercial-space-station/.

38. 美国公理太空公司网站: https://www.axiomspace.com; 关于 CEO 苏弗雷迪尼的经历, 参见"Axiom Space Overview and Team: The World's Leading Commercial Space Station Company," Axiom Space, https://www.axiomspace.com/overview-and-team（accessed 5 September 2020）.

39. Michael Polanyi, *The Tacit Dimension*（New York: Anchor Books, 1967）. 还可参见"Michael Polanyi and Tacit Knowledge," Infed.org: Education, Community-Building and Change, http://infed.org/mobi/michael-polanyi-and-tacit-knowledge/（accessed 5 September 2020）.

40. Rich Smith, "Will Abandoning the International Space Station Set Investors Adrift?" Motley Fool, 24 February 2018, https://www.fool.com/investing/2018/02/24/will-abandoning-the-international-space-station-se.aspx.

41. Mike Wall, "1st Private Space Station Will Become an Off-Earth Manufacturing Hub," Space.com, 5 June 2017, https://www.space.com/37079-axiom-commercial-space-station-manufacturing.html.

42. Jeff Foust, "NASA Selects Axiom Space to Build Commercial Space Station Module," Space News, 28 January 2020, https://spacenews.com/nasa-selects-axiom-space-to-build-commercial-space-station-module/.

43. "Inside Nasa's New 'Space Home': Why the Philippe Starck–Designed Modules Resemble a 'Fetal Universe,'" Business Insider, 13 March 2020, https://www.scmp.com/magazines/style/news-trends/article/3074926/inside-nasas-new-space-home-why-philippe-starck; Natashah Hitti, "Philippe Starck Designs 'Foetal' Interiors for Axiom's Commercial Space Station," de zeen, 14 June 2018, https://www.dezeen.com/2018/06/14/philippe-starck-designs-foetal-interiors-for-axioms-commercial-space-station/.

44. Jeff Foust, "Study Validates NanoRacks Concept for Commercial Space Station Module," Space News, 8 December 2017, https://www.space.com/39024-study-validates-nanoracks-concept-for-commercial-space-station-module.html.

45. Loren Grush, "How One Company Wants to Recycle Used Rockets into Deep-Space Habitats: Why Destroy When You Can Reuse?" The Verge, 14 June 2017, https://www.theverge.com/2017/6/14/15783494/nasa-nanoracks-ixion-nextstep-habitats-rocket-upper-stage.

46. Virginia P. Dawson and Mark D. Bowles, *Taming Liquid Hydrogen: The Centaur Upper Stage Rocket 1958–2002*, NASA History Series（2004）: NASA SP-2004-4230, https://history.nasa.gov/SP-4230.pdf. 关于"半人马座"储存罐壁的厚度很难找到,我唯一能找到它的地方是ULA首席执行官的一条推文:Tory Bruno, "The Amazing Centaur: America's Space Workhorse," Twitter, 23 May 2019, https://twitter.com/torybruno/status/1131638302761578496/photo/1.

47. Jonathan C. McDowell, "Atlas V Launch Table, JSR Launch Vehicle Database," Jonathan's Space Report, 14 June 2020, https://planet4589.org/space/lvdb/launch/Atlas5.

48. Jason Davis, "A Company You've Never Heard of Plans to Build the World's First Private Space Station," Planetary Society, 3 January 2017, http://www.planetary.org/blogs/jason-davis/2016/20170103-axiom-profile.html.

49. Sidney Perkowitz, "Bose-Einstein Condensate," *Encyclopedia Britannica*, https://www.britannica.com/science/Bose-Einstein-condensate（accessed 15 July 2020）.

50. Dennis Becker et al., "Space-Borne Bose-Einstein Condensation for Precision Interferometry," *Nature* 562（2018）: 391–95, https://www.nature.com/articles/s41586-018-0605-1.

51. JPL Cold Atom Lab, "The Coolest Spot in the Universe," https://coldatomlab.jpl.nasa.gov; "Cold Atom Lab Creates Bose-Einstein Condensate on the ISS," NASA press release, 14 June 2020, http://spaceref.com/international-space-station/cold-atom-

lab-creates-bose-einstein-condensate-on-the-iss.html.

52. V. I. Strelov et al., "Crystallization in Space: Results and Prospects," *Crystallography Reports* 59 (2014): 781, https://link.springer.com/article/10.1134/S1063774514060285; K. W. Benz and P. Dold, "Crystal Growth under Microgravity: Present Results and Future Prospects towards the International Space Station," Journal of Crystal Growth 237–39 (2002): part 3, 1638–45.

53. Heinrich M. Jaeger, Sidney R. Nagel, and Robert P. Behringer, "The Physics of Granular Materials," *Physics Today* 49 (1996): 4, 32, doi:10.1063/1.881494.

54. Luis Zea et al., "A Molecular Genetic Basis Explaining Altered Bacterial Behavior in Space," *PLOS One* 11, no. 11 (2016): e0164359, doi:10.1371/journal.pone.0164359.

55. Techshot, "Success: 3D Bioprinter in Space Prints with Human Heart Cells," press release, 7 January 2020, https://techshot.com/success-3d-bioprinter-in-space-prints-with-human-heart-cells/; Michael Molitch-Hou, "Bioprinter Preps for ISS to 3D Print Beating Heart Tissue," engineering.com, 12 July 2018, https://www.engineering.com/3DPrinting/3DPrintingArticles/ArticleID/17268/Bioprinter-Preps-for-ISS-to-3D-Print-Beating-Heart-Tissue.aspx.

56. "2018年生物技术市场规模超过4170亿美元，预计到2025年复合年均增长率将达到8.3%。" Sumant Ugalmugle and Rupali Swain, "Biotechnology Market Size by Application (Biopharmacy, Bioservices, Bioagriculture, Bioindustries, Bioinformatics), by Technology (Fermentation, Tissue Engineering and Regeneration, PCR Technology, Nanobiotechnology, Chromatography, DNA Sequencing, Cell Based Assay), Industry Analysis Report, Regional Outlook, Application Potential, Competitive Market Share & Forecast, 2019–2025," *Global Market Insights*, Report ID GM1784, November 2018, https://www.gminsights.com/industry-analysis/biotechnology-market.

57. Ashley Strickland, "Why NASA Sent a Superbug to the Space Station," *CNN*, 20 February 2017, https://edition.cnn.com/2017/02/17/health/superbug-mrsa-space-station/.

58. Yves-A. Grondin, "Affordable Habitats Means More Buck Rogers for Less Money, Says Bigelow," Spaceflight.com, 7 February 2014, https://www.nasaspaceflight.com/2014/02/affordable-habitats-more-buck-rogers-less-money-bigelow/.

59. *National Institutes of Health (NIH) Budget—Research for the People*: https://www.nih.gov/about-nih/what-we-do/budget.

60. Ashley Strickland, "NASA-SpaceX Launches Will Boost Science Research on the Space Station," *CNN*, 2 June 2020, https://us.cnn.com/2020/06/02/us/space-station-science-spacex-nasa-scn/index.html.

61. F. D. Gregory, J. J. Rothenberg, et al., "Preparing for the High Frontier: The Role and Training of NASA Astronauts in the Post–Space Shuttle Era," *National Research Council* (2011), 45, https://www.nap.edu/read/13227/chapter/1.

62. "在一个治理良好的社会中,正是由于劳动分工的缘故,各行各业的生产得到成倍的增长,最终形成包含最底层人民在内的社会普遍富裕。"Adam Smith, *The Wealth of Nations*, book 1, chapter 1, p. 22, para. 10, Adam Smith Institute, https:// www. adamsmith.org/adam-smith-quotes/.

63. Mike Wall, "1st Private Space Station Will Become an Off-Earth Manufacturing Hub," Space.com, 5 June 2017, https://www.space.com/37079-axiom-commercial-space-station-manufacturing.html.

64. ZBLAN 的化学式为 ZrF_2-BaF_2-LaF_3-AlF_3-NaF。参见 Edwin C. Ethridge, Dennis S. Tucker, William Kaukler, and Basil Antar, "Mechanisms for the Crystallization of ZBLAN," in *2002 Microgravity Materials Science Conference*, 1 February 2003, 211, NASA Technical Reports Server(NTRS), https://ntrs.nasa.gov/archive/nasa/casi.ntrs.nasa.gov/20030060502.pdf.

65. Ioana Cozmuta and Daniel J. Rasky, "Exotic Optical Fibers and Glasses: Innovative Material Processing Opportunities in Earth's Orbit," *New Space* 5, no. 3(2017): 121.

66. Michel Poulain, Marcel Poulain, and Jacques Lucas, "Verres fluores au tetrafluorure de zirconium proprietes optiques d'un verre dope au Nd3+," *Materials Research Bulletin* 10, no. 4(April 1975): 243–46.

67. Debra Werner, "Sparking the Space Economy," Aerospace America, AIAA, January 2020, https://aerospaceamerica.aiaa.org/features/sparking-the-space-economy/.

68. "ZBLAN Continues to Show Promise," NASA Science, 5 February 1998, https://science.nasa.gov/science-news/science-at-nasa/1998/msad05feb98_1.

69. Debra Werner, "FOMS Reports High-Quality ZBLAN Production on ISS," Space News, 7 November 2019, https://spacenews.com/foms-reports-high-quality-zblan-production-on-iss/; Physical Optics Corporation(POC), *Orbital Fiber Optic Production Module: ORFOM*, https://www.poc.com/emerging-technologies/(accessed 22 June 2020).

70. Gerard K. O'Neill, *The High Frontier: Human Colonies in Space*(New York: William Morrow, 1976).

71. William Yardley, "Peter Glaser, Who Envisioned Space Solar Power, Dies at 90," *New York Times*, 5 June 2014, https://www.nytimes.com/2014/06/06/us/peter-glaser-who-envisioned-space-solar-power-dies-at-90.html; Peter Glaser, "Power from the Sun: Its Future," Science 162(1968): 857, https://science.sciencemag.org/content/162/3856/857.

72. John C. Mankins, *SPS-ALPHA: The First Practical Solar Power Satellite via Arbitrarily Large Phased Array*, section 2.1, 2011–2012 NASA NIAC Phase Project, Artemis Innovation Management Solutions LLC, 5 September 2012, https://www.nasa.gov/sites/default/files/atoms/files/niac_2011_phasei_mankins_spsalpha_tagged. pdf.

73. John Hickman, "The Political Economy of Very Large Space Projects," *Journal*

of Evolution and Technology 4（November 1999）, https://jetpress.org/volume4/space.htm.

74. David Szondy, "X-37B Spaceplane Experiment to Test Tech for Beaming Solar Power to Earth," New Atlas, 18 May 2020, https://newatlas.com/space/x-37b-solar-energy-beaming-experiment/; Sandra Erwin, "Navy's Solar Power Satellite Hardware to Be Tested in Orbit," Space News, 18 May 2020, https://spacenews.com/navys-solar-power-satellite-hardware-to-be-tested-in-orbit/.

75. James Conca, "How the U.S. Navy Remains the Masters of Modular Nuclear Reactors," *Forbes*, 23 December 2019, https://www.forbes.com/sites/jamesconca/2019/12/23/americas-nuclear-navy-still-the-masters-of-nuclear-power/#36f3460b6bcd.

76. Andrew J. Hawkins, "Electric Flight Is Coming, but the Batteries Aren't Ready—Flying Requires an Incredible Amount of Energy, and Batteries Are Too Heavy," The Verge, 14 August 2018, https://www.theverge.com/2018/8/14/17686706/electric-airplane-flying-car-battery-weight-green-energy-travel.

77. Brian Wang, "Firmamentum, Division of Tethers Unlimited, Gets Contract for Demo of On Orbit Spiderfab Manufacturing Which Will Revolutionize Space Construction," Next Big Future, 25 October 2016, https://www.nextbigfuture.com/2016/10/firmamentum-division-of-tethers.html.

78. Oliver Morton, *The Planet Remade: How Geoengineering Could Change the World*（Princeton, NJ: Princeton University Press, 2015）.

79. "Sound of Music Script—Dialogue Transcript," Drew's script-o-rama, http://www.script-o-rama.com/movie_scripts/s/sound-of-music-script-transcript.html（accessed 15 July 2020）.

80. 太空探险公司官网：https://spaceadventures.com.

81. 安萨里 X 奖官网：ttps://ansari.xprize.org/prizes/ansari; Jess Righthand, "October 4, 2004: SpaceShipOne Wins $10 Million X Prize," smithsonianmag.com, 4 October 2010, https://www.smithsonianmag.com/smithsonian-institution/october-4-2004-spaceshipone-wins-10-million-x-prize-1294605/.

82. Mike Wall, "Ticket Price for Private Spaceflights on Virgin Galactic's SpaceShipTwo Going Up," Space.com, 30 April 2013, https://www.space.com/20886-virgin-galactic-spaceshiptwo-ticket-prices.html.

83. Blue Origin, Historic Rocket Landing November 23, 2015, West Texas Launch Site, YouTube, https://www.youtube.com/watch?v=9pillaOxGCo.

84. McDowell, "The Edge of Space."

85. *Gravity*, Internet Movie Script Database（IMSDb）, https://www.imsdb.com/scripts/Gravity.html（accessed 7 January 2019）.

86. Jeff Foust, "Sierra Nevada Explores Other Uses of Dream Chaser," Space News, 14 January 2020, https://spacenews.com/sierra-nevada-explores-other-uses-of-dream-

chaser/.

87. Jeff Foust, "XCOR Aerospace Files for Bankruptcy," Space News, 9 November 2017, https://spacenews.com/xcor-aerospace-files-for-bankruptcy/; Mark Harris, "The Short Life and Death of a Space Tourism Company," *Air & Space Magazine*, December 2017, https://www.airspacemag.com/space/fate-of-the-lynx-180967118/.

88. Douglas Messier, "Bankrupt Spaceflight Company's Space Plane Assets to Help Young Minds Soar," Space.com, 20 April 2018, https://www.space.com/40352-xcor-aerospace-lynx-space-plan-stem-education.html.

89. Kenneth Chang, "There Are 2 Seats Left for This Trip to the International Space Station," *New York Times*, 5 March 2020, updated 17 April 2020, https://www.nytimes.com/2020/03/05/science/axiom-space-station.html.

90. "Living in Outer Space, Space Stations, Chapter 3," Science Clarified, 2020, http://www.scienceclarified.com/scitech/Space-Stations/Living-in-Outer-Space.html.

91. Bonnie Burton, "New ISS Toilet Provides 'Increased Crew Comfort and Performance,'" clnet, 16 June 2020, https://www.msn.com/en-us/news/technology/international-space-station-is-getting-a-toilet-upgrade/ar-BB15xvsx.

92. Tibor S. Balint and Chang Hee Lee, "Pillow Talk: Curating Delight for Astronauts," 69th International Astronautical Congress (IAC), 1–5 October 2018, session E5.3.3, https://www.researchgate.net/publication/328136989_Pillow_Talk-Curating_Delight_for_Astronauts.

93. W. David Compton and Charles D. Benson, "Living and Working in Space," in *A History of Skylab: Living and Working in Space* (1983), NASA History Series, Scientific and Technical Information Office, SP-4208, https://history.nasa.gov/SP-4208/ch7.htm#t4.

94. 可在 Photos House 和 Design Interior 网站查看国际空间站内部照片: http://photonshouse.com/international-space-station-interior-photos.html.

95. "To Boldly Brew: Italian Astronaut Makes First Espresso in Space," *Guardian*, 4 May 2015, https://www.theguardian.com/world/2015/may/04/space-italy-coffee-astronaut-espresso-cristoforetti.

96. Mike Wall, "How to Drink Champagne in Space," Space.com, 15 June 2018, https://www.space.com/40900-space-champagne-mumm-bottle-glasses.html.

97. Private communication, 1 May 2019; and from Ed Lu's blog post "Flying" in *Ed's Musings from Space*, 28 July 2003, https://spaceflight.nasa.gov/station/crew/exp7/luletters/lu_letter2.html.

98. Makoto Arai, "Future Prospects and Philosophy of Sports in Space," *69th International Astronautical Congress* (IAC), 1–5 October 2018, session E1.9.5, https://iafastro.directory/iac/paper/id/48580/abstract-pdf/IAC-18.

99. J. K. Rowling, "Quidditch," in *Harry Potter and the Philosopher's Stone* (*Sorcerer's*

Stone in the U.S. edition)(London: Bloomsbury, 1997). 也可参见 "Quidditch," Harry Potter Wiki, https://harrypotter. fandom. com/wiki/Quidditch; "Quidditch Pitch," Harry Potter Wiki, https://harrypotter.fandom.com/wiki/Quidditch_pitch.

100. Mike Wall, "SpaceX Will Fly a Japanese Billionaire (and Artists, Too!) around the Moon in 2023," Space. com, 18 September 2018, https://www. space. com/41854-spacex-unveils-1st-private-moon-flight-passenger.html.

101. 麻省理工学院媒体实验室空间探索倡议: https://www. media. mit. edu/groups/space-exploration/overview/.

102. Jane Flanagan, "American Woman Killed by Lion Recorded Her Own Grisly Death," *Mail Online*, 2 June 2015, https://www.dailymail.co.uk/news/article-3107036/American-woman-eaten-lion-recorded-grisly-death-Police-examinecamera-tourist-22-took-pictures-beast-approaching-open-car-window-seconds-pounced.html.

103. 从1981年4月11日至2013年2月6日,在超过1800次跳伞事件中,有97人死亡。见 "Fatality List of People Who Dies during BASE Jump," *BASE Jumping*, http://base-jumping.eu/base-jumping-fatality-list/ (accessed 5 September 2020).

104. James A. Vedda, *Becoming Spacefarers: Rescuing America's Space Program*([Bloomington, IN:] Xlibris, 2012), 103–8.

105. Robert G. Pushkar, "Comet's Tale: A Half Century Ago, the First Jet Airliner Delighted Passengers with Swift, Smooth Flights until a Fatal Structural Flaw Doomed Its Glory," *Smithsonian Magazine*, June 2002, https://www. smithsonianmag. com/history/comets-tale-63573615/.

106. 波音707型客机有过148次事故,总共造成2752人遇难。参见航空安全网: http://aviation-safety.net/database/type/type-stat.php?type=100.

107. 282张投票结果如下:14%选"宇航员",28%选"太空飞行参与者",33%选"重心压载物",25%选"3% 的人"。ParabolicArc.com, "What do we call passengers who fly to 80 km, which requires a small percentage of the energy needed to get to orbit?" Twitter, 12 December 2018, https://twitter.com/spacecom/status/1072895806628225026?s=11.

108. United Nations Office for Outer Space Affairs, *Agreement on the Rescue of Astronauts, the Return of Astronauts and the Return of Objects Launched into Outer Space*, https://www.unoosa.org/oosa/en/ourwork/spacelaw/treaties/introrescueagree ment.html (accessed 5 September 2020).

第九章 让太空对资本更安全

1. William H. Goetzmann, *Exploration & Empire: The Explorer and the Scientist in the Winning of the American West* (New York: Knopf, 1966), chapter 1, section 5.

2. Marianna Mazzucato, *The Entrepreneurial State: Debunking Public vs. Private Sector Myths* (New York: Public Affairs, 2015).

3. Jeff Foust, "NASA Adjusting its Strategy for LEO Commercialization," Space News, 21 April 2020, https://spacenews.com/nasa-adjusting-its-strategy-for-leo-commercialization/.

4. Alexander MacDonald, *The Long Space Age: The Economic Origins of Space Exploration from Colonial America to the Cold War* (New Haven, CT: Yale University Press, 2017).

5. H.R. Report 1022, George E. Brown, Jr., Near-Earth Object Survey Act, 109th Cong. (2005–6), www.GovTrack.us, https://www.govtrack.us/congress/bills/109/ hr1022.

6. "太空很大。你根本不会相信它有多么大，多么巨大，令人难以置信地大！我的意思是，你在前往化学实验室的路上可能有过念头觉得这段路很长，但这对太空来说不值一提。" Douglas Adams, *The Hitchhiker's Guide to the Galaxy* (BBC Radio, 1978). 从数字上看，地球到火星最近距离的长度是绕地球一圈（约40 000千米）的1350倍。可是与太阳系外侧的行星相比，火星是我们的邻居。

7. John F. Kennedy Moon Speech—Rice Stadium, NASA, 12 September 1962, https://er.jsc.nasa.gov/seh/ricetalk.htm.

8. Karen Cramer, "The Lunar Users Union—An Organization to Grant Land Use Rights on the Moon in Accordance with the Outer Space Treaty," International Institute for Space Law, *Proceedings of the Fortieth Colloquium on the Law of Outer Space* 4, no. 13 (1997): 352–57.

9. Alanna Krolikowski and Martin Elvis, "Making Policy for New Asteroid Activities: In Pursuit of Science, Settlement, Security, or Sales?" *Space Policy* 47 (2019): 7–17.

10. The Space Resources Roundtable, Planetary & Terrestrial Mining Sciences Symposium, ISRU Info: Home of the Space Resources Roundtable, 11–14 June 2019, https:// isruinfo.com/public/index.php?page=srr_20_ptmss.

11. Jonathan C. McDowell, "The Low Earth Orbit Satellite Population and Impacts of the SpaceX Starlink Constellation," *Astrophysical Journal Letters*, 892, no. 2 (2020): L36, doi:10.3847/2041-8213/ab8016.

12. Associated Press and Phoebe Weston, "There's a Disco-Ball in Space! Entrepreneur Fires Man-made 'STAR' into Orbit That Will Be the 'Brightest Object in the Sky': Here's When and Where You Can See It," *Daily Mail On-line*, 25 January 2018, https:// www.dailymail.co.uk/sciencetech/article-5308317/Disco-nights-Rocket-Lab-launches-glinting-sphere-orbit.html.

13. Sarah Scoles, "Space Billboards Are Just the Latest Orbital Stunt," Wired, 18 January 2019, https://www.wired.com/story/space-billboards-are-just-the-latest-orbital-stunt/.

14. Aristos Georgiou, "Russian Start-up Plans Massive Space Billboards to Beam Ads to Earth, Dismisses Astronomer Concerns: 'Haters Gonna Hate,'" *Newsweek*, 17 January 2019, https://www.newsweek.com/space-billboard-russian-start-startrocket-orbital-dis-

play-advertising-1295422.

15. 机构间空间碎片协调委员会(IADC)网站：https://www.iadc-home.org.

16. 国际电信联盟(ITU)网站：https://www.itu.int/en/about/Pages/default.aspx.

17. World Intellectual Property Organization, "PCT—The International Patent System," https://www.wipo.int/pct/en/ (accessed 5 September 2020).

18. 国际空间法研究所(IISL)：https://iislweb.org/about-the-iisl/introduction/.

19. 联合国和平利用外层空间委员会（UNCOPUOS）：https://www.unoosa.org/oosa/en/ourwork/copuos/index.html.

20. Francis Lyall and Paul B. Larsen, *Space Law: A Treatise*, 2nd ed. (London: Taylor & Francis, 2017); Tanja Masson-Zwaan and Mahulena Hofmann, *Introduction to Space Law*, 4th ed. (Alphen aan den Rijn: Wolters Kluwer, 2019).

21. Scott Ervin, "Law in a Vacuum: The Common Heritage Doctrine in Outer Space Law," *Boston College International and Comparative Law Review* 7, no. 2 (1984), http://lawdigitalcommons.bc.edu/iclr/vol7/iss2/9.

22. UN Office of Outer Space Affairs, *Treaty on Principles Governing the Activities of States in the Exploration and Use of Outer Space, Including the Moon and Other Celestial Bodies*, 1967, https://www. unoosa. org/oosa/en/ourwork/spacelaw/treaties /introouterspacetreaty.html.

23. "苏联无人探测器带回的月球岩石在苏富比拍卖行以85.5万美元成交。" collectspace, November 2018, http://www.collectspace.com/news/news-112918a-sothebys-moon-rock-auction.html.

24. Robert Mccoppin, "NASA Returns Priceless Bag of Moon Dust to Chicago-Area Woman After Lawsuit," *Seattle Times*, 28 February 2017, https://www.seattletimes.com/nation-world/nasa-returns-moon-dust-to-illinois-woman-who-bought-it-at-auction/.

25. Virgiliu Pop, *Who Owns the Moon? Extraterrestrial Aspects of Land and Mineral Resources Ownership* (New York: Springer, 2008).

26. Cody Knipfer, "Revisiting 'Non-interference Zones' in Outer Space," Space Review, 29 January 2018, http://thespacereview.com/article/3418/1.

27. Laura Montgomery, "The 'Non-interference' Provision of Article IX of the Outer Space Treaty and Property Rights," Ground Based Space Matters, 31 March 2017, https://groundbasedspacematters.com/index.php/2017/03/31/the-non-interference-provision-of-article-ix-of-the-outer-space-treaty-and-property-rights/.

28. 以下是法律的条款内容：

§51303　小行星资源和空间资源权利

依照本章之规定，从事商业回收小行星资源或空间资源的美国公民，根据包括美国的国际义务在内的适用法律，有权获得任何小行星资源或空间资源，包括占有、拥有、运输、使用和出售所获得的小行星资源或空间资源。

第403节 放弃域外主权

国会认为，通过该法案的颁布，美国不会因此主张对任何天体的主权、统治权、专属权、管辖权或所有权。

https://congress.gov/congressional-report/109th-congress/house-report/158/1.

29. Andrew Silver, "Luxembourg Passes First EU Space Mining Law. One Can Possess the Spice. Paves Way for Thousands of Sci-Fi Novel Prologues to Come True," Register, 14 July 2017, https://www.theregister.co.uk/2017/07/14/luxembourg_passes_space_mining_law/.

30. L. Barnard, "UAE to Finalise Space Laws Soon," thenational.ae, 7 March 2016, https://www.thenational.ae/business/uae-to-finalise-space-laws-soon-1.219966.

31. Myres S. McDougal, "The Emerging Customary Law of Space," *Conference on the Law of Space and of Satellite Communications*, 1 May 1963, https://digitalcommons.law.yale.edu/cgi/viewcontent.cgi?article=3567&context=fss_papers.

32. 海牙国际空间资源治理工作组: https:// www.universiteitleiden.nl/en/law/institute-of-public-law/institute-for-air-space-law/ the-hague-space-resources-governance-working-group; *Building Blocks for the Development of an International Framework on Space Resource Activities*, 2019, https://www. universiteitleiden.nl/binaries/content/assets/rechtsgeleerdheid/instituut-voor-publiekrecht/lucht--en-ruimterecht/space-resources/bb-thissrwg--cover.pdf.

33. "Planning Pays Off—Chandra Sails through the Leonids Unharmed," Chandra Chronicles, 18 November 2001, https://chandra. harvard. edu/chronicle/0401/leonids_part2.html.

34. Tom Cassauwers, "Is the US Military Spending More on Space Than NASA?" OZY, 24 January 2019, https://www.ozy.com/news-and-politics/is-the-us-military-spending-more-on-space-than-nasa/92148/.

35. 全球定位系统(GPS)网站: https://www.gps.gov/systems/gps/.

36. Immanuel Kant, *Perpetual Peace, a Philosophical Essay*（1795）, trans. Mary Campbell Smith（1903）, 见 Project Gutenberg, https://www.gutenberg.org/files/50922/50922-h/50922-h.htm.

37. Oona A. Hathaway and Scott J. Shapiro, *The Internationalists: How a Radical Plan to Outlaw War Remade the World*（New York: Simon & Schuster, 2017）. 见 review in the *Guardian*, 12 September 2017, https://www.theguardian.com/books/2017/dec/16/the-internationalists-review-plan-outlaw-war.

38. Rare Earth Metals, Mineralprices.com: https://mineralprices.com/rare-earth-metals/.

39. James Vincent, "China Can't Control the Market in Rare Earth Elements Because They Aren't All That Rare," The Verge, 17 April 2018, https://www.theverge. com/

2018/4/17/17246444/rare-earth-metals-discovery-japan-china-monopoly; Interview with Kristin Vekasi, "China's Control of Rare Earth Metals," 13 August 2019, National Bureau of Asian Research: https://www.nbr.org/publication/chinas-control-of-rare-earth-metals/.

40. G. Jeffrey Taylor, *A New Moon for the Twenty-First Century*, Planetary Science Research Discoveries, 31 August 2000, http://www.psrd.hawaii.edu/Aug00/newMoon.html.

41. "It Will Soon Be Possible to Send a Satellite to Repair Another," *Economist*, 24 November 2018, https://www.economist.com/science-and-technology/2018/11/24/it-will-soon-be-possible-to-send-a-satellite-to-repair-another.

42. Cameron Hunter and Bleddyn Bowen, "Donald Trump's Space Force Isn't as New or as Dangerous as It Seems," Conversation, 15 August 2018, https://theconversation.com/donald-trumps-space-force-isnt-as-new-or-as-dangerous-as-itseems-101401; Sarah Lewin, "Trump Orders Space Force for 'American Dominance,'" Space.com, June 18, 2018.

43. Stephen Kinzer, "Trump's Space Force Is a Silly but Dangerous Idea," *Boston Globe*, 1 September 2018, updated 2 September 2018, https://www.bostonglobe.com/opinion/2018/09/01/trump-space-force-silly-but-dangerous-idea/SPOrX08QH56ajecVMw9IsI/story.html?p1=Article_Inline_Text_Link. p. K6.

44. Ryan Parry, "Don't Call It Space Force Mr Trump!" *Daily Mail*, 23 January 2019, https://www.dailymail.co.uk/news/article-6619563/Buzz-Aldrin-says-Trump-rename-Space-Force-Space-Guard-aggressive.html.

45. Hugo Grotius, *De iure belli ac pacis* (*On the Law of War and Peace*) (1625), https://plato.stanford.edu/entries/grotius/#JusWarDoc.

46. "What Is the MILAMOS Project?" In *Manual on International Law Applicable to Military Uses of Outer Space*, McGill Centre for Research in Air and Space Law, https://www.mcgill.ca/milamos/ (accessed 5 September 2020).

47. "Conflict in Outer Space Will Happen: Legal Experts," *University of Adelaide News*, 10 April 2018, https://www.adelaide.edu.au/news/news99182.html.

48. 空间安全指数(SSI)网站: http://spacesecurityindex.org.

49. Kenneth Chang, "Rocket Lab's Modest Launch Is Giant Leap for Small Rocket Business," *New York Times*, 12 November 2018, B2, https://www.nytimes.com/2018/11/10/science/rocket-lab-launch.html.

50. Erika Ilves, *Make a Dent in the Universe*, TEDxStavanger (2013), YouTube, https://www.youtube.com/watch?v=K89nP7GhWgU.

51. 有很多话都归到了丘吉尔名下。例如:Ben Smith, "Get It Right! Max's Dad Is Not WSC; WSC Is Misquoted Again," *Atlanta Journal-Constitution*, 29 August 2007, https://www.winstonchurchill.org/publications/finest-hour/finest-hour-136/media-matters/.

但是这可能不是真的,其出处可能是1938年百威啤酒的广告,见"引用调查员"网站(Quote Investigator)的一篇文章: https://quoteinvestigator.com/2013/09/03/success-final/.

52. Bruce Watson, "Mr. Feynman Goes to Washington," *Attic*(1986), https://www.theattic.space/home-page-blogs/Feynman.

53. Tariq Malik, "Elon Musk Explains Why SpaceX's Falcon Heavy Core Booster Crashed," Space.com, 14 February 2018, https://www.space.com/39690-elon-musk-explains-falcon-heavy-core-booster-crash.html.

54. Jeff Foust, "10 Years and Counting—A Decade After X Prize Victory, Suborbital Service Still on the Cusp," Space News, 13 October 2014, https://spacenews.com/4217 110-years-and-counting-a-decade-after-x-prize-victory-suborbital-service-still/.

55. Elizabeth Howell, "Facts about SpaceX's Falcon Heavy Rocket," Space.com, 22 February 2018, https://www.space.com/39779-falcon-heavy-facts.html.

56. *Platinum Prices—Interactive Historical Chart*, Macrotrends, https://www.macrotrends.net/2540/platinum-prices-historical-chart-data.

57. Carol Dahl, Ben Gilbert, and Ian Lange, "Mineral Scarcity on Earth: Are Asteroids the Answer," *Mineral Economics* 33(2020): 29–41.

58. "预计2019年全球铂产量为180吨。"M. Garside, "Global Platinum Mine Production by Country, 2015–2019," Statista.com, 13 February 2020, https://www.statista.com/statistics/273645/global-mine-production-of-platinum/.

第十章 着眼长远

1. Erika Ilves, *Make a Dent in the Universe*, TEDxStavanger(2013), YouTube, https://www.youtube.com/watch?v=K89nP7GhWgU; Harry L. Shipman, *Humans in Space: 21st Century Frontiers*(New York: Springer, 1989).

2. Melissa Dell, "The Persistent Effects of Peru's Mining Mita," *Econometrica* 78, no. 6(2010): 1863–1903, https://scholar.harvard.edu/files/dell/fi les/ecta8121_0.pdf.

3. "第一有效移民原则"(The Doctrine of First Effective Settlement): "当一片空旷的土地有人定居,或者早期人口被入侵者驱逐后,无论这第一批定居者人数有多少,都能够建立起一个可行的、自我延续的社会群体的具体特征,并对该地区后来的社会地理和文化地理发挥至关重要的作用。因此,就持久影响而言,最初的殖民者的活动,几百人也好,只有几十人也好,对一个地方产生的文化地理意义都要远远大于几代人之后数万新移民的贡献。"Wilbur Zelinsky, *The Cultural Geography of the United States*(Englewood Cliffs, NJ: Prentice-Hall, 1973), 13–14.

4. Gilbert White, *A Natural History of Selborne*(1789). 见 https://naturalhistoryof-selborne.com(accessed 21 September 2020). Mr. Bayes and Mr. Price, "An Essay towards Solving a Problem in the Doctrine of Chances. By the Late Rev. Mr. Bayes, F. R. S., Communicated by Mr. Price, in a Letter to John Canton, A. M. F. R. S," *Philosophical*

Transactions of the Royal Society of London 53（1763）: 370–418, doi: 10.1098/rstl.1763.0053.

5. 潘格洛斯（Pangloss）教授是伏尔泰（Voltaire）1759年中篇小说《老实人》（*Candide*）中的一位老师，该小说嘲笑了这位教授继承了哲学家戈特弗里德·莱布尼茨（Gottfried Leibnitz）的观点，成为盲目乐观者，坚持现实世界是"所有可能的世界中最好的世界"的观点。莱布尼茨也是微积分的共同发明人之一。

6. Carl Sagan, "Blues for a Red Planet," in *Cosmos*（New York: Penguin Random House, 1980）, https://www.liquisearch.com/carl_sagan/personal_life_and_beliefs.

7. 火星协会主席罗伯特·祖布林（Robert Zubrin）是反对者中的一个著名人物："我认为萨根的声明基本上属于疯狂的政治正确。这是完全错误的。伦理需要基于对人类最好的东西，而不是对细菌最好的东西。"Jason Koebler, "If Curiosity Finds Life on Mars, Then What?" *U.S. News and World Report*, 17 August 2012, https://www.usnews.com/news/articles/2012/08/17/if-curiosity-finds-life-on-mars-then-what.

8. Leonard David, "Jeff Bezos' Vision: 'A Trillion Humans in the Solar System,'" Space.com, 21 July 2017, https://www.space.com/37572-jeff-bezos-trillion-people-solar-system.html.

9. B. Gladman et al., "The Structure of the Kuiper Belt: Size Distribution and Radial Extent," *Astronomical Journal* 122（2001）: 1051–66, https://www-n.oca.eu/morby/papers/PencilB.pdf.

10. Paul Krugman, "The Theory of Interstellar Trade," *Economic Inquiry* 48（2010）: 1119–23, http://www.standupeconomist.com/pdf/misc/interstellar.pdf.

11. Richard P. Feynman, from a transcript of "Seeking New Laws," the seventh Messenger Lecture, Cornell University（1964）, 发表于 *The Character of Physical Law*（1965; repr., Cambridge, MA: MIT Press, 1967）, 172.

12. K. Batygin and M. E. Brown, "Evidence for a Distant Giant Planet in the Outer Solar System," *Astronomical Journal* 151（2016）: 22, https://iopscience.iop.org/article/10.3847/0004-6256/151/2/22. 布朗发现了阋神星（136199 Eris），这是一个原本被认为比冥王星更大的柯伊伯带天体，从而引发了冥王星是不是真正的行星的"危机"。他为此感到骄傲；他的推特账号是@plutokiller。他在《我是如何杀死冥王星的》（*How I Killed Pluto and Why It Had It Coming*, New York: Spiegel & Grau, 2010）一书中讲述了这个故事。

13. Jakub Scholtz and James Unwin, "What if Planet 9 Is a Primordial Black Hole?" *Physical Review Letters* 125, no. 5（2020）.

14. Miguel Alcubierre, "The Warp Drive: Hyper-fast Travel within General Relativity," *Classical and Quantum Gravity* 11, no. 5（1994）: L73–L77, doi:10.1088/0264-9381/11/5/001.

15. Phil Dooley, "Could 'Negative Mass' Unify Dark Matter, Dark Energy?" *Cosmos Magazine*, December 2018, https://cosmosmagazine.com/space/could-negative-mass-unify-

dark-matter-dark-energy; J. S. Farnes, "A Unifying Theory of Dark Energy and Dark Matter: Negative Masses and Matter Creation within a Modified ΛCDM Framework," *Astronomy & Astrophysics* 620 (2018): L11. J. S. 法恩斯(J. S. Farnes)的理论也需要不断创造"负质量粒子"来使得宇宙加速膨胀。有些人会认为这是"牙仙子"显灵了。

16. E. Witten, "Cosmic Separation of Phases," *Physical Review D* 30 (1984): 272–85.

17. Feryal Ozel et al., "The Dense Matter Equation of State from Neutron Star Radius and Mass Measurements," *Astrophysical Journal* 820 (2016): 28.

18. Charles Alcock, "Engineering with Quark Matter," *Nature* 337, no. 6206 (1989): 405, doi:10.1038/337405a0. 三峡大坝的最高发电功率为2250万千瓦。"Three Gorges Dam Hydro Electric Power Plant, China," *Power Technology*, https://www.power-technology.com/projects/gorges/ (accessed 5 September 2020).

19. J. E. Horvath, "The Search for Primordial Quark Nuggets among Near Earth Asteroids," *Astrophysics and Space Science* 315, nos. 1–4 (2008): 361–64.

20. Charles Alcock, Edward Farhi, and Angela Olinto, "Strange Stars," *Astrophysical Journal* 310 (1986): 261.

21. American Institute of Physics, "A View from the White House: Marburger on S&T Funding Priorities," 21 February 2003, no. 23, https://www.aip.org/fyi/2002/view-white-house-marburger-st-funding-priorities.

22. 正如其任务臂章所示：http://lroc.sese.asu.edu/about/patch.

23. Steve Squyres, *Roving Mars: Spirit, Opportunity, and the Exploration of the Red Planet* (New York: Hyperion, 2005).

24. Claudia Dreifus, "A Conversation with Sir Martin Rees; Tracing Evolution of Cosmos from Its Simplest Elements," *New York Times*, 28 April 1998, https://www.nytimes.com/1998/04/28/science/conversation-with-sir-martin-rees-tracing-evolution-cosmos-its-simplest-elements.html.

25. "Proposed Missions—Terrestrial Planet Finder," *JPL*, 19 June 2003, https://www.jpl.nasa.gov/spaceimages/details.php?id=PIA04499.

26. Emerging Technology from the arXiv, "A Space Mission to the Gravitational Focus of the Sun," *MIT Technology Review*, 26 April 2016, https://www.technologyreview.com/2016/04/26/8417/a-space-mission-to-the-gravitational-focus-of-the-sun/; Geoffrey A. Landis, "Mission to the Gravitational Focus of the Sun: A Critical Analysis," *AIAA Science and Technology Forum and Exposition* (2017), arXiv:1604.06351.

27. *Breakthrough Starshot*: https://breakthroughinitiatives.org/initiative/3.

28. *Enduring Quests, Daring Visions—NASA Astrophysics in the Next Three Decades*, National Academies, 2013, https://science.nasa.gov/science-committee/subcommittees/nac-astrophysics-subcommittee/astrophysics-roadmap.

29. 佐治亚州立大学高角分辨率天文中心(CHARA)网站：http://www.chara.gsu.edu/public/tour-overview; 快转天体(Rapid Rotators)：http://www.chara.gsu.edu/science-

highlights/rapid-rotators.

30. GRAVITY Collaboration, "Spatially Resolved Rotation of the Broad-Line Region of a Quasar at Sub-parsec Scale," *Nature* 563 (2018): 657–60. 基本概念参见 Martin Elvis and Margarita Karovska, "Quasar Parallax: A Method for Determining Direct Geometrical Distances to Quasars," *Astrophysical Journal* 581 (2002): L67–L70.

31. 事件视界望远镜官网: https://eventhorizontelescope.org/about; The Event Horizon Telescope Collaboration, "First M87 Event Horizon Telescope Results, I: The Shadow of the Supermassive Black Hole," *Astrophysical Journal Letters* 875, no. 1 (2019).

32. William Shakespeare, *King Lear*, act 2, scene 4.

图片来源

图1a,爱神星:NASA。

图1b,贝努:NASA。

图1c,艳后星:NASA/JPL。

图1d,谷神星:NASA/JPL。

图2,行星系统与气态星云:NASA,空间望远镜科学研究所。

图3,太空尘埃:NASA/JPL。

图4,托卢卡镍铁陨石中的维斯台登纹:H. Raab,Wikipedia用户"Vesta"(CC BY-SA 3.0)。

图6,科罗拉多州硬岩矿地图:数据来自科罗拉多州开垦、采矿与安全部门;由比尔·纳尔逊(Bill Nelson)重新绘制。

图7,早餐谷物机:马丁·埃尔维斯。

图8,ZBLAN:NASA/Tucker。

图书在版编目（CIP）数据

小行星:爱、恐惧与贪婪如何决定人类的太空未来/(美)马丁·埃尔维斯(Martin Elvis)著;施韡译.—上海:上海科技教育出版社,2023.9

(哲人石丛书.当代科普名著系列)

书名原文:Asteroids:How Love, Fear, and Greed Will Determine Our Future in Space

ISBN 978-7-5428-7960-8

Ⅰ.①小… Ⅱ.①马… ②施… Ⅲ.①小行星-普及读物 Ⅳ.①P185.7-49

中国国家版本馆CIP数据核字(2023)第088374号

责任编辑　林赵璘　温　润
装帧设计　李梦雪

XIAOXINGXING

小行星——爱、恐惧与贪婪如何决定人类的太空未来
[美] 马丁·埃尔维斯　著
施　韡　译

出版发行　上海科技教育出版社有限公司
　　　　　(上海市闵行区号景路159弄A座8楼　邮政编码201101)
网　　址　www.sste.com　www.ewen.co
经　　销　各地新华书店
印　　刷　常熟市文化印刷有限公司
开　　本　720×1000　1/16
印　　张　21
版　　次　2023年9月第1版
印　　次　2023年9月第1次印刷
书　　号　ISBN 978-7-5428-7960-8/N·1187
图　　字　09-2021-0469号
定　　价　78.00元

Asteroids:

How Love, Fear, and Greed Will Determine Our Future in Space

by

Martin Elvis